ゼロからはじめる
シーケンス
プログラム

熊谷英樹[著]

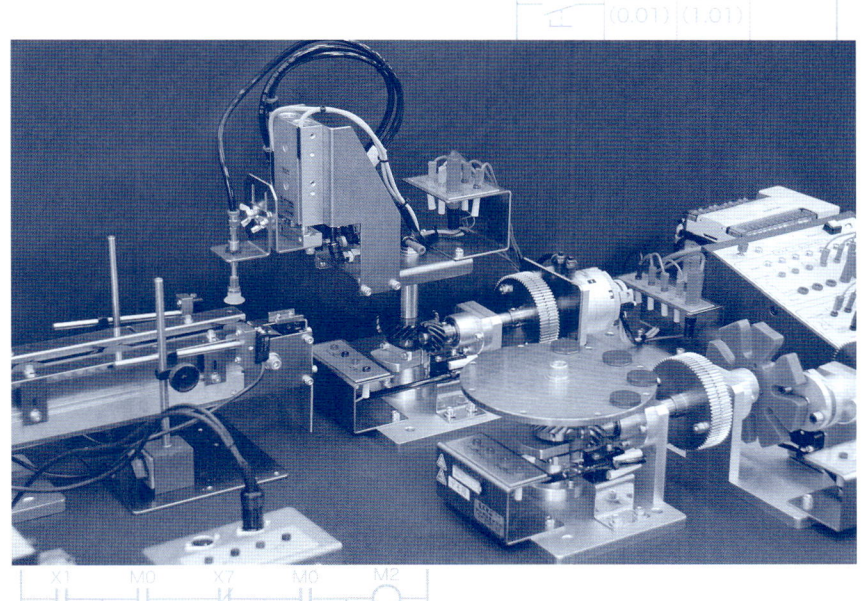

日刊工業新聞社

はじめに

　本書は、PLCを使ってシーケンスプログラムを作ろうとしている人を対象とした入門書です。

　PLC（Programmable Logic Controllerの略）は、リレー制御回路をソフトウェアで実現するための制御装置で、国内ではPC（Programmable Controller）またはシーケンサとも呼ばれています。

　PLCを使った制御は、リレーのコイル（ —○— ）と常開接点（ —| |— ）と常閉接点（ —|/|— ）の3つの記号の組み合わせでシーケンスプログラムを構成するのが基本です。この3つだけの記号で制御できるので一見やさしいように思われますが、実用に適した制御プログラムを作り込むことはたやすい作業ではありません。

　シーケンスプログラムの作り方をマスターするには、自己流でコイルと接点を並べてみてなんとなく上手くいったということを試行錯誤で繰り返すよりも、本書に書かれている理論を基にしてトレーニングをしたほうが数段早道です。本書は入門書でありながら、シーケンスプログラムがとりあえず作れればよいというレベルにとどまらず、実用的に使えるプログラムを開発できるようになるための布石が詰まっています。本書では、初心者から上級者へと無理なくステップアップできるように、シーケンスプログラムを作るうえで必ず知っておかなくてはならない次のようなテーマ内容を網羅するとともに、やさしく図解を交えて解説しています。解説は細かいトピックに分けて掲載していますので、必要なものを抜き読みしてもよいようになっています。なお、幅広いユーザーに対応するため、本書のプログラミングは主に、三菱電機製Melsecシリーズとオムロン製Sysmacシリーズの両方に対応して書かれています。

1. PLCの機能
2. PLCのプログラムを構成する要素
3. 外部機器の接続と入出力の関係
4. 順序制御プログラムを構成するための考え方
5. プログラムの作成・書き込み・実行・デバッグする方法
6. シンプルで分かりやすい順序制御プログラムの作り方

　さらに、いろいろな目的にPLCを使うことができるように、次のような機能を利用するときに必要となる内容の解説も掲載されています。

7. 数値データ処理方法
8. データの送受信
9. PLC間でのデータ共有ネットワーク
10. 実用プログラム例

　プログラムの作り方は、百人百様といわれますが、本書はその根幹部分を解説していますので、作り始める前に本書を一読されることをお勧めいたします。

2006年5月

著者記す

目　次

はじめに

Ⅰ. 知っておきたいシーケンスプログラムの基礎知識

1章　シーケンスプログラムの表現方法 ……………………………………………………… 1

- 表現方法1　リレーコイルと接点の表し方 ……………………………………………………… 2
- 表現方法2　リレーコイルの動作と接点の動作の仕方 ………………………………………… 3
- 表現方法3　リレーのONとOFFの表現の仕方 ……………………………………………… 4
- 表現方法4　入力リレーの動作とプログラムの関係 …………………………………………… 6
- 表現方法5　出力リレーのON-OFF動作は同じ番号の出力端子に反映される ……………… 8

2章　PLCのリレーアドレスと設定 …………………………………………………………… 10

- その1　入出力リレーのアドレスとリレー番号 ……………………………………………… 10
- その2　内部リレー ……………………………………………………………………………… 12
- その3　停電保持リレー ………………………………………………………………………… 14
- その4　タイマとカウンタ ……………………………………………………………………… 16

3章　PLCの演算方式とプログラムの解析方法 …………………………………………… 18

- 演算方式1　PLCの演算方式 …………………………………………………………………… 18
- 演算方式2　ニーモニク言語 …………………………………………………………………… 21
- 解析方法1　ラダー図の動作を解析する2つの方法 ………………………………………… 25
- 解析方法2　PLCの演算速度 …………………………………………………………………… 27

Ⅱ．プログラミングツールを使いこなす

1章　PLC プログラムの作成と書込み ································· 29

| プロコン | プログラミングコンソールによる書込み ································· 30
| Melsec-1 | パソコンによるプログラミング　Melsec シリーズ　GX-Developer (1) ············ 31
| Melsec-2 | パソコンによるプログラミング　Melsec シリーズ　GX-Developer (2) ············ 33
| Melsec-3 | パソコンによるプログラミング　Melsec シリーズ　GX-Developer (3) ············ 36
| Sysmac-1 | パソコンによるプログラミング　Sysmac シリーズ　GX-Programmer (1) ······· 38
| Sysmac-2 | パソコンによるプログラミング　Sysmac シリーズ　GX-Programmer (2) ······ 41

2章　プログラムデバッグ ································· 44

| 文法チェック | プログラミングが完了したらエラーチェックを行う ································· 44
| 入力信号チェック | プログラムを実行する前に入力の接続を確認する ································· 47
| 出力信号チェック | 出力の配線をチェックするにはモニタ画面でセット／リセットする ············ 49
| 動作チェック | PLC プログラミングソフトウェアのモニタ機能を使ってデバッグする ········ 51

Ⅲ．シーケンスプログラム作成の実用テクニック

1章　PLC プログラム作成の規則 ································· 55

| 規則1 | 1つの回路は母線で始まってコイルで終わる ································· 56
| 規則2 | 同じ名前のリレーコイルは1回しか使えない ································· 56
| 規則3 | リレーの接点は何度でも使える ································· 57
| 規則4 | 入力リレーのコイルはプログラム中に記述できない ································· 57
| 規則5 | 左側の母線から直接出力リレーをつなぐことはできない ································· 58
| 規則6 | 1つの回路に記述できる接点の数は限られている ································· 58
| 規則7 | 1つの回路の途中から分岐することはできない ································· 59

2章　自己保持回路の作り方 ································· 61

| 回路構造1 | 自己保持回路の回路構造 ································· 61

| 回路構造2 | 自己保持回路を使うためにマスターしたい回路構造 …………………… 63 |
| 構成例 | 目的別自己保持回路の構成例 ………………………………………… 64 |

3章　自己保持回路を極める ……………………………………………………… 67

極める1	ずっとONしておきたい出力は自己保持にする ………………………… 68
極める2	2つの自己保持回路の動作順序を決める ……………………………… 73
極める3	順序どおりにスイッチを押さないと動作しないプログラム（1）………… 77
極める4	順序どおりにスイッチを押さないと動作しないプログラム（2）………… 79

4章　タイマとカウンタを使いこなす ………………………………………… 81

タイマ1	汎用タイマのコイルは一定時間通電を続けるとONになる ……………… 81
タイマ2	コンベア上のワークがストッパに密着する時間を考慮する …………… 84
タイマ3	ノイズが発生しやすい入力にはタイマを使う …………………………… 86
タイマ4	乗り移りコンベア上のワークの有無にはタイマを使う ………………… 87
カウンタ1	汎用カウンタはコイルの立上がりでカウントし、リセット回路で クリアする …………………………………………………………… 89
カウンタ2	シーケンスプログラム中の動作を繰返すにはカウンタを使う ………… 91

5章　パルス命令を使いこなす ………………………………………………… 93

パルス1	パルス命令は1サイクルだけONする ………………………………… 93
パルス2	パルス命令でスイッチの動作を検出する ……………………………… 94
パルス3	安全にスイッチを切る回路 …………………………………………… 96
パルス4	機械操作をパルス命令で記述する …………………………………… 97
パルス5	クランクの1往復動作をパルスを使ってプログラムする ……………… 100
パルス6	長くスイッチを押すとエラーを起こすときはスイッチ入力をパルス化する ………… 101
パルス7	ストロークエンドのリミット信号にはパルスを使わない ……………… 102

6章　特殊リレーを使う ………………………………………………………… 105

| 使い方1 | ランプの点滅にはクロック特殊リレーを使う …………………………… 106 |
| 使い方2 | PLC起動時にリセットをするには運転開始時1スキャンONリレーを使う ………… 108 |

Ⅳ. PLC のデータ処理とネットワーク

1章　データメモリを使ったプログラム……111

- （使い方1）データの表現方法……112
- （使い方2）データメモリに数値を設定する……114
- （使い方3）タイマやカウンタの設定値としてデータメモリを利用する……115
- （使い方4）経過時間のラップをとるにはデータメモリを使う……118
- （使い方5）Melsec Q シリーズの数値演算命令……120
- （使い方6）Sysmac C シリーズの数値演算命令……121

2章　シリアル通信を使った外部機器とのデータ送受信……122

- （無手順通信1）通信コマンドを送信するプログラム（Melsec Q シリーズ）……123
- （無手順通信2）シリアル通信データを読込むプログラム（Melsec Q シリーズ）……128
- （無手順通信3）COM ポートを使ったデータ送信プログラム（Sysmac C シリーズ）……130
- （無手順通信4）COM ポートでデータ受信するプログラム（Sysmac C シリーズ）……133

3章　PLC を使ったネットワーク……134

- （PLC リンク）PLC リンクを利用してデータを共有する……134
- （CC リンク）CC リンクの設定とプログラム……137
- （デバイスネット）デバイスネットの設定とプログラム……141

Ⅴ. シーケンスプログラムの作り方と実用構築例

1章　順序制御プログラムの作り方……143

- （作り方1）往復運動の順序制御プログラム……144
- （作り方2）順序制御ブロック図を使ったプログラミング……149

2章　シーケンスプログラム実用構築例……151

- （実用構築例1）ベルトコンベアのワークを回転テーブルに配列するシステム……151
- （実用構築例2）シュート上のワークを排出位置に自動移動するシステム……156
- （実用構築例3）自動搬送と自動加工システム……161
- （実用構築例4）インデックステーブル型自動生産システム……169

I 知っておきたいシーケンスプログラムの基礎知識

1章 シーケンスプログラムの表現方法

　シーケンスプログラムを作るにはどのような表現をすればよいのでしょうか。
　シーケンスプログラムは、リレー回路をソフトウェアで表したものですから、シーケンスプログラムの中で最も基本となるのはリレーの表現の仕方です。プログラム中のリレーコイルとその接点の動作の関係を理解しなくてはなりません。
　次に重要なことは、入出力のリレーの動作です。入出力リレーは、PLCに接続した外部機器の入出力の信号と密接に関係しています。入力信号の変化をどのようにプログラムに反映するのか、そして外部機器への出力の方法がわかっていないと、シーケンスプログラムを作って制御することはできません。
　ここでは、PLCを使って制御するために必要なシーケンスプログラムの表現の方法について解説していきます。

シーケンスプログラム 表現方法1 — リレーコイルと接点の表し方

> シーケンスプログラムをPLCで利用するときには、リレー回路を組むときと同じ要領でプログラムを作っていきます。

リレーの要素は、コイルとその接点があり、その接点にはa接点（常開接点）とb接点（常閉接点）の2つがあるのでリレーだけでプログラムを組むのに使用する記号は、図1にあるリレーのa接点、b接点、そしてコイルの3種類です。

一般的な電磁リレーは図1②のように表現することがJISで規定されています。

PLCのシーケンスプログラムでは①の記号を使ってシーケンスプログラムを作ります。図2には、一般的な電磁リレーの構造と電気回路図を示します。

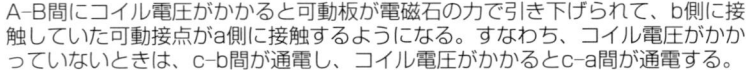

図1 リレーの表現方法

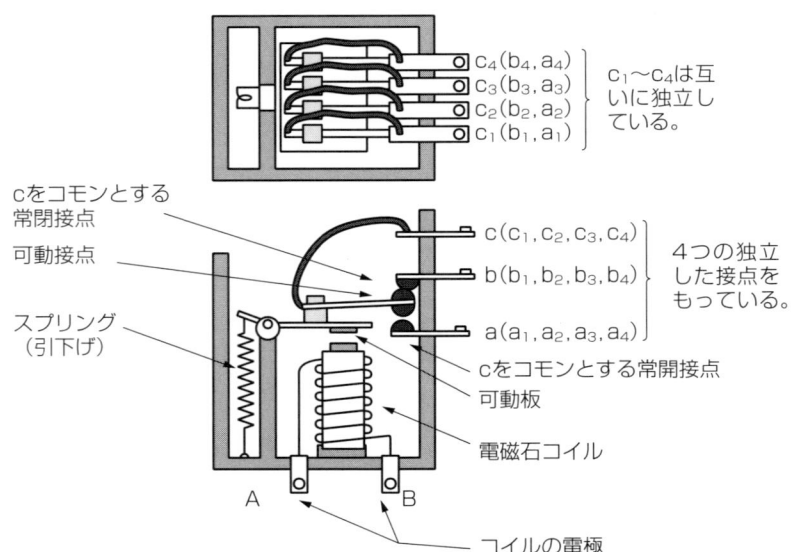
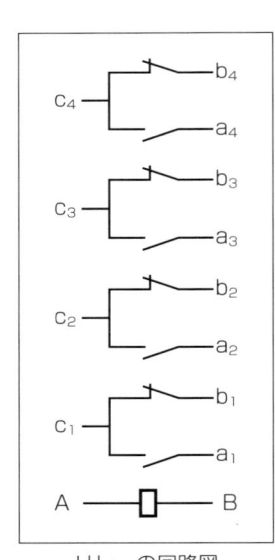

A–B間にコイル電圧がかかると可動板が電磁石の力で引き下げられて、b側に接触していた可動接点がa側に接触するようになる。すなわち、コイル電圧がかかっていないときは、c–b間が通電し、コイル電圧がかかるとc–a間が通電する。

図2 リレーの構造と回路図

シーケンスプログラム 表現方法2

リレーコイルの動作と接点の動作の仕方

> 一般のリレーでは、コイルに電気が流れるとその接点の ON-OFF が切換わるという動作をします。
> これと同じように、プログラム中のリレーも、母線からコイルまでの間のすべての接点が閉じていると、そのコイルは ON になり、そのコイルの接点の状態が a 接点ならば OFF から ON に、b 接点ならば ON から OFF に切換わることになります。

図1は、電磁リレーを使った電気回路図の一部です。リレーコイル R1、R2 が OFF のとき、リレーコイル R5 は ON になり、R3 につながっている R5 の接点は閉じるので、R3 も ON になります。

これを PLC で制御するときのシーケンスプログラムの記号を使って表現すると図2のようになります。

この場合も、図1と同じようにリレー R1 と R2 のコイルが OFF であれば、R5 のコイルが ON になって R5 の接点が閉じるので、R3 も ON になります。

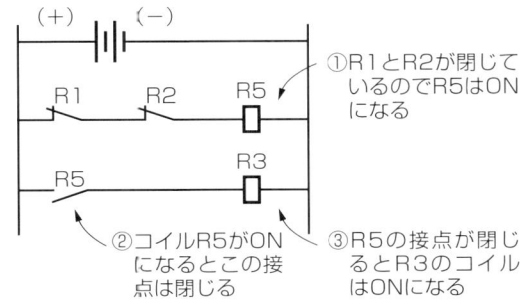

図1 リレー回路図

このように PLC によるシーケンスプログラムは、リレー回路をほとんどそのまま記述していくことができるようになっています。

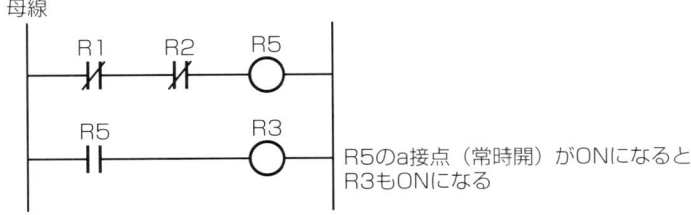

図2 シーケンスプログラム

このようにして作られた PLC のシーケンスプログラムは、リレーのコイルと接点で作った回路図のような形で表現されます。この図がはしごのような形になるので、この PLC のシーケンスプログラムはラダー図とも呼ばれています。

シーケンスプログラム 表現方法3　リレーのONとOFFの表現の仕方

> リレーがONしているとかOFFになっているという表現は、リレーのコイルの状態がONであるかOFFであるかということを示しています。

　図1のプログラムでは、X01の接点がコイルM00に直接接続されているので、X01の接点が閉じて導通状態になると、左側の母線からM00のコイルまでが導通になります。このような状態をM00がONしていると表現します。すなわち、母線から出た信号がM00のコイルに到達できる状態になっていることを意味します。

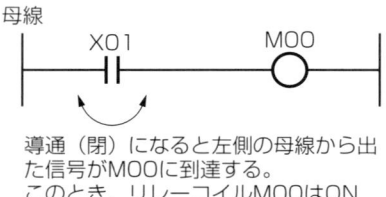

図1　リレーコイルのONとOFF

　これを電気的に考えると、母線には常に電気が流れていて、$\dashv\vdash^{X01}$ が導通になると、この電気がM00のコイルに到達してコイルをONすると考えることができます。
　これはちょうど、図2の点線のように、電源が取付られた回路の動作と同等であるということになります。

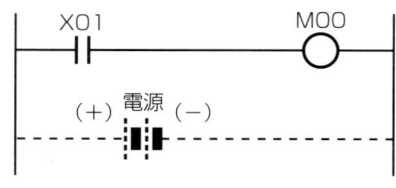

図2　電気回路として考える

　一般に、PLCの解説の中でM01がONしているという表現がよく使われます。これは、M01という番号のリレーコイルがONしている状態にあるので、そのa接点（$\dashv\vdash^{M01}$）は導通（閉）になり、b接点（$\dashv/\vdash^{M01}$）は非導通（開）になっていることを意味します。M01がOFFのときは$\dashv\vdash^{M01}$は非導通（開）で、$\dashv/\vdash^{M01}$は導通（閉）になります。

状態	M01のリレーコイル (-○-)	a接点 (-||-)	b接点 (-|/|-)
コイルに通電していないとき	OFF	OFF（非導通 開）	ON（導通・閉）
コイルに通電したとき	ON	ON（導通・閉）	OFF（非導通・開）

図3　コイルの状態と接点

まとめて書くと、図3のようにM01がONしているときにそのa接点はONになりますが、b接点であればOFFしていることになります。

間違いやすいのは、リレーコイルではなく、接点がONしているという表現をする場合があることです。このときにはそれがa接点であればコイルはONですが、b接点のときはそのコイルはOFFになっていることに注意が必要です。

また、接点が導通になっているときを接点が閉じていると言い、接点が非導通のときを接点が開いているという言い方をします。

ここに出てきたXとかMはリレーの種類を表わす頭文字になっています。この頭文字を見ることで、何の種類のリレーなのかということがわかります。この頭文字は一般的な決まりがあるわけではないので、PLCの種類によってまちまちです。

図4には、PLCの機種とリレーの頭文字の例を示します。この他にもさまざまな種類のリレーがあるので、PLCのメモリマップなどを見て確認してから使うようにします。

リレーの種類	入力リレー	出力リレー	補助リレー
三菱電機 (Melsec)	X	Y	M
オムロン (Sysmac)	I/O番号のみ		I/O番号またはW
日立 (H、EH)	X	Y	RおよびM

図4　リレーの頭文字とリレーの種類

入力リレーの動作とプログラムの関係

シーケンスプログラム 表現方法 4

> スイッチを入力端子に配線すると、そのスイッチの ON–OFF で入力リレーを ON–OFF することができるようになります。

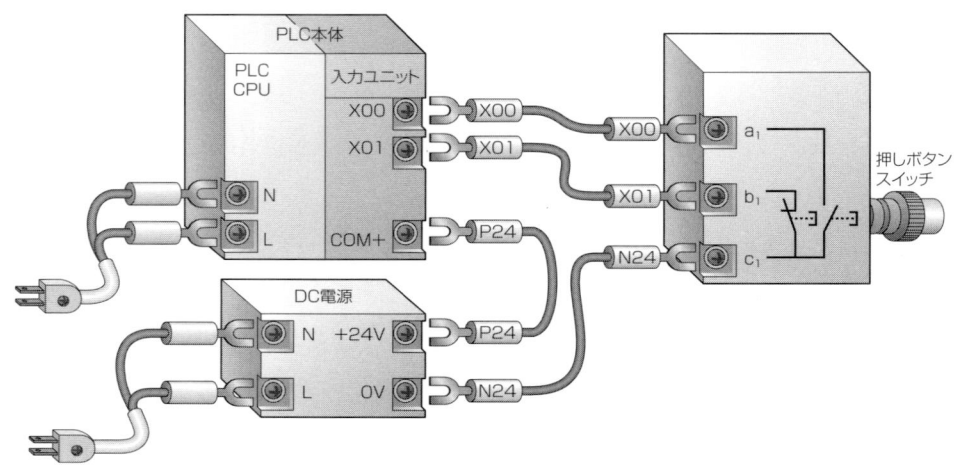

図1　PLC 入力ユニットの接続

図1の電気回路では、押ボタンスイッチのa接点（常開接点）を PLC の入力端子の X 00 に、b 接点（常閉接点）を入力端子の X 01 に接続してあります。

この回路で、押ボタンスイッチが押されていないときの入力リレー X 00 は OFF、X 01 は ON になっています。プログラムの中で X 00、X 01 の接点を使うと、おのおのの接点の導通状態は図2(1)の

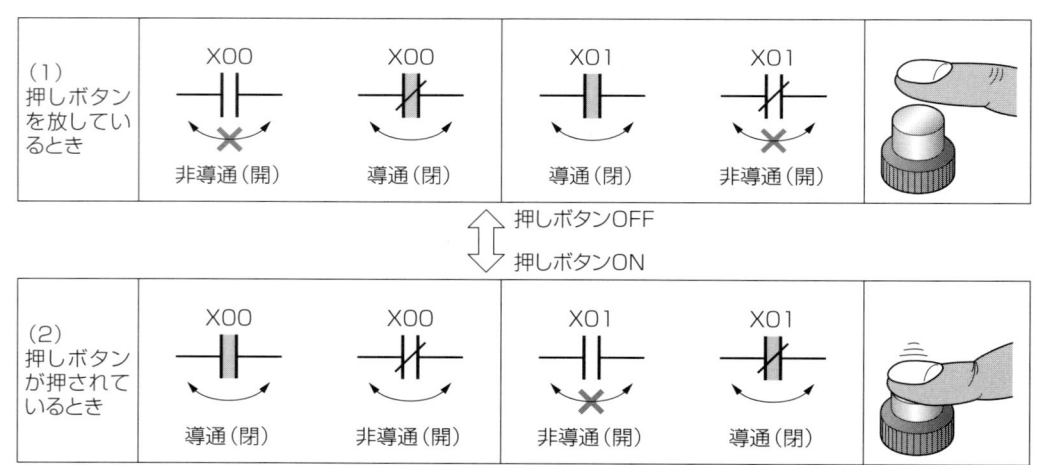

図2　押ボタンスイッチの ON–OFF とプログラム中の接点の関係

ようになります。

　押ボタンが押されると図2(2)のように導通状態が変化します。

　この表を見ると、押ボタンスイッチのa接点（ーᴄ一接点）を接続した入力リレーのa接点（$\frac{X00}{+\!\!+}$）と、押ボタンスイッチのb接点（ー—接点）を接続した入力リレーのb接点（$\frac{X01}{+\!/\!+}$）は同じ動作をすることがわかります。これは論理演算で2度否定をとると元の論理に戻るのと同じことです。

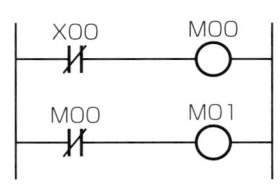

図3　否定の否定

　例えば、図3のようなプログラムを考えてみましょう。M00はX00を1回否定したものですからX00とちょうど反対の動作をします。これの否定をとったものをM01としてあるので、M01はM00と反対の動作をします。すなわちX00とM01のリレーは同じ動作になります。

　したがって、この場合 $\frac{X00}{+\!\!+}$ と $\frac{M01}{+\!\!+}$ はプログラムの中では同等のものとして使うことができます。

――― 入力リレーとは… ―――

　PLCの入力ユニットに接続したスイッチやセンサによってON/OFFが変化するリレー。
　外部機器の電気的な信号によって変化するので、プログラム上にはリレーコイルは存在しない。

シーケンスプログラム 表現方法5　出力リレーのON-OFF動作は同じ番号の出力端子に反映される

> PLCの出力ユニットにある出力端子は、それと同じ番号のプログラム上の出力リレーコイルのON-OFFと同じON-OFFの動作をします。出力端子がONになると出力端子とCOM端子の間が導通します。

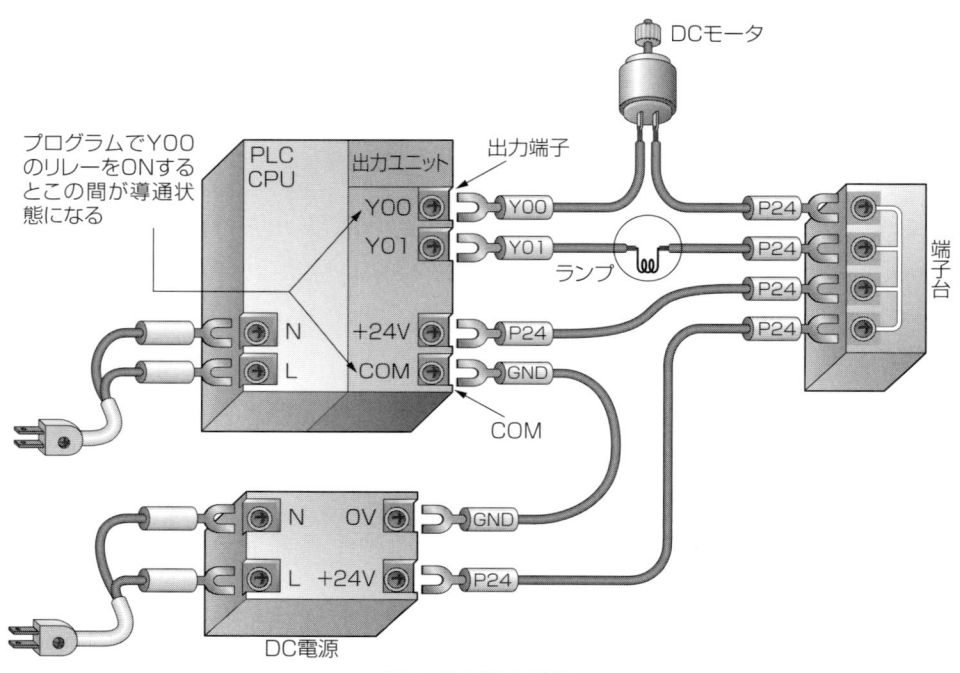

図1　出力端子の接続

　プログラムでPLCの出力リレーをONにすると、その出力リレーと同じ番号の出力端子がONになります。出力端子がONになると、その番号の出力端子とCOMの間が導通状態になって実際に電流が流れるようになります。

　逆に、出力端子がOFFというのはその出力端子とCOMの間に電流が流れていないことを意味します。

　このように、出力端子のON-OFFはPLCのプログラム上の出力リレー（ $\frac{Y\,00}{\bigcirc}$ ）のON-OFFと同期しています。

　図1の電気回路で、DCモータの部分の回路を使って説明します。出力リレーY00がOFFのときにはCOM端子とY00端子の間が絶縁している状態なので図2(1)のように電流は流れません。

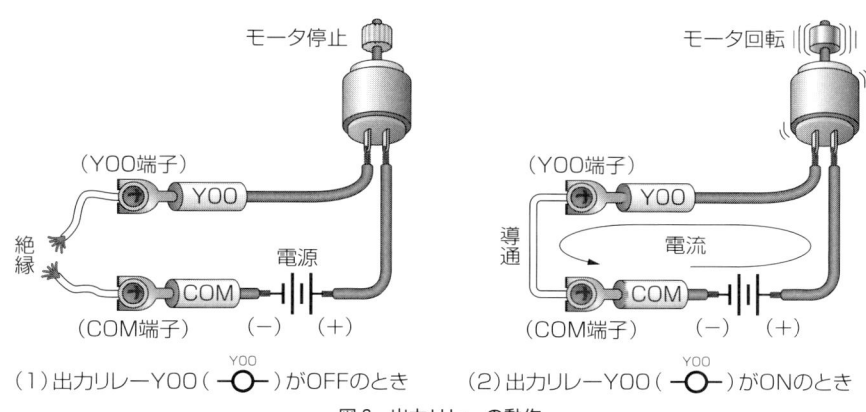

(1) 出力リレーY00 (—○—) がOFFのとき　　(2) 出力リレーY00 (—○—) がONのとき

図2　出力リレーの動作

一方、出力端子Y00がONになると図2(2)のようにY00端子とCOMの間が電気的に導通するという仕組みになっています。この出力端子の動作のイメージを図3に示します。

実際の出力ユニットにはこのようなメカニカルリレー接点の他にトランジスタやトライアックなどが使われていますが、プログラムを作る上では導通と絶縁のイメージを持っていればよいでしょう。

図3の構成のときに、出力リレーY00をプログラムでONすると、Y00の接点が閉じてDCモータが回転し、出力リレーY01がONするとY01の接点が閉じてランプが点灯するようになっています。

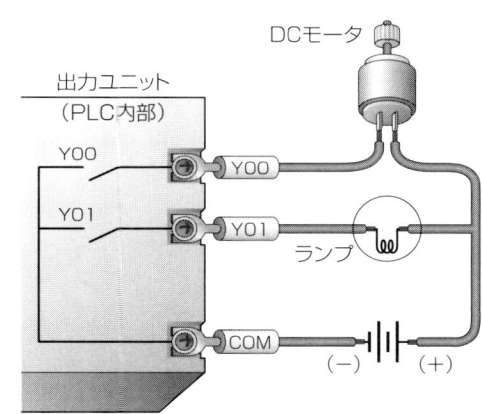

図3　出力リレーの動作のイメージ図

───── 出力リレーとは… ─────

プログラムの中にリレーコイルを記述して、そのON-OFFを制御することができる。プログラムでリレーコイルをON-OFFすると、同じ番号の出力端子の電気的な出力が変化するようになっているので、外部機器を動作させたり停止したりすることができる。プログラムの中にコイルと接点を記述できる。

2章 PLCのリレーアドレスと設定

　シーケンスプログラムはPLCの内部に設定されているリレーを使って作ります。そのリレー番号の割付けのことをリレーアドレスと呼んでいます。PLCのメモリに割付けられている内部リレーなどは一般に固定のアドレスですが、入出力リレーのアドレスは入出力ユニットの装着状況と設定によって変わってきます。

アドレスと設定の仕方 その1　入出力リレーのアドレスとリレー番号

　PLCに汎用の入出力ユニットを装着すると、通常は装着されている順にチャネル番号が割り振られて、そのチャネル番号にビット番号を付加したものが端子番号になります。
　プログラムで使う入出力リレーのON-OFFは同じ番号の入出力端子のON-OFFと同期する仕組みになっています。

　入出力リレーは、PLCのメモリマップに割付けられているので、機種によってその割付けは異なります。表1にいくつかのPLCの入出力リレー番号の割付例を掲載します。メモリマップ上の入出力リレーの範囲と実装できる入出力の範囲が異なります。また、機種によっても変化します。
　通常、実際の入出力ユニットが装着されていないリレー番号は内部リレーの代用としてプログラム中で利用できます。
　次に実際のPLCの割付例を見てみましょう。

（1）　Melsecシリーズの入出力リレーの割付例

　三菱電機製MelsecシリーズのPLCでは、入力リレーはXのシンボルを頭に付けて、その後にチャネル番号、次に0〜Fのビット番号を付けると入力リレー番号になります。出力リレーはシンボルが

表1 PLCの機種と入出力リレー番号

PLC機種	入出力リレー番号 （最大）	説　　明
Melsec FX 2 N	X 0～X 267 Y 0～Y 267	入出力リレーは、1 CHあたり8ビットで構成されるので、ビット番号は0～7になる。 入出力リレーは、重複した番号を使える。
Melsec Q 00 J	X 0～X 7 FF Y 0～Y 7 FF （実装できる入出力は0～FFまで）	入力と出力で重複する番号は除く。 1つのチャネルの16点を0～Fの16進数で指定する。
Sysmac C 200 HS	0.00～29.15	プログラム上で利用できる入出力番号。 PLCのスロットに装着できる実装アドレスとは異なる。 ビット番号は00～15までの16点単位になる。
Sysmac CS 1	0.00～159.15	プログラム上で利用できる入出力番号で実装アドレスとは異なる

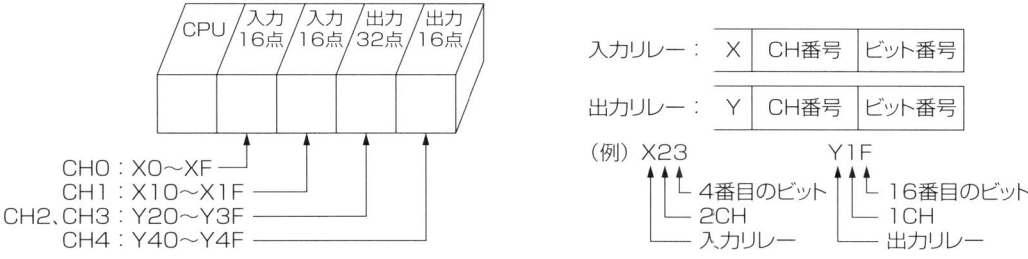

図1　Melsecシリーズの入出力割付

Yになります。この様子を図1に示します。

（2） Sysmac Cシリーズの入出力リレーの割付例

OMRON社製Sysmac CシリーズのPLCでは、入力リレーと出力リレーの記号上での区別はなく、入出力ユニットに割付けられたチャネル番号に00～15のビット番号を付けたものがリレー番号になります。図2のように2 CHにある2番目のビットなら2.01、2 CHの1番目のビットは2.00になります。

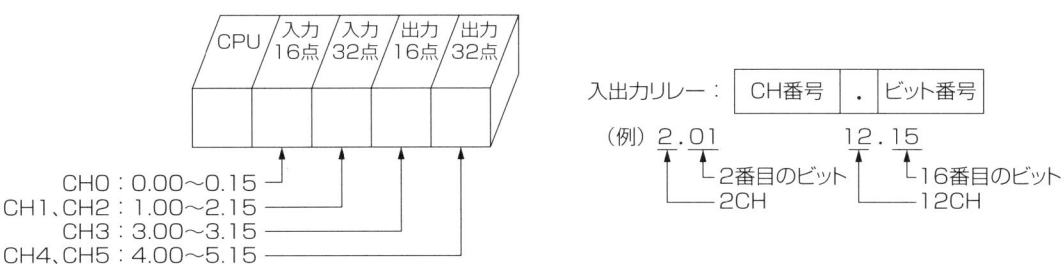

図2　Sysmac Cシリーズの入出力割付

アドレスと設定の仕方 その2　内部リレー

> 内部リレーは、外部に対する入出力を行わず、プログラムの中だけで自由に利用できるリレーです。このリレーは、複雑なプログラムを作るときに補助的に使われるリレーで、補助リレーと呼ばれることもあります。あるいは入出力に関係しないPLCのメモリ上のリレーなのでメモリリレーとも呼ばれます。

MelsecシリーズのPLCの一般内部リレーは、頭にMを付けています。

Sysmac CS1シリーズでは、一般内部リレーは頭にWが付けられています。ただし、通常のSysmac CシリーズのPLCでは、入出力リレーのアドレスに続けてその他のリレーのアドレスが割付けられているので、入出力リレーのアドレスと同じ表現が使われます。

表1に内部リレーアドレスの例を掲載します。

表1　内部リレーアドレス（デフォルトの値）

PLC機種	一般内部リレー番号	停電保持リレーの番号
Melsec FX2 N	M0〜M1023	M1024〜M3071
Melsec Q00J	M0〜M8191	L0〜L2047
Sysmac C200 HS	300.00〜511.15	HR 0.00〜HR 99.15
Sysmac CS1	W 0.00〜W 511.15 1200.00〜1499.15 3800.00〜6143.15	H 0.00〜H 511.15

※停電保持リレーはラッチリレーまたは保持リレーなどと呼ばれることもある

一般的な内部リレーは、PLCがSTOP状態になったり電源が落ちると前の値は保持されません。停電時に前の値を保持しておきたいときには、停電前の状態を保持しておく停電保持リレーを利用します。

内部リレーを使わなければ実現できないプログラムの例として図1のシステムにおいて①、②の動作をするプログラムを考えてみます。

― 要求動作 ―
① DCモータはスタートSW(X0)で起動して、ストップSW(X1)で停止するものとします。
② さらにX2がONすると、その間だけ一時的にモータが停止します。

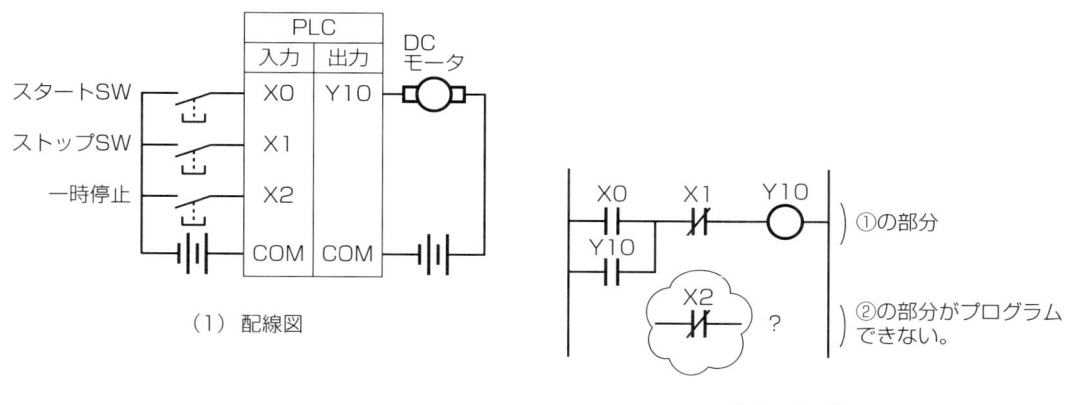

(1) 配線図

(2) プログラム例

図1　モータのON-OFFと一時停止のシステム

要求動作のうち、①についてはY10を自己保持にすることで図1(2)のように実現できますが、②についてはこのプログラムのままでは作りようがありません。

そこで、①の要求動作をいったん内部リレーを使って作り、②の要求動作をそこに付け加えるようにしたものが図2のプログラムです。

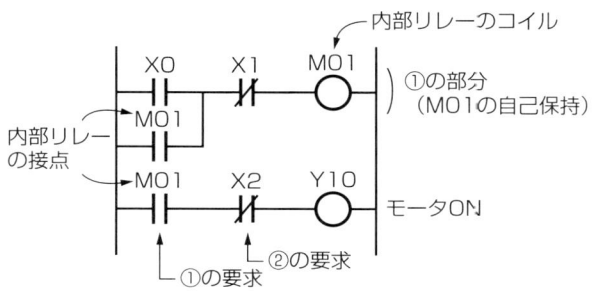

図2　内部リレーを使って修正したプログラム

このように内部リレーは、内部リレーを使わないと実現できないときや、内部リレーを使った方がわかり易くなるときなどに利用されます。

―― 内部リレーとは… ――

入出力に関係しないPLCのメモリ上に存在するリレーで、プログラム中で補助的に利用される。

入出力と直接には関係しないので自由にプログラムの中で使うことができる。

内部リレーはリレーコイルとその接点をプログラムに記述することができる。

アドレスと設定の仕方 その3 — 停電保持リレー

> 停電保持リレーは、停電またはPLCの運転が停止する直前の状態を記憶しておき、次にPLCがRUNになったときに前の状態を復元できるようにする内部リレーです。

MelsecQシリーズではラッチリレーと呼ばれ、リレー番号はL00から割付けられています。

例えば、これを自己保持回路に使用すると、停電前にONになっていた自己保持回路は停電が復帰したときにONになります。

図1のプログラムでは、開始SW（X0）が押されたらランプ（Y10）が点灯します。これを一般内部リレーM01を使って記述した自己保持回路は、PLCの運転が停止するとクリアされてしまいますが、ラッチリレー（L01）を使って記述したものはPLCが一旦停止しても停止する直前の状態を記憶しているので再開したときに前の状態に戻ります。

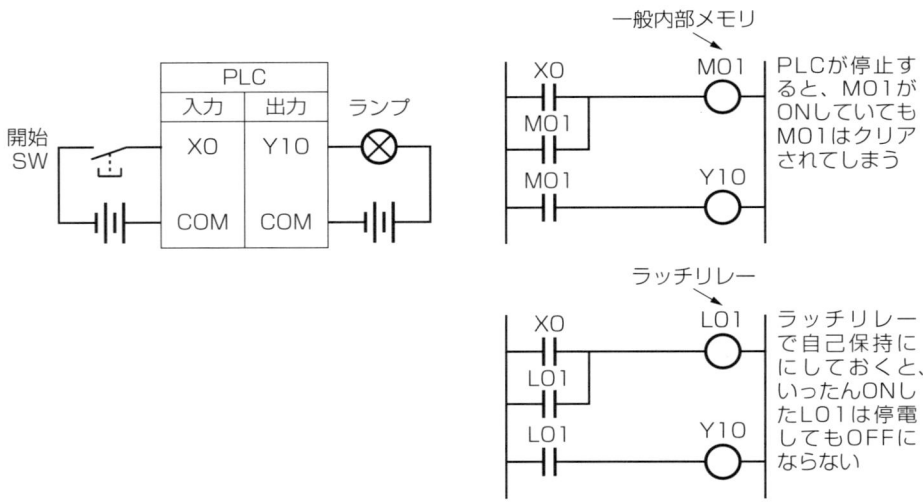

図1　MelsecQシリーズの停止保持リレーの動作例

SysmacCS1シリーズのPLCの停電保持リレーはH0.00から割付けられています。

図2のプログラムでは、スタート0.00のスイッチを押すとランプL_1とL_2の両方が点灯します。点灯したままの状態でPLCの電源を落として、再度PLCを運転状態にすると、ランプL_1は点灯したままになり、ランプL_2は消灯します。

H2.00は、停電保持リレーなので、PLCの電源が切れる寸前の状態を覚えているということです。

W2.00は、一般的な内部リレーなのでPLCの電源が切れるかプログラムモードになると、初期化されて自己保持は解除されます。

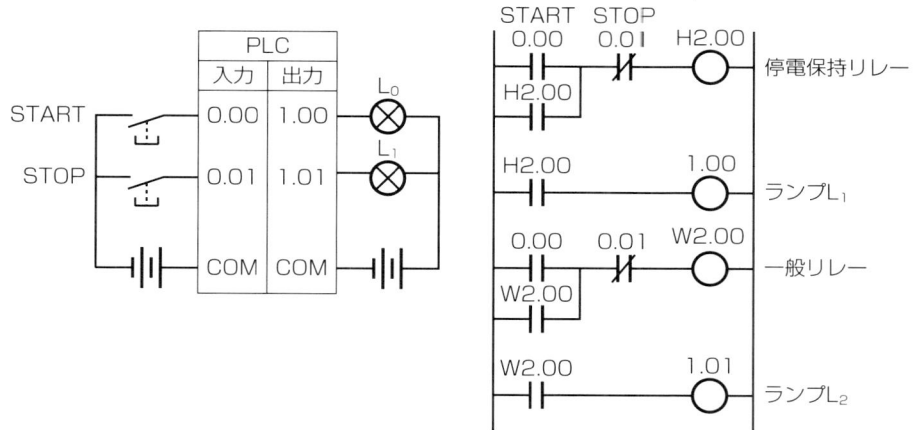

図2　Sysmac CS1シリーズの停電保持リレーの動作例

　停電保持リレーのアドレスマップは、前項（その2）の表1内部リレーアドレスの右の欄に掲載してあります。

──── 停電保持リレーとは… ────

　PLCの電源が落ちたときやCPUをストップしたときでも、停止する直前のリレーの状態を記憶していて、次に再開するときにその状態を再現することができる内部のリレーの一種。PLCの機種によってラッチリレーとか保持リレーと呼ばれることもある。

アドレスと設定の仕方 その4　タイマとカウンタ

> PLC のタイマは、タイマのコイルに設定した時間だけ通電すると、コイルが ON になってその接点が切換わるオンディレータイマです。
> 　タイマのコイルへの通電が止まると、タイマの計測時間は元に戻り、切換わっている接点も元に戻ります。一瞬でもタイマのコイルの通電が OFF になると、タイマの計測時間はゼロに戻ってしまいます。

　タイマは、コイルに通電している間、PLC の内部クロックの数をかぞえていて、その数が設定した数に一致したところで接点を切換えるので、機能はカウンタに類似しています。そこで、PLC の機種によってはタイマとカウンタが同じリレーエリアに割付けられていて、同じ番号を重複して利用できなくなっているものもあります。

　カウンタは通常、カウンタのコイルの立上がりをとらえてカウント値を 1 つずつ繰り上げていきます。カウント値が設定した値になるとカウンタの接点が切換わります。カウンタのカウント値を元に戻すにはリセット命令を使います。プログラムで使えるタイマとカウンタの番号は表 1 の例のように PLC の機種によって異なっています。

表1　タイマとカウンタの割付例

PLC 機種	種類	タイマ	カウンタ
Melsec FX 2 N	コイル	T0～T255	C0～C234
	接点	T0～T255	C0～C234
Melsec Q 00 J	コイル	T0～T511	C0～C511
	接点	T0～T511	C0～C511
Sysmac α	コイル	TIM0～TIM511／CNT0～CNT511	
	接点	TIM0～TIM511／CNT0～CNT511　タイマとカウンタの番号は重複しないようにする	
Sysmac CS 1	コイル	TIM0～TIM4095	CNT0～CNT4095
	接点	T0～T4095	C0～C4095

　図 1 に Melsec シリーズ PLC のタイマとカウンタの記述方法を示します。タイマはタイマのコイル番号のあとに 1 スペースあけて設定値を記述します。設定値は頭に K をつけてその後に 10 進数を記述します。タイマのベースが 0.1 秒のときは K 10 とすると 1 秒タイマになります。カウンタも同様にコイル番号のあとに 1 スペースあけて設定値を記述します。

(1)　タイマ

```
LD  X0
OUT T3 K10
LD  T3
OUT Y10
```

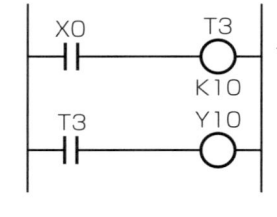

1秒タイマ

Kは10進の整数で、0.1秒タイマの場合K10で1秒になる。

（ニーモニク）　　　　（ラダー図）

（2） カウンタ

```
LD  X1
OUT C2 K5
LD  C2
OUT Y11
LD  X2
RST C2
```

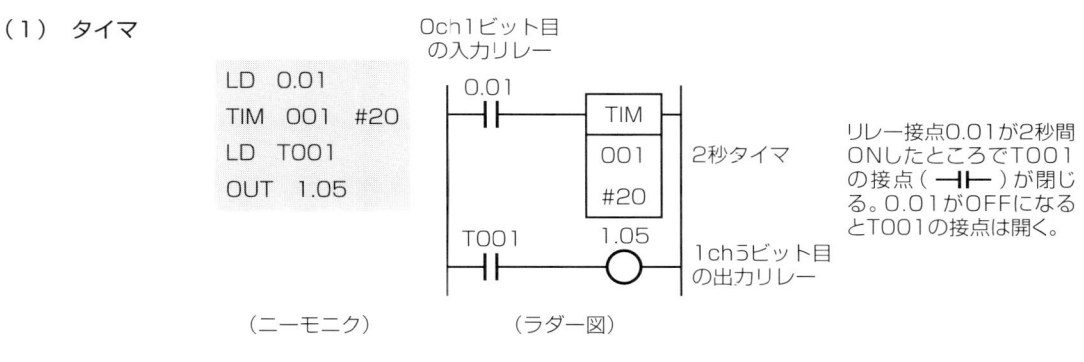

図1 Melsec シリーズのタイマとカウンタ

　図2に Sysmac C シリーズのタイマとカウンタの記述例を示します。Sysmac C シリーズのタイマとカウンタはリレーコイルでなく、ブロック出力で記述します。ブロックの1番目のオペランドがタイマまたはカウンタ記号、第2オペランドがコイル番号、第3オペランドが設定値です。設定値を10進数で設定するには数値の頭に#の記号をつけます。カウンタのブロックには入力が2つあり、1つ目はカウント入力で2つ目はリセット入力です。

　リレー接点0.01が2秒間ONしたところでT001の接点（-‖-）が閉じる。0.01がOFFになるとT001の接点は開く。

（1） タイマ

```
LD   0.01
TIM  001 #20
LD   T001
OUT  1.05
```

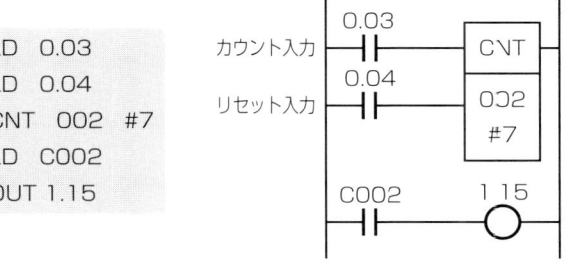

（2） カウンタ

```
LD   0.03
LD   0.04
CNT  002 #7
LD   C002
OUT  1.15
```

図2 Sysmac C シリーズのタイマとカウンタ

3章 PLCの演算方式とプログラムの解析方法

> PLCプログラムがPLCの内部でどのように演算されているかを知ることは、正確なプログラムを書くために是非必要なことです。
> 本章では、PLCの内部での演算方法を解説し、シーケンスプログラムがどのように実行されるのかを見ていきます。

演算方式と解析方法　演算方式1　PLCの演算方式

最適なPLCプログラムを作るには、PLCの中でどのような演算が行われているかを知っている必要があります。

一般的なPLCのプログラムを演算する順序を簡単に図にすると、図1のようになります。

実際にはこの他に、PLC内部の異常チェックや通信などもこのサイクルの中で行われていますが、シーケンスプログラムを演算する流れとしては図1のように考えておけばよいでしょう。

図1でわかるように演算は繰り返し実行されます。1回の演算のことを1サイクルといい、1サイクルに要する時間をサイクルタイムまたはスキャン時間と呼びます。演算は①入力端子の状態を記憶する→②シーケンスプログラムを実行する→③出力端子に出力するということを無限に繰り返しています。

①～③でどのような処理が行われているのかを見ていきましょう。

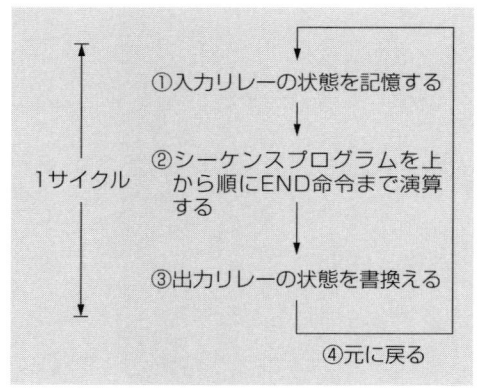

図1　PLCのプログラム演算順序

①入力リレーの状態を記憶する

1サイクルの始めに一度にすべての入力リレーの状態を読込みます。入力リレーの状態とは入力ユニットの入力端子に接続している外部機器（センサやスイッチ）の電気的な信号によって変化する入力リレーがONなのかOFFなのかということです。そこで読込んで記憶したものを使ってそのサイクルのシーケンスプログラムが演算されることになります。サイクルの途中で入力リレーの状態が変化してもそれは演算には反映されません。次のサイクルの初めには新たに入力リレーの状態を取込んで、前のデータは破棄されます。このような方式はリフレッシュ方式と呼ばれています。

②シーケンスプログラムの演算

①で読込んだ入力リレーの状態と、1つ前のサイクルで演算した各リレーコイルの状態を使ってシーケンスプログラムを1行目からEND命令まで一気に演算します。

演算中にプログラムによってリレーコイルのON-OFFが切換わったときにはそれ以降の演算で、その切換わった結果が反映されます。例えば、図2の入力リレーX1、出力リレーY10、内部リレーM0、M1使ったプログラムで説明してみましょう。

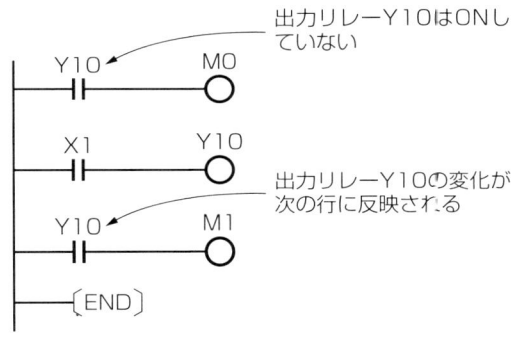

図2　X1がONした最初のサイクルの動作

M0とM1は同じY10によってONするようになっていますが、X1がOFFからONに変化した瞬間の1サイクルが終了した時点では、M0はOFFでM1はONになります。そして次のサイクルではX1とY10のコイルがONになっているので、M0、Y10、M1の3つのリレーコイルがONになります。このように、シーケンスプログラムの演算はラダー図の上から順番に行われていくので、記述する順序によって結果が異なることがあります。

図3のプログラムでは、入力リレーX0がONするとY10は自己保持になります。

その後X1がONするとM1も自己保持になりますが、次のサイクルでM1によってY10がOFFになります。するとM1もOFFになるので、結果的にM1は1サイクルの時間しかONしないパルス出力になることがわかります。

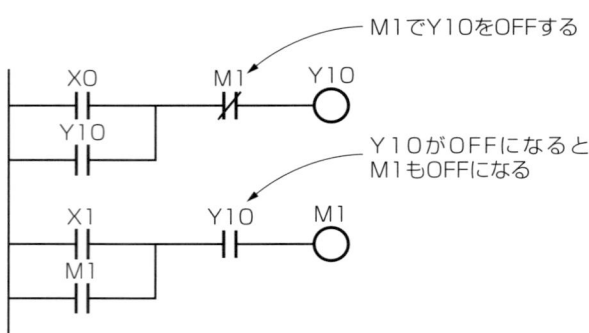

図3　M1はパルスになる

③出力リレー状態の書換え

　シーケンスプログラムを演算した結果、出力リレーのON-OFFの状態が変化したときには、出力ユニットの出力端子の状態が電気的に切換わります。すなわち、実際に出力端子のON-OFFを電気的に切換えることになるわけです。この操作はサイクルの終わりにすべての演算が終了してから一括して行われるものが一般的です。この方式を一括出力方式と呼んでいます。一括出力方式では、もし出力リレーがプログラムの中で何度かON-OFFするようになっているとしても、最後に変化した状態だけが実際の出力になります。例えば、図4のプログラムにおいて、X1、X2、X3がすべてONならば、出力Y10はONになります。もし、X1、X2がONでX3がOFFならば、Y10はOFFになります。X1だけONしているならば、Y10はONになります。

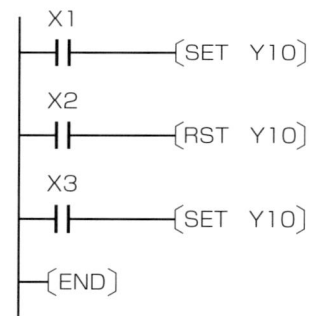

図4　X1、X2、X3がONしていたら、Y10はONになる

　これに対し、逐次出力方式のPLCでは、プログラムの演算途中で出力リレーの状態が変化したら、その出力端子の状態をそのつど切換えるようになっています。

④元に戻る

　作業が完了したらまた図1の①に戻って入力リレーの状態を読み込むことから始めます。①〜③までがPLCの演算の1サイクルになります。

演算方式と解析方法　演算方式2
ニーモニク言語

ラダー図で記述されたプログラムをPLCに書込むときにはニーモニク言語に変換する必要があります。パソコンを使った専用のプログラミングソフトウェアでは、ラダー図の形でプログラムの作成ができますが、プログラムをパソコンからPLCに転送する前に、自動的にニーモニク言語に変換するようになっています。

PLC内部では、そのニーモニク言語を使って演算が行われています。

表1は、MelsecシリーズのPLCのニーモニク命令です。

表1　ニーモニク命令（Melsecシリーズ）

	肯定	否定
母線からの開始・分岐の開始	LD	LDI
直列接続	AND	ANI
並列接続	OR	ORI
直列分岐終了	ANB	
並列分岐終了	ORB	
リレー出力命令	OUT	
応用命令	（そのまま記述）	

図1のような構成のPLCを使って作成したラダー図をニーモニク言語に変換する例を図2に示します。

この中で、入力リレーはX□□、出力リレーはY□□、内部リレーはM□□、タイマはT□□、カウンタはC□□が使われています。

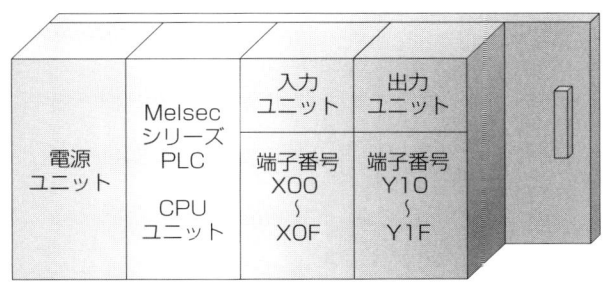

図1　MelsecシリーズPLCの構成例

3章●PLCの演算方式とプログラムの解析方法

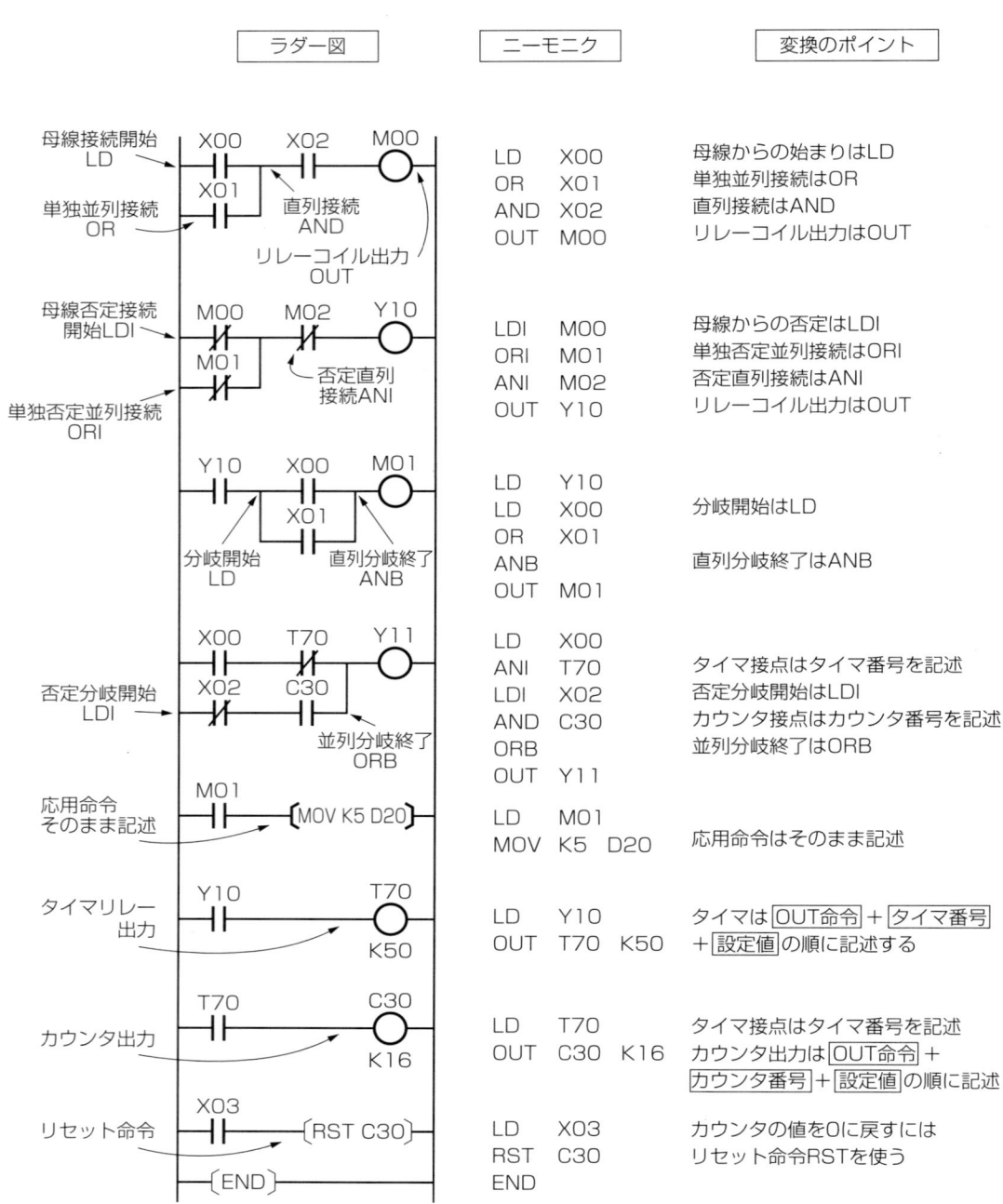

図2　ラダー図からニーモニック言語への変換（Melsecシリーズ）

表2は、Sysmac C シリーズのニーモニック命令です。

表2　ニーモニック命令（Sysmac C シリーズ）

	肯　定	否　定
母線からの開始・分岐の開始	LD	LDNOT
直列接続	AND	ANDNOT
並列接続	OR	ORNOT
直列分岐終了	ANDLD	
並列分岐終了	ORLD	
リレー出力命令	OUT	
タイマリレー出力（TIM 100 のタイマ接点は T 100）	┤├──[TIM / 100 / #50]　　LD 1 / TIM 100　#50	
カウンタリレー出力（CNT 30 がアップしたときの接点は C 30）	カウント入力 ┤1├──[CNT / 30 / #16]　LD 1 / LD 2 / CNT 30　#16 リセット入力 ┤2├	
応用命令	応用命令に割当てられたファンクション番号 F□□を使う。 そのまま記述できる応用命令もある。	

図4には、この命令を使ってラダー図をニーモニック言語に変換した例を示します。

ここでは図3のように0 ch を入力、1 ch を出力としてあるので、入力リレーは0.□□、出力リレーは1.□□、タイマ出力は TIM□□、タイマ接点は T□□、カウンタ出力は CNT□□、カウンタ接点は C□□で表現されています。

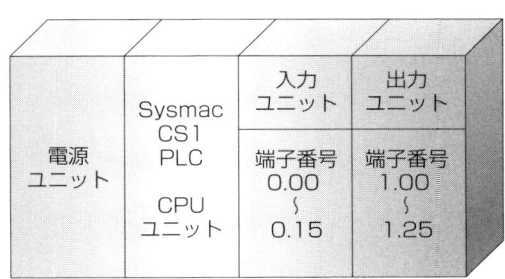

図3　Sysmac C シリーズ PLC の構成例

3章 ● PLCの演算方式とプログラムの解析方法

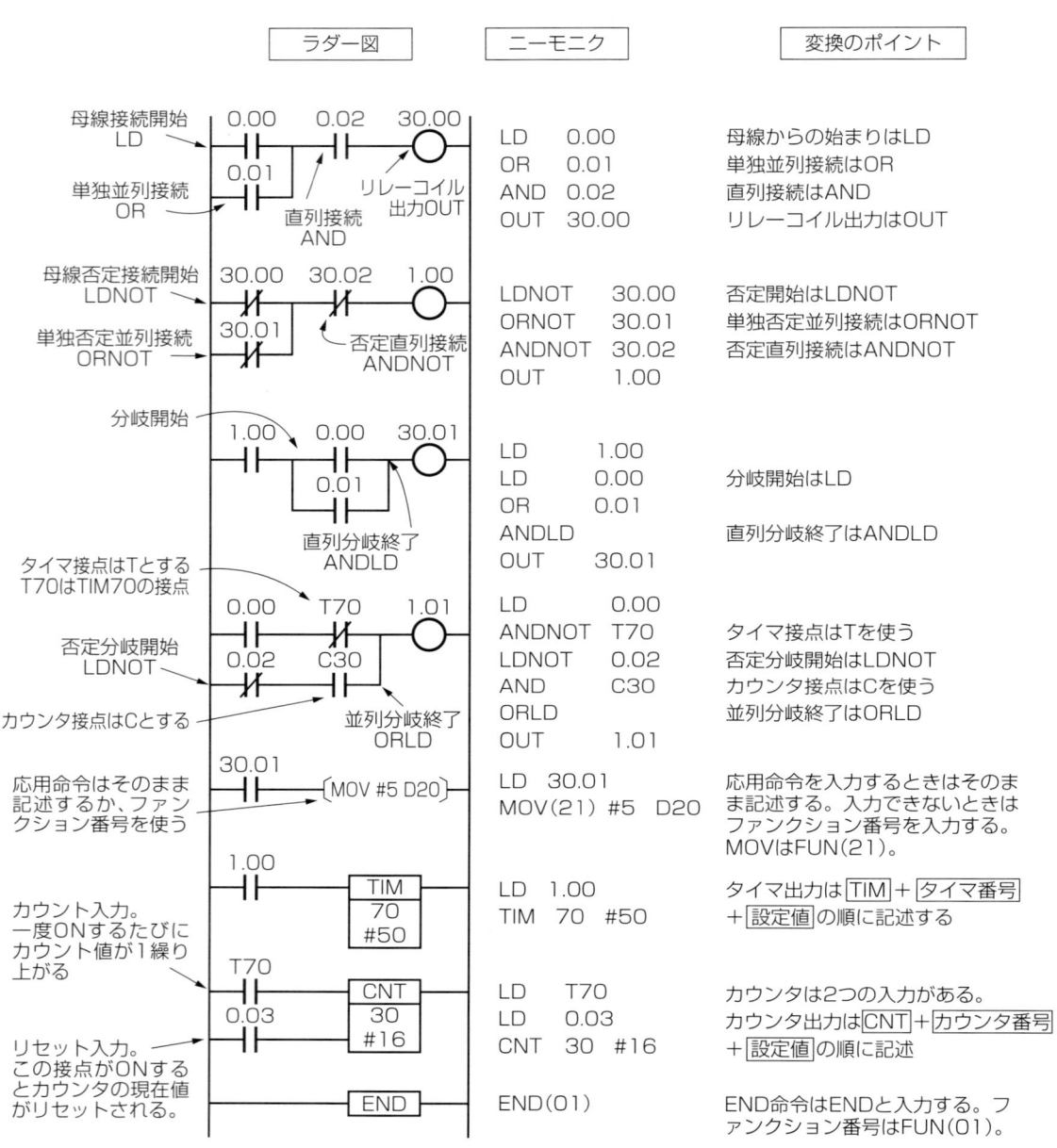

図4 ラダー図からニーモニックへの変換例（Sysmac Cシリーズ）

演算方式と 解析方法	ラダー図の動作を解析する
解析方法 1	2つの方法

ラダー図で書かれたシーケンスプログラムの動作を解析するには、2つの方法があります。

1つ目はラダー図をリレー電気回路として解析する方法で、もう1つは論理回路として解析する方法です。

PLCはリレーを使った電気回路をコンピュータの論理演算で実現しようとしたものですから、この2つの解析方法が有効なわけです。

（1） 電気回路として解析する方法

電気回路として見るときにはラダー図の左側の母線には⊕の電圧がかかっていて、右側の母線に⊖の電圧がかかっているものと仮定して、回路の中にあるリレーコイルに電圧がかかるとその接点が開閉するというように解釈します（図1）。

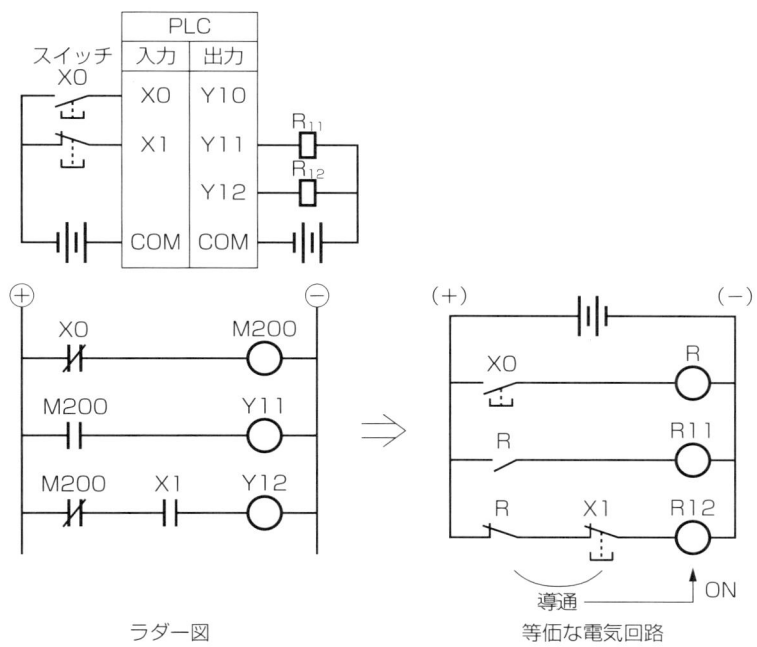

図1　ラダー図と電気回路の関係

（2） 論理回路として解析する方法

ラダー図を論理回路として解析するときには、ラダー図で用いられているコイルや接点を論理的に1（True；真）と0（False；偽）の2値をとるものとして扱います。

接点は、導通している状態を1として非導通を0とします。リレーコイルは、コイルがONしてい

るときを1、コイルがOFFのときを0とします（図2）。

　接点同士の演算を行うときに、直列接続しているものはAND、並列接続はORの論理演算をします。左側の母線は常に1としてこの演算を行い、右端のコイルに到達したときに論理が1になっていればそのコイルの論理を1にします。

　コイルの論理を1にすることはコイルをONにするのと同じ意味になります。

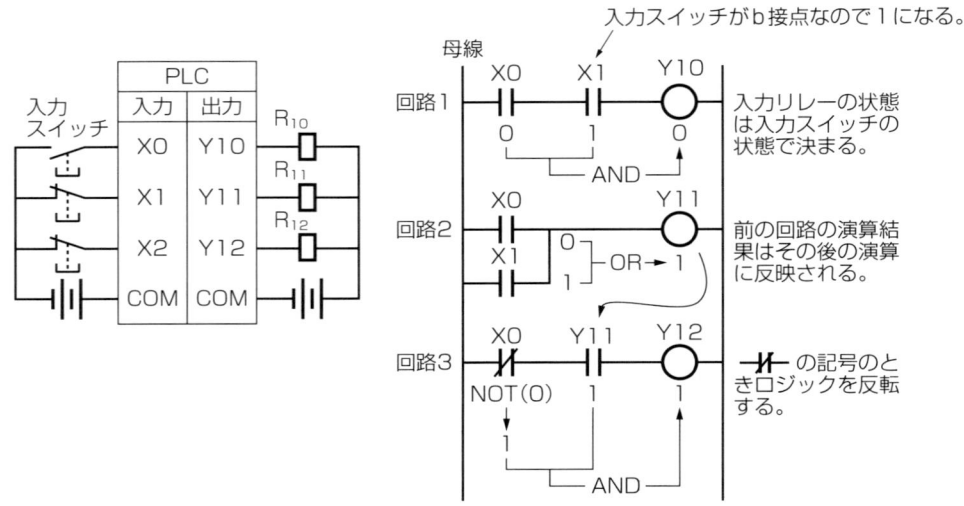

図2　ラダー図を論理回路として解析する

（3）　ニーモニク言語による方法

　図3は、図2と同じラダー図をニーモニク言語で記述した例です。

　ニーモニク言語ではLD命令で始まってOUT命令で終わる1つの回路ごとに演算を行います。

　ニーモニク言語では、LDは回路の始まりのことで、新たな演算の始まりを意味します。論理演算はAND、ORやその否定のANI、ORIといった演算命令に従って演算していきます。ニーモニクの場合ラダー図と同じ演算方法になっていることがわかります。

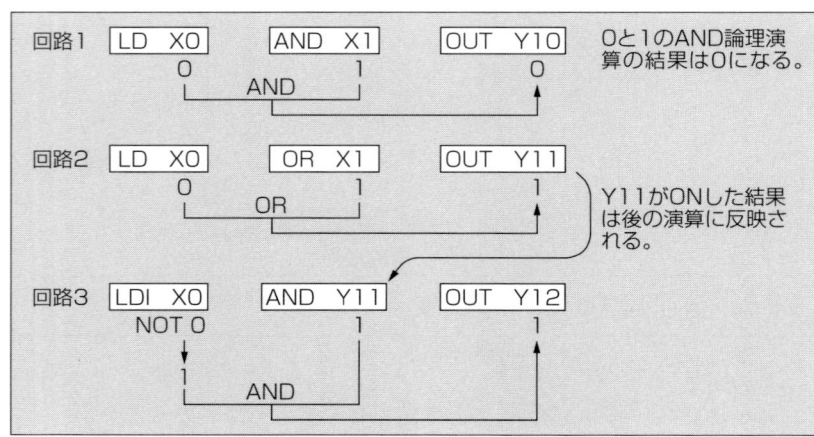

図3　ニーモニク言語を使った解析

演算方式と解析方法 — 解析方法2

PLCの演算速度（サイクルタイム）

　PLCの演算速度はプログラムの長さだけでなく、通信に必要な処理時間や入出力のデータ処理に必要な時間などが影響してきます。これらの時間はPLCの機種によって異なるので、サイクルタイムが制御に影響を及ぼすようなシステムでは注意が必要です。

　表1にはPLCの機種とそのサイクルタイムの例を示します。PLCのサイクルタイムが短かくなると演算の遅れによる誤動作は少なくなります。また、瞬間的にしかONしないような速い入力の変化も読み取れるようになってきます。サイクルタイムより短かい入力の変化は読みとることができないか、ときどき読込めなくなるとかの不安定の原因になります。

表1　PLCのサイクルタイムの例

	処理内容	Sysmac CQM1 の例	Sysmac CJ1G の例	Melsec Q00JCPU の例	Melsec Q02CPU の例
1	共通処理時間	0.8 ms	0.3 ms	0.6 ms	0.36 ms
2	プログラム実行処理時間（1000ステップのとき）	約0.62μs×1000ステップ=0.62 ms	約0.04μs×1000ステップ=0.04 ms	約0.2μs×1000ステップ=0.2 ms	約0.08μs×1000ステップ=0.08 ms
3	I/Oリフレッシュ処理時間（入出力各4ユニットを装着したとき）	入力チャネル数4×0.01 ms 出力チャネル数4×0.005 ms	入力チャネル数4×0.004 ms 出力チャネル数4×0.004 ms	入力チャネル数4×2.5μs 出力チャネル数4×1.3μs	入力チャネル数4×1.7μs 出力チャネル数4×1.3μs
4	通信処理時間（想定）	0.34 ms	0.2 ms	0.4 ms	0.2 ms
合計	通常プログラム1000ステップの合計サイクルタイムの例	1.82 ms 程度	0.572 ms 程度	1.22 ms 程度	0.652 ms 程度

　逆にPLCのサイクルタイムがあまりにも高速になると、わずかな入力の変化などを感知して、逆に不安定な動作をするようになることもあります。例えば、サイクルタイムがスイッチのチャタリングの周期まで短くなると、スイッチの入力リレーはチャタリングによって最初のスキャンではONになっていたものが次のスキャンではOFFに、さらにその次のスキャンではONになるといったように1回のスイッチングで何回もON-OFFしたようになってしまうこともあります。このため、最近のPLCでは入力リレーの応答時間を調節できるようになっているものもあります。

　応答時間を長くするには、入力信号が一定時間以上ONしていたときに入力リレーをONするという操作になります。この操作をシーケンスプログラムで行うときには、次のようにタイマを利用することがあります。

　　　　　　　入力リレー　　　タイマ
　　　　　──┤├──────○　
　　　　　　　　　　　　　　　　0.01秒

　これは、入力リレーをタイマで置換えて、このタイマの接点を入力リレーとして利用することで瞬

時の変化には反応しないようにしたものです。あるいは、故意にPLCのサイクルタイムを長く設定しておくこともあります。

II プログラミングツールを使いこなす

1章 PLCプログラムの作成と書込み

> PLCのプログラムを作成してPLC本体に書込むには2つの方法があります。
> 1つは、プログラミングコンソール（プロコン）による方法で、PLCにプロコンを接続して、ニーモニック言語を使って直接CPUに書込みます。プロコンは持ち運びが容易な反面、プログラムの編集や保存などの機能はパソコンを使った場合に比べてかなり制限されます。もう1つは、パソコンにPLCのプログラミング用のソフトウエアをインストールして、プログラミングする方法です。

　パソコンとPLCはRS 232Cやイーサネット、USBなどの通信ケーブルで接続して、パソコンの画面上で編集したプログラムをPLCに書込みます。パソコンの画面ではラダー図を作成したり、ニーモニック言語を扱うこともできます。

　また、プログラミング用のソフトウェアには、PLCとリアルタイムに通信して、PLCの状態をモニタできる機能も持っています。このモニタ機能を使うと、PLCに書かれているシーケンスプログラムの中のリレーや接点のON-OFFの状態がわかったり、データメモリの内容が表示できるなど大変便利です。プログラミングソフトウェアには次のようなものがあります。

三菱電機	オムロン	日　立	松下電工
GX-Developer	CX-Programmer	Ladder Editor for Windows	FPWIN GR

PLCプログラム作成と書込み ― プロコン

プログラミングコンソールによる書込み

> 図1は、プログラミングコンソールと呼ばれるPLCのプログラム専用の打込機をPLCに装着した場合の構成例です。このように、プログラミングコンソールはPLCのCPUに接続して直接PLCのメモリに書込んでいきます。

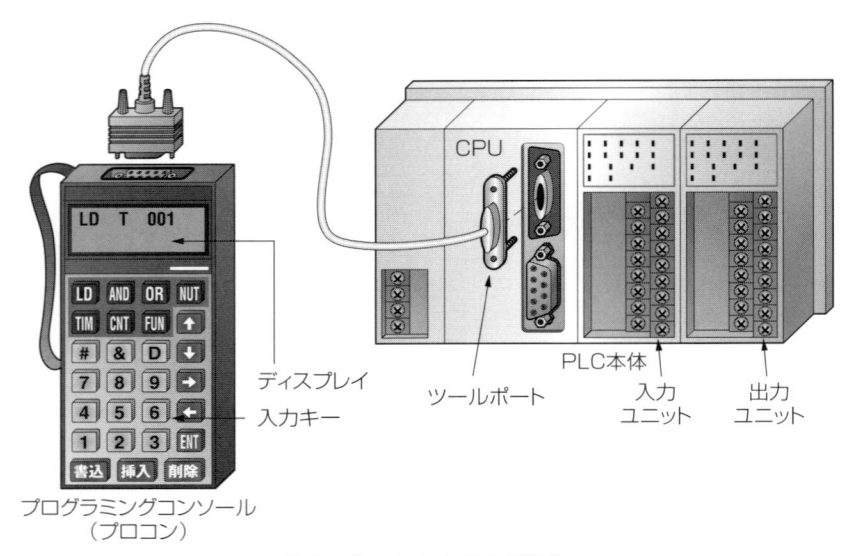

図1 プロコンとPLCの接続例

　プログラミングコンソールは、ラダー図の ─┤├─ ─┤╱├─ ─○─ のような記号を入力することはできないので、ニーモニック言語を使ってプログラムしていきます。

　プログラミングコンソールからニーモニック命令を1命令ずつ入力すると、すぐにPLCのメモリの内容が変更されます。プログラミングコンソールには、プログラムの保存や編集の機能がないので、一度書替えたプログラムを修正するには一命令ずつ挿入や削除をしなくてはなりません。万一プログラムを消してしまったら、再度元のプログラムを打込み直すことになります。

　プログラムを保存したいときには、パソコンを使った専用のソフトウエアを利用するか、着脱可能な専用のメモリカードのようなものを利用します。

PLC プログラム 作成と書込み
Melsec-1
パソコンによるプログラミング
Melsec シリーズ GX-Developer (1)

> Melsec シリーズ PLC 専用のプログラミングソフトウエア GX-Developer を使って、プログラムの作成と書込みを行います。

(1) プロジェクトの新規作成

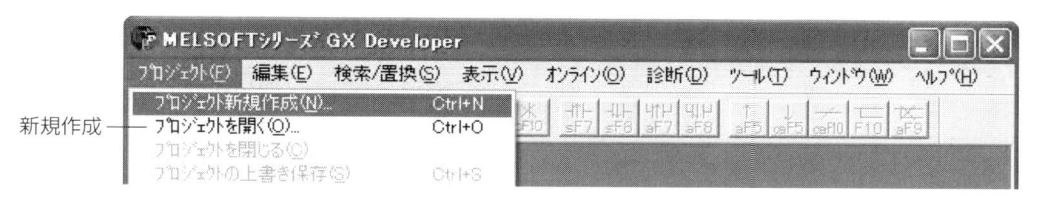

図1　起動画面

（新規作成）

PLC のタイプを次の中から選択する
- QCPU(Qモード)
- QCPU(Aモード)
- QnACPU
- ACPU
- FXCPU

使用するPLCの型式を選択する

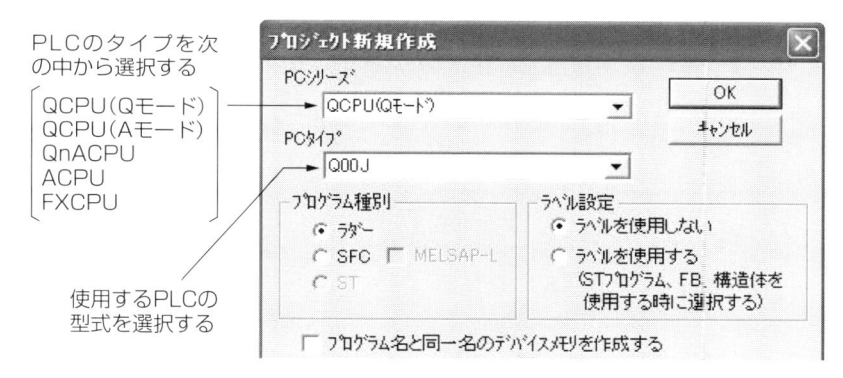

図2　プロジェクト新規作成ウインドウ

　パソコンにインストールした GX-Developer を立上げると図1の画面が表示されるので、「プロジェクト」→「プロジェクトの新規作成」とクリックすると図2のウインドウが開きます。
　ここで、PLC のタイプと使用する PLC の型式を選択して OK をクリックします。すると図3の作業ウインドウが開きます。ラダー図はこの右側のラダー図作成エリアに記述します。左側のプロジェクトウインドウの中には作成されたプロジェクトの全体の構成が表示されていて、各要素をダブルクリックすることでその項目を表示したり設定することができます。

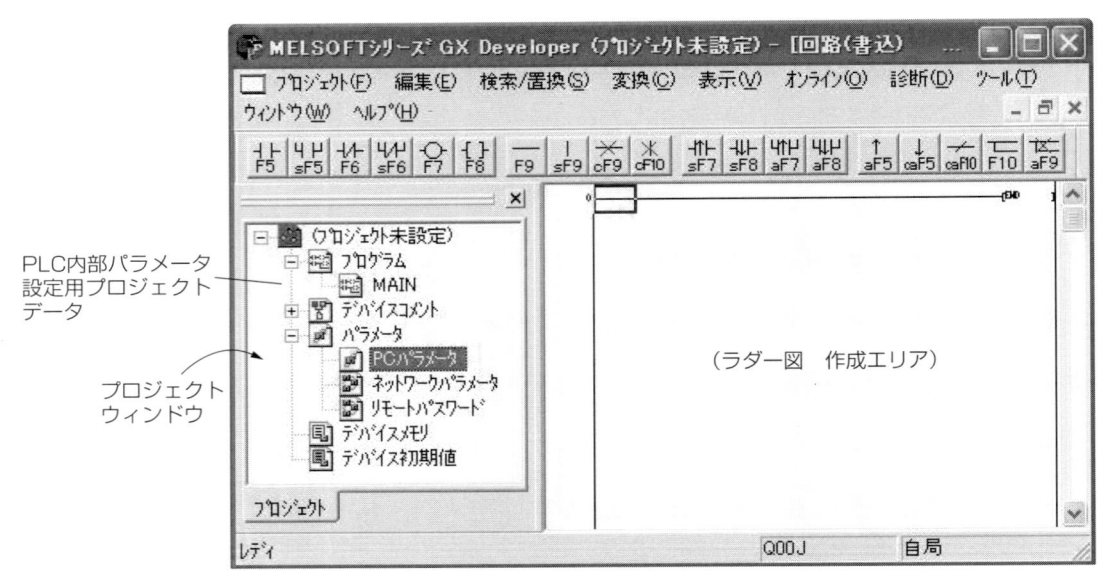

図3 作業ウィンドウ

（2） PCパラメータの設定

まず、最初に設定すべき項目は、「PCパラメータ」の中の「I/O割付設定」です。プログラミングしようとしているPLCの構成をここで設定します。PCとはPLCのことで、プログラマブルコントローラの略です。

プロジェクトウインドウの中の「PCパラメータ」をダブルクリックして、図4のパラメータ設定ウインドウを開き、「I/O割付設定」のタブをクリックします。

図4の例では、スロット1には、16点出力ユニットが装着されていて、その先頭アドレスが0010番になっていることを示しています。この場合、この出力ユニットに割付けられたリレー番号はY10～Y1Fの16点になります。PLC内部ではY0010とY10は同じリレー番号として扱われます。

この画面を使って、PLCのスロットに装着されているすべてのユニットの登録を行います。16点ユニットは、下1桁が0～Fまでを専有するので、次のスロットの先頭アドレスは10をプラスしたものになります。32点ユニットは0～1Fまでの32点を専有するので、次のスロットの先頭アドレスは20をプラスしたものになります。ユニットによって専有する点数が異なるので、各ユニットのハードウエアマニュアルで確認して登録を行います。PLCと通信する準備が整っていれば右下の「PCデータ読出」ボタンでPLCからデータを取得して自動でI/O割付けをすることもできます。

また、図4パラメータ設定ウインドウの中の「デバイス設定」タブを開くと、リレー、タイマ、カウンタ、データメモリなどのメモリ割付けを行うことができます。

積算タイマ（ST）を使用するときなどにはこのタブを使って積算タイマのメモリエリアを確保する必要があります。パラメータの設定が終ったら「設定終了」ボタンをクリックして確定して、パラメータ設定ウインドウを閉じます。

デバイス設定タブでリレーやデータエリアの割付けを変更できる

I/O割付設定タブ

PLCのスロットに装着されているユニットを設定する

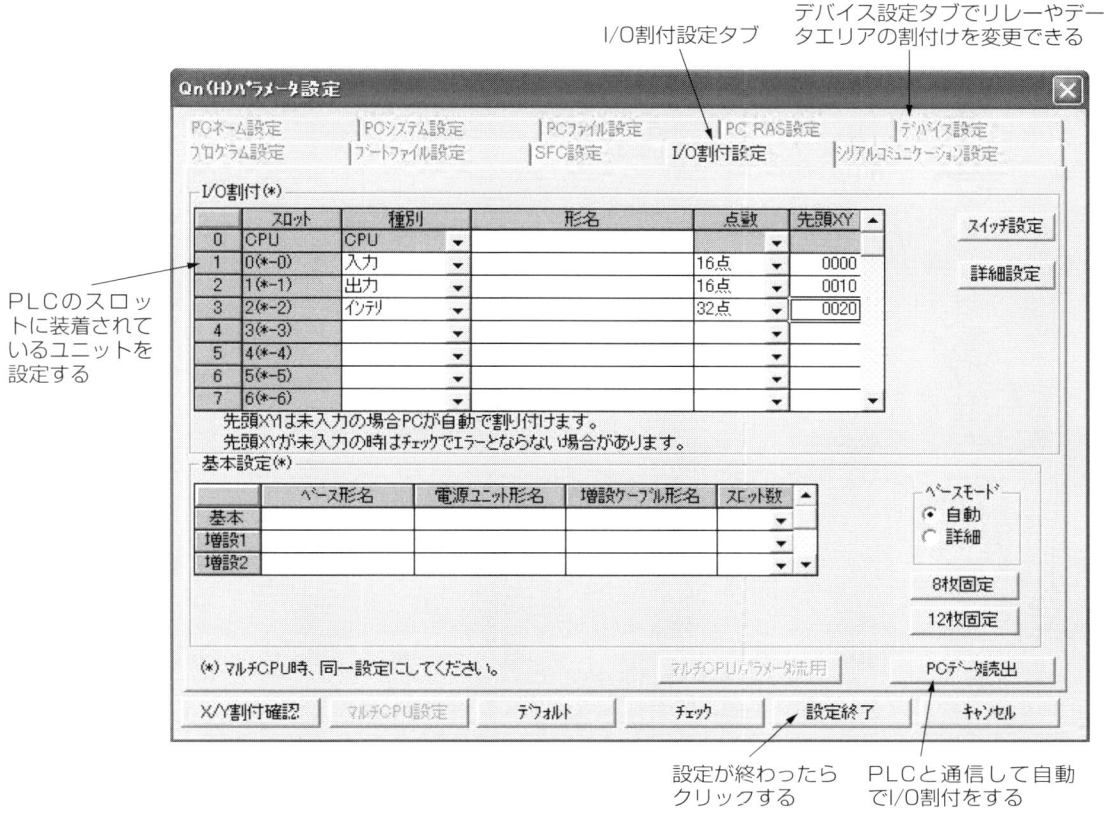

図4　パラメータ設定ウインドウ

設定が終わったらクリックする

PLCと通信して自動でI/O割付をする

| PLC プログラム作成と書込み Melsec-2 | パソコンによるプログラミング Melsec シリーズ　GX-Developer（2） |

GX-Developer を使ってプロジェクトを作成して PC パラメータの設定が完了したらプログラムを作成します。

前項でも述べたように、プログラムをラダー図で記述するには、作業ウインドウの右側のラダー図作成エリアを使用します。

（1）　プログラムをラダー図で記述する

図1に、GX-Developer を使ったプログラミングの具体例を示します。回路記号のツールバーからプログラムする要素を選択すると回路入力サブウインドウが開くので、そこでリレー番号や必要なデータを入力します。

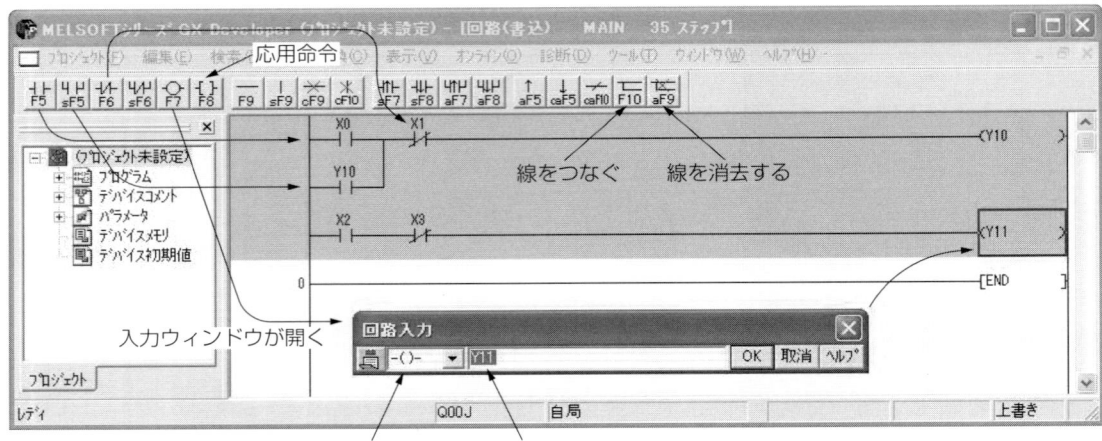

1章●PLCプログラムの作成と書込み

図1 ラダー図を使ったプログラミング

ここに揚げた例では、F7と表示されている丸型のリレー出力を選択すると、開いたサブウィンドウに命令の種類として ―( )― が表示されるので、次の項にリレー出力番号 Y11 を入力して OK をクリックすることで、出力リレー Y11 がプログラムとして記述されます。

このようにして作られたラダー図は、背景にアミがかかった少し暗い画面になっています。これは、その部分がラダー図で描画されただけで、ニーモニク言語に翻訳されていないことを示しています。

PLC内部ではニーモニク言語を使ってプログラムを動作させているので、描画しただけのラダー図のままではプログラムとして利用できません。

そこで、図2のようにメニューの「変換」→「変換」と操作してラダー図をニーモニク言語に変換します。

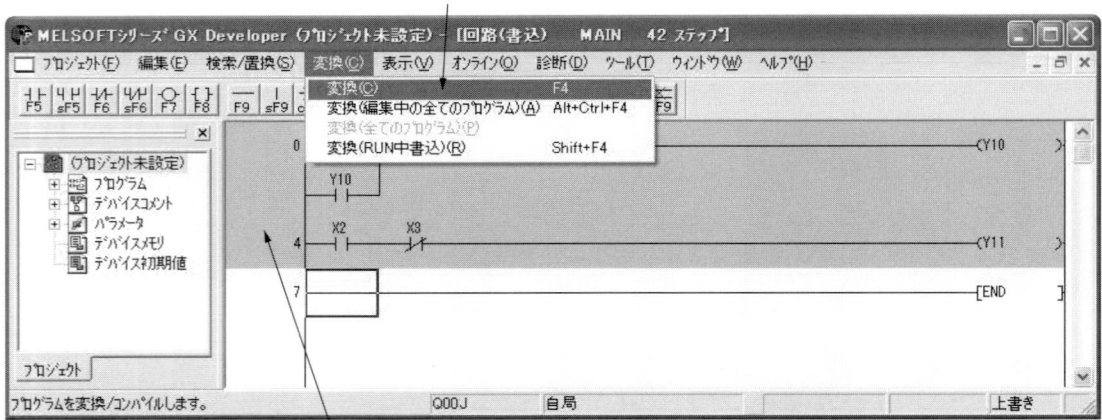

図2 編集したラダー図の変換（ニーモニク言語に翻訳される）

（２） プログラムをニーモニクで記述する

ニーモニク言語を使ってプログラミングするにはメニューの「表示」→「リスト表示」を選択して、図３のニーモニク言語の表示画面に切換えます。ニーモニク言語で入力した場合は変換操作は必要ありません。

再度ラダー図に戻すには、メニューの「表示」→「回路表示」を選択します。

「表示」→「回路表示」を選択するとラダー図で表示される。ニーモニクにするには「リスト表示」を選択する。

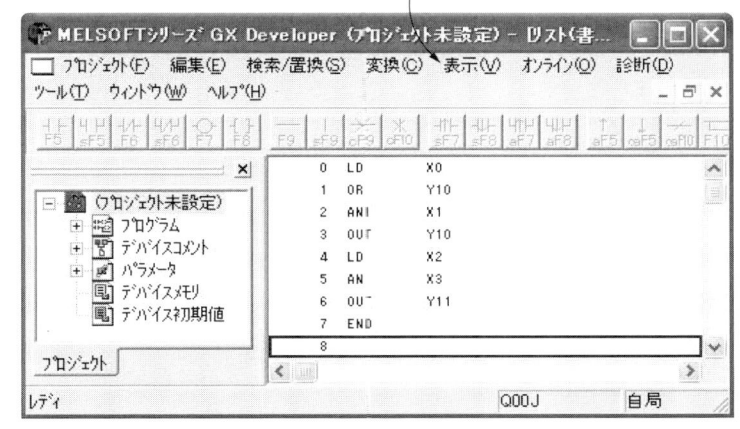

図３　ニーモニク言語によるプログラミング

（３） タイマとカウンタのプログラミング方法

タイマとカウンタのコイルは通常のリレーコイルと同じＦ７のアイコンをクリックして、リレー番号を設定する欄にタイマ／カウンタ番号（Ｔ＊＊またはＣ＊＊）のあとにスペースをつけてから設定値（Ｋ＊＊）を記述します。

例えば、タイマ時間が２秒でタイマ番号Ｔ17ならば、タイマのベースが0.1秒として、Ｔ17　Ｋ20と記述します。図４にはその実際例とカウンタＣ32にＫ8を設定したプログラムを示します。

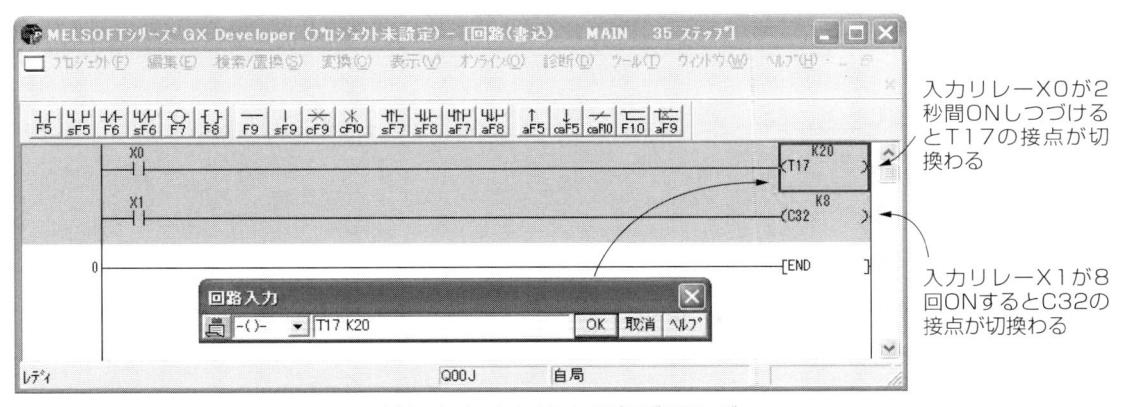

入力リレーＸ０が２秒間ONしつづけるとＴ17の接点が切換わる

入力リレーＸ１が８回ONするとＣ32の接点が切換わる

図４　タイマとカウンタのプログラミング

1章●PLCプログラムの作成と書込み

PLCプログラム作成と書込み Melsec-3

パソコンによるプログラミング Melsecシリーズ GX-Developer (3)

> 出来上がったプログラムをパソコンからPLCへ転送するためには、まず通信設定が必要です。

GX-Developer通信設定は図1のように、「オンライン」→「接続先指定」をクリックして、図2

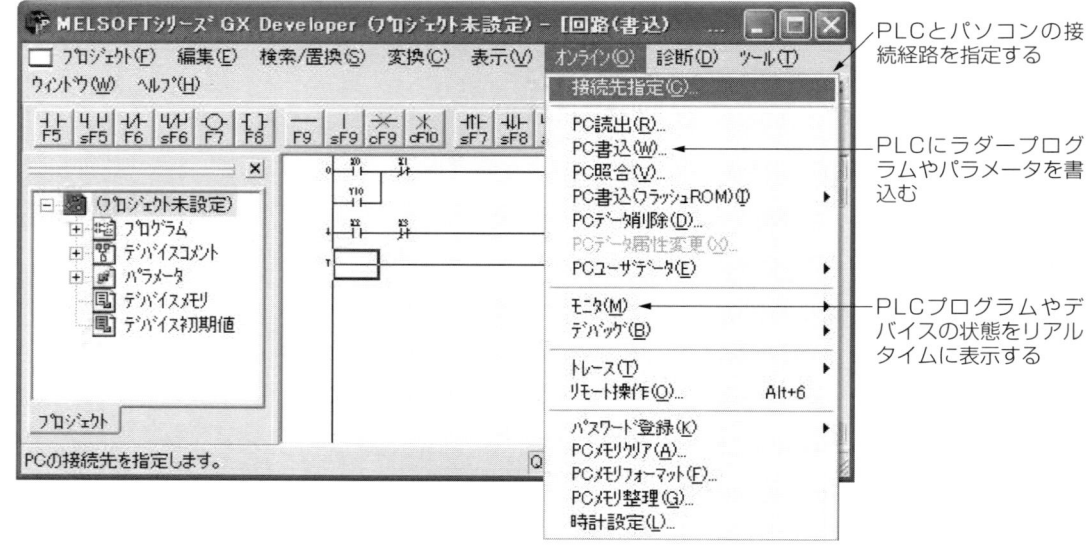

（図1: オンライン操作）

- PLCとパソコンの接続経路を指定する
- PLCにラダープログラムやパラメータを書込む
- PLCプログラムやデバイスの状態をリアルタイムに表示する

図1 オンライン操作

（図2: 接続先指定ウィンドウ）

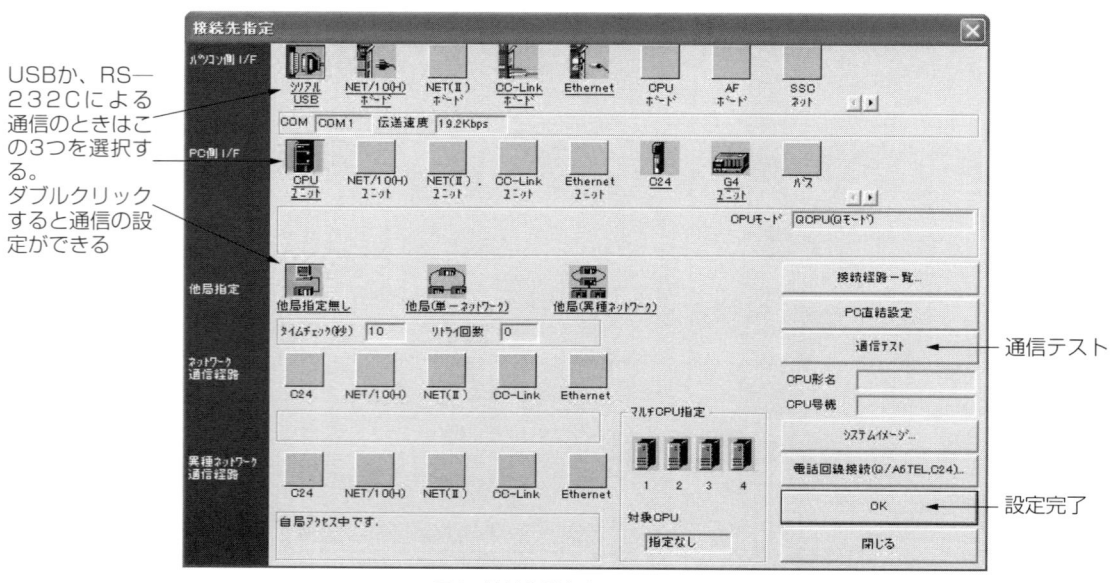

- USBか、RS-232Cによる通信のときはこの3つを選択する。ダブルクリックすると通信の設定ができる
- 通信テスト
- 設定完了

図2 接続先指定ウインドウ

の接続先指定ウインドウを呼び出します。RS-232 C 通信か USB 通信を使ってパソコンと PLC が直接接続しているときには、左上のパソコン側 I/F で シリアル USB のアイコンを選択します。このアイコンをダブルクリックすると図 3 の通信ポート設定画面が開きます。ここで RS-232 C か USB を選択します。RS-232 C を選択したときには使用している COM ポート番号を選択します。ノートパソコンなどで USB ポートに RS-232 C への変換ケーブルを付けて PLC の RS-232 C ポートに接続してい

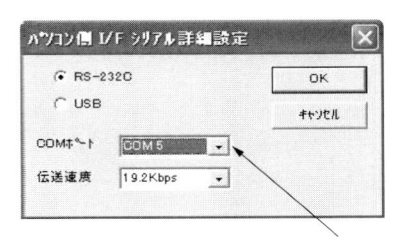

パソコン側のRS-232C のポート番号を設定する

図3　パソコン側 I/F シリアル詳細設定画面

る場合には、COM ポートの番号をパソコンのデバイスマネージャを使って調べて、それに合わせてこの画面の COM ポートの番号を選択します。

パソコンの COM ポート番号を調べるには、Windows XP の場合、「コントロールパネル」⟶「システム」⟶「ハードウエア」タブ⟶「デバイスマネージャ」ボタン⟶「ポート（COM と LPT）」と操作すると、そこに利用できる COM ポート番号が表示されます。

次に図 2 の 2 行目の PC 側 I/F 及び他局指定の項目を設定します。USB か RS-232 C によって PLC とパソコンが直接接続されているときには、PC 側 I/F を CPU ユニット にして、他局指定を 他局指定無し に設定します。

設定が完了して PLC とパソコンを専用のシリアル通信ケーブルで接続したら、図 2 の右側にある通信テストスイッチで通信テストを行って通信の確認を行ってから OK ボタンをクリックして設定を終了します。すると、図 1 の画面に戻るので、「オンライン」⟶「PC 書込」を選択して、図 4 の PLC 書込用ウインドウを開きます。プログラムとパラメータの両方を PLC に上書きするときにはこの両方にチェックを付けて、 実行 ボタンをクリックするとプログラムと PLC に設定する I/O 割付データなどのパラメータを転送することができます。

プログラムをPLC に書込むときにはチェックを付ける

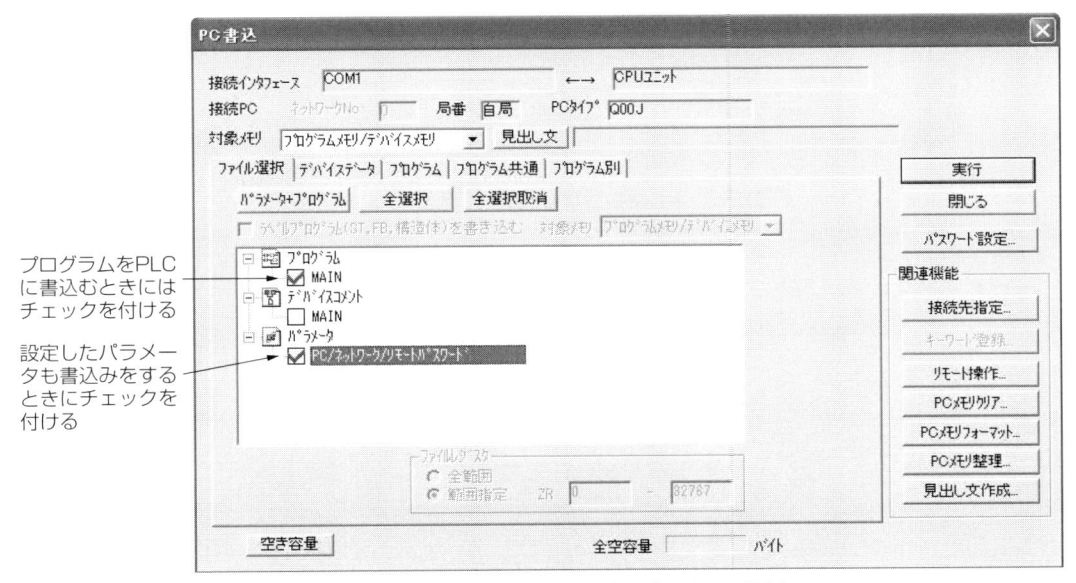

設定したパラメータも書込みをするときにチェックを付ける

図4　PLC へのプログラム転送画面（PC 書込ウインドウ）

1章●PLCプログラムの作成と書込み

PLCプログラム作成と書込み Sysmac-1
パソコンによるプログラミング Sysmac C シリーズ CX-Programmar (1)

Sysmac C シリーズ専用のプログラミングソフトウエア CX-Programmer を使って、プログラムの作成と書込みを行います。

(1) プロジェクトの新規作成

パソコンにインストールした CX-Programmer を立上げると、図1のウインドウが開くので、メニューの「ファイル」→「新規作成」を選択します。ここで、PLC機種変更の画面が開くので、①のPLC機種ボックスで使用するPLCの機種を選択します。さらに②の設定ボタンで図2のPLC機種の設定画面を呼び出して、⑤のボックスでCPU形式を選択します。⑥の OK ボタンで確定します。

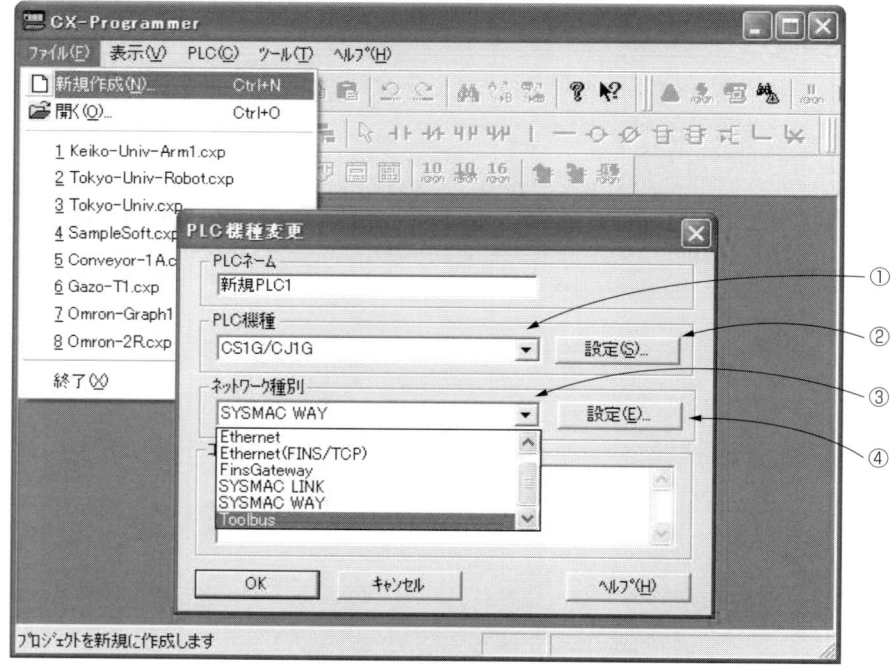

図1 プロジェクトの新規作成

図1のネットワーク種別は、CX-Programmer と PLC 間の通信方法を設定します。PLC のペリフェラルポート（またはツールポートとも呼ぶ）を使ってパソコンのRS-232Cポートと通信するのであれば Toolbus を選択します。PLC の CPU に内蔵している RS-232C ポート（COMポート）を使うときには SYSMAC WAY を選択します。

SYSMAC WAY にしたときには、④の設定ボタンをクリックすると、図3の SYSMAC WAY の詳細

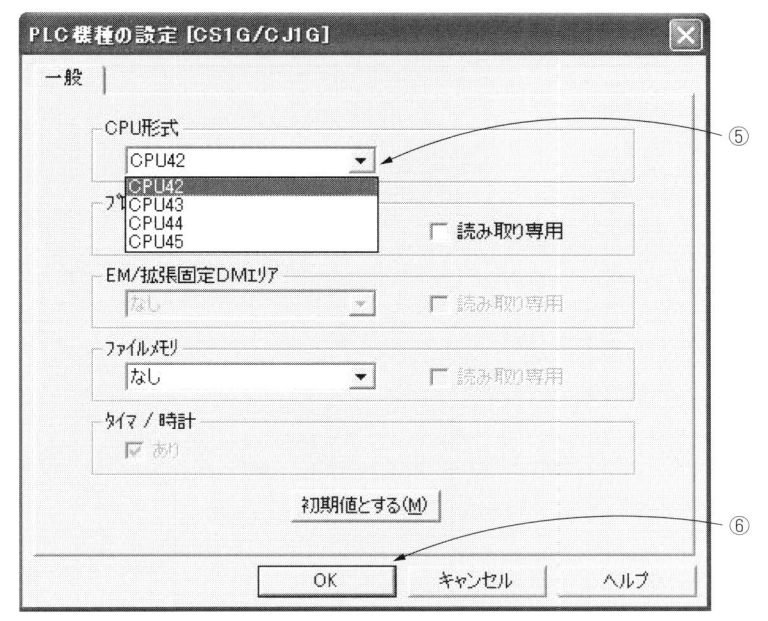

図2　PLC 機種の設定

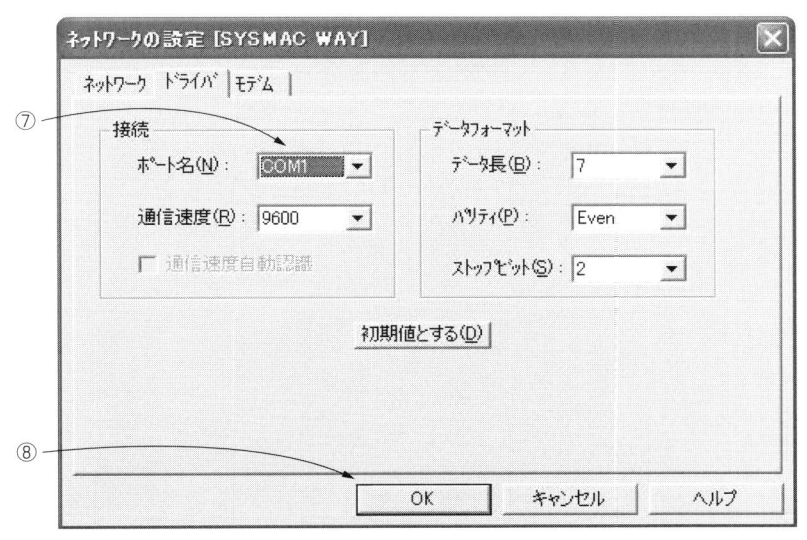

図3　SYSMAC WAY の設定

　設定画面になるので、⑦のボックスでパソコン側の COM ポートの番号を選択します。COM ポートが Windows パソコン本体に初めから付いている機種では通常、COM ポートは COM 1 になっています。

　図4のように、USB-RS 232 C 変換ケーブルによって USB ポートを COM ポートに変換して使うときには、Windows のデバイスマネージャを使って COM ポートの番号を調べます。

　PLC の機種と通信方法を設定したら図1の OK ボタンをクリックします。すると、図5のようなプロジェクトウインドウが生成されます。

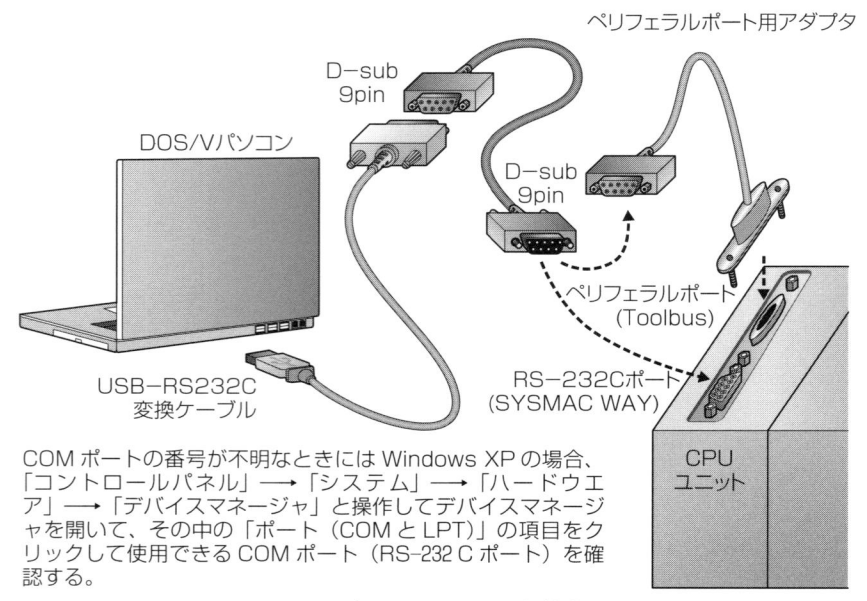

図4　パソコンとPLCの通信接続

COMポートの番号が不明なときにはWindows XPの場合、「コントロールパネル」→「システム」→「ハードウエア」→「デバイスマネージャ」と操作してデバイスマネージャを開いて、その中の「ポート（COMとLPT）」の項目をクリックして使用できるCOMポート（RS-232Cポート）を確認する。

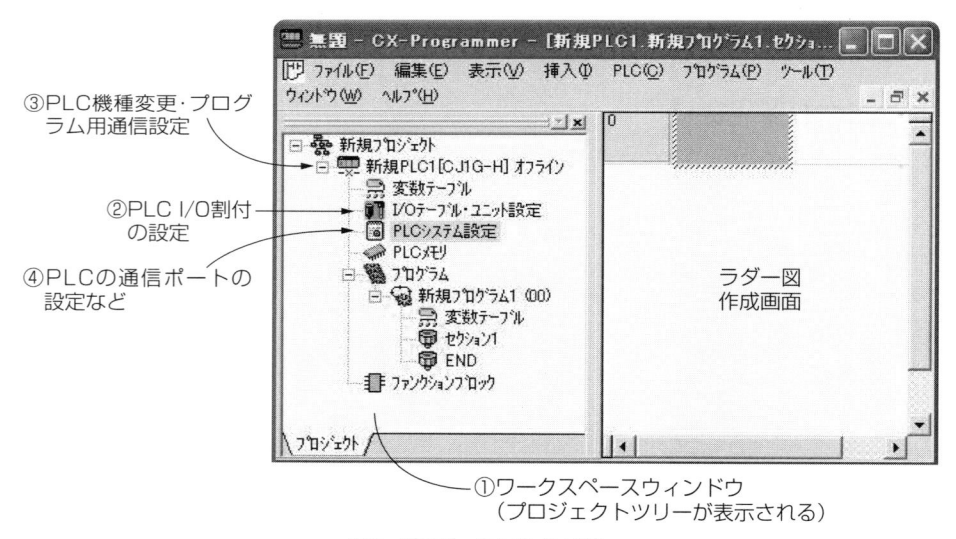

図5　プロジェクトウインドウ

①ワークスペースウィンドウ（プロジェクトツリーが表示される）
②PLC I/O割付の設定
③PLC機種変更・プログラム用通信設定
④PLCの通信ポートの設定など

（2）　PLCの設定

　PLCのスロットに装着しているユニットの登録（I/O割付）は①のワークスペースウインドウの中の②「I/Oテーブル」で設定します。PLCの機種変更やプログラミング用の通信設定をしたいときには③のPLC機種の項をダブルクリックして設定します。PLCの通信ポートの設定などを行いたいときには④の「PLCシステム設定」の項をダブルクリックして設定ウインドウを呼び出します。

PLC プログラム作成と書込み
Sysmac-2　パソコンによるプログラミング Sysmac C シリーズ　CX-Programmar (2)

> Sysmac C シリーズの PLC プログラムを CX-Programmer で作成します。

(1)　プログラムの作成

CX-Programmer を使って Sysmac C シリーズの PLC のプログラムを作成するには、図1のプロジェクトウインドウの中のラダー図作成画面を使います。

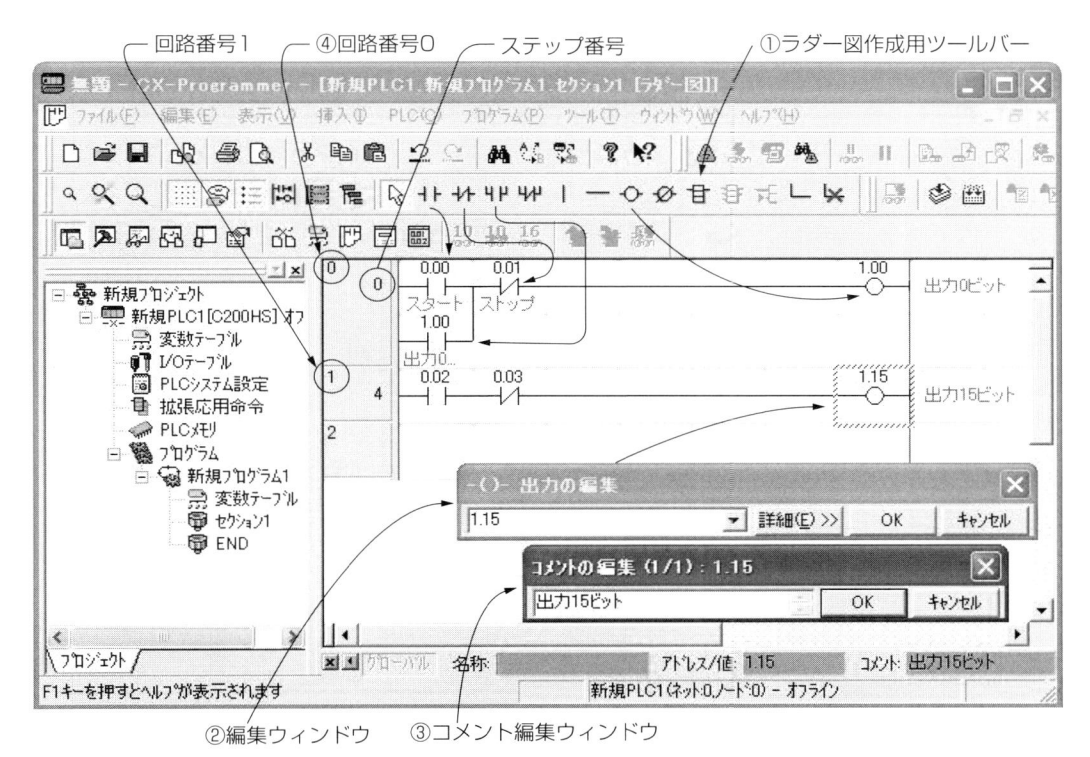

図1　ラダー図作成画面

回路記号を記述するには画面上部にあるラダー図作成用ツールバーの中の回路記号のアイコンをクリックして描画したい場にドロップしていきます。回路記号をドロップすると、②のような編集ウインドウが開くので、そこに接点やコイルのリレー番号を記述します。 OK をクリックすると、③のコメントの編集ウインドウが開くので、そのリレー番号に付けるコメントを入力することができます。

④は回路番号です。1つの回路番号の欄には1つの回路を記述していきます。

1つの回路番号の欄には複数の回路を記述することはできません。次の回路は次の回路番号の欄に記述します。

(2) プログラムの転送

ラダー図を描き終ったら、作成したプログラムをPLCのCPUに転送します。図2のように、CX-Programmerのメニューの「PLC」から「オンライン接続」をクリックすると、PLCとの通信が開始します。通信状態になると図3のようにラダー図の背景の色が白から濃い色に変化します。この状態で図4のようにメニューの「PLC」→「転送」→「転送〔パソコン→PLC〕」を選択して、プログラムをPLCに書込みます。

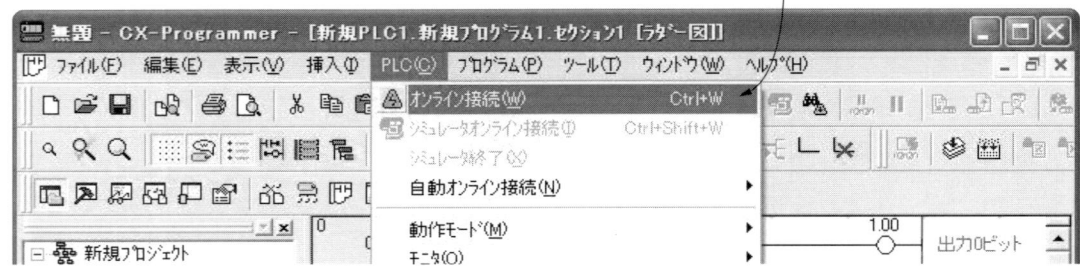

図2　オンライン接続

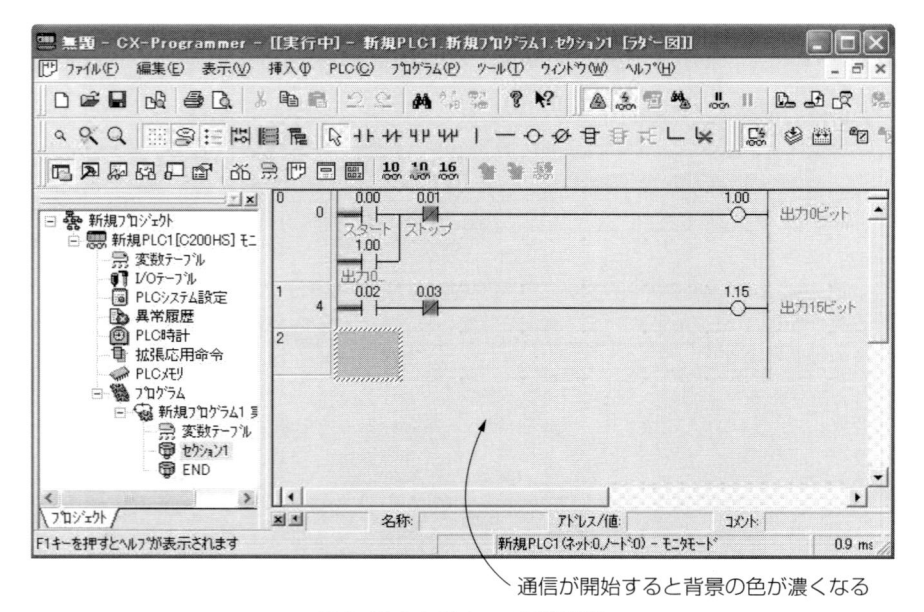

図3　PLCとパソコンの通信状態

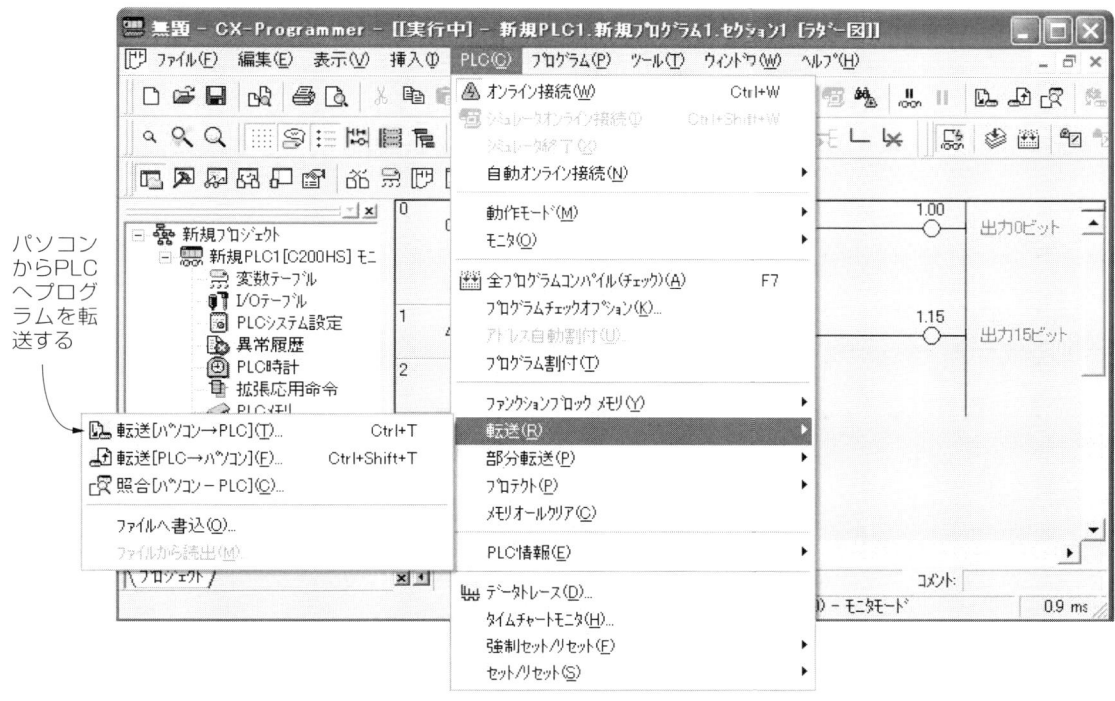

図4 プログラムの転送

（3） ニーモニク画面の表示

プログラミングはラダー図だけでなく、ニーモニク言語を使って行うこともできます。図5のように、メニューの「表示」から「ニモニック」を選択すると、ラダー図表示からニーモニク表示に画面が切り替わります。

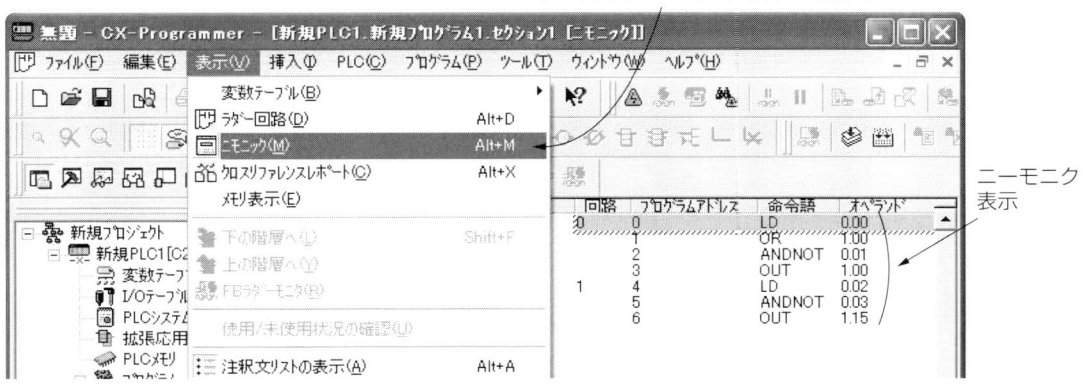

図5 ニーモニク画面の表示

2章 プログラムデバッグ

プログラムのデバッグには、プログラムを記述するときの文法上の誤りの修正と予定の動作が得られないときのプログラムの見直しの2通りがあります。

文法上の誤りは、PLCプログラミングソフトウェアのプログラムチェック機能である程度までのエラーを検出することができます。一方、制御対象が予定の動作をしないときにはプログラムをモニタしてリレーのON–OFFを確認しながらプログラム修正をしていきます。

プログラムデバッグ 文法チェック
プログラミングが完了したらエラーチェックを行う

プログラムのエラーは、PLCプログラミングソフトウエアのプログラムチェック機能を使って調べることができます。

(1) Melsecシリーズのプログラムチェック

MelsecのGX-Developerでプログラムの文法上の誤りをチェックするには、メニューの「ツール」から「プログラムチェック」を選んで実行します。

図1には、実行結果の例を掲載します。出力リレーY11のコイルが2度使われていることが指摘されています。

文法チェック

図1　GX-Developerによるプログラムチェック

①プログラムチェックを選択する
②チェック画面が開く
同じ出力番号Y11を2度使っている
2重コイルエラーが発見されたところコイル番号はY11と表示
2個目のコイルの行番号が表示される

エラーを起こしたリレーを検索するには、メニューの「編集」から「読出モード」に切替えて、「編集」の「回路記号」で「コイル」を選択して図2の検索ウインドウを表示して、リレー番号にY11と入力して「検索」ボタンをクリックします。

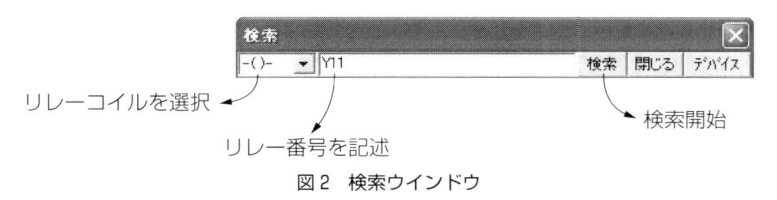

リレーコイルを選択
リレー番号を記述
検索開始

図2　検索ウインドウ

（2） Sysmac C シリーズのプログラムチェック

図3は、Sysmac C シリーズのラダーサポートソフトウェア CX-Programmer を使ってエラーチェックした例です。メニューの「プログラム」→「コンパイル（プログラムチェック）」を選択するとプログラムチェック画面が開いてチェック結果を表示します。ここでは出力リレー 1.12 が 2 度使われていることがメッセージに出ています。エラーを起こしたリレー番号 1.12 が回路番号 5 と 6 に存在していることがこのメッセージからわかります。

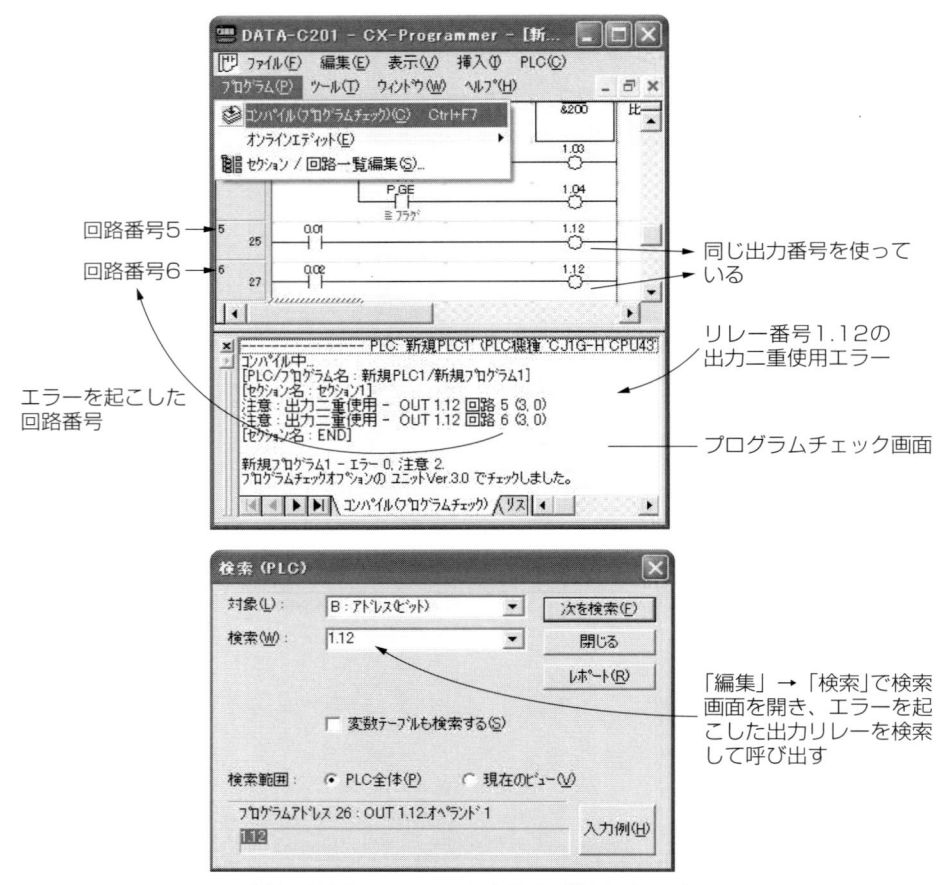

図3 CX-Programmer によるプログラムチェック

プログラムチェックの詳細はメニューの「PLC」→「プログラムチェックオプション」をクリックして設定できます。

CX-Programmer でこのリレー 1.12 を呼び出すには、メニューの「編集」→「検索」とクリックしてリレー番号を入力して検索します。

プログラムを実行する前に入力の接続を確認する

プログラムデバッグ / 入力信号チェック

> プログラムを実行する前に入力信号の配線をチェックします。

このチェックでは配線の線を1本ずつたどっていくわけではなく、PLCの入力がつながっている機械のスイッチを操作して信号のON-OFFをPLCの入力ユニットのインジケータランプか、PLCプログラミングソフトウエアのモニタ機能を使って確認します。PLCは必ずSTOP状態にしてプログラムは実行しないようにしておきます。

GX-Developerの場合にはメニューの「オンライン」→「モニタ」→「デバイス一括」をクリックして図1のデバイス一括モニタ画面を開き、デバイスの欄に入力リレー（X0）を指定して、「オンライン」→「モニタ」→「モニタモード」と操作して入力リレーの状態をリアルタイムに表示します。図1の下側の黒丸●はそのビットがONしていることを示し、白丸○はOFFであることを表示しています。

この画面を見ながら入力信号を実際にON-OFFしたときに該当するビットが正しくON-OFFするかをチェックします。

CX-Programmerの場合には、図2のように「PLCメモリ」の項目を呼び出して、PLCメモリ状態の画面を表示させて、CIO（入出力リレー）エリアの該当するデータをチェックします。CX-Programmerではビット表示にするには、②のスイッチをクリックします。

①デバイス一括モニタ画面を開く
②入力X0からモニタを開始する
③「モニタモード」にする

入力リレーのX0、X2、X3、X5がONしている

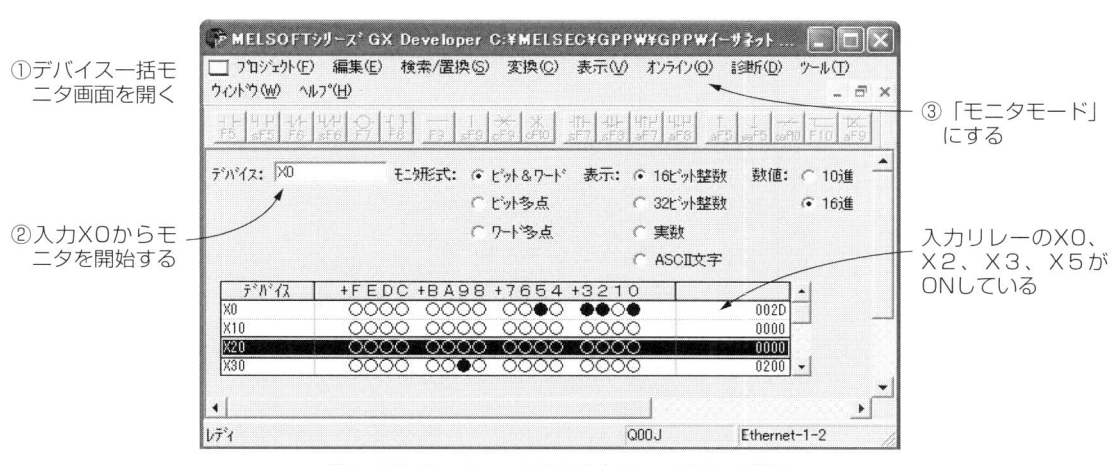

図1　GX-Developerによる入力リレーのモニタ画面

2章●プログラムデバッグ

①メモリのモニタ画面を開く

②2進数表示にする

PLCメモリ状態の表示画面が開く

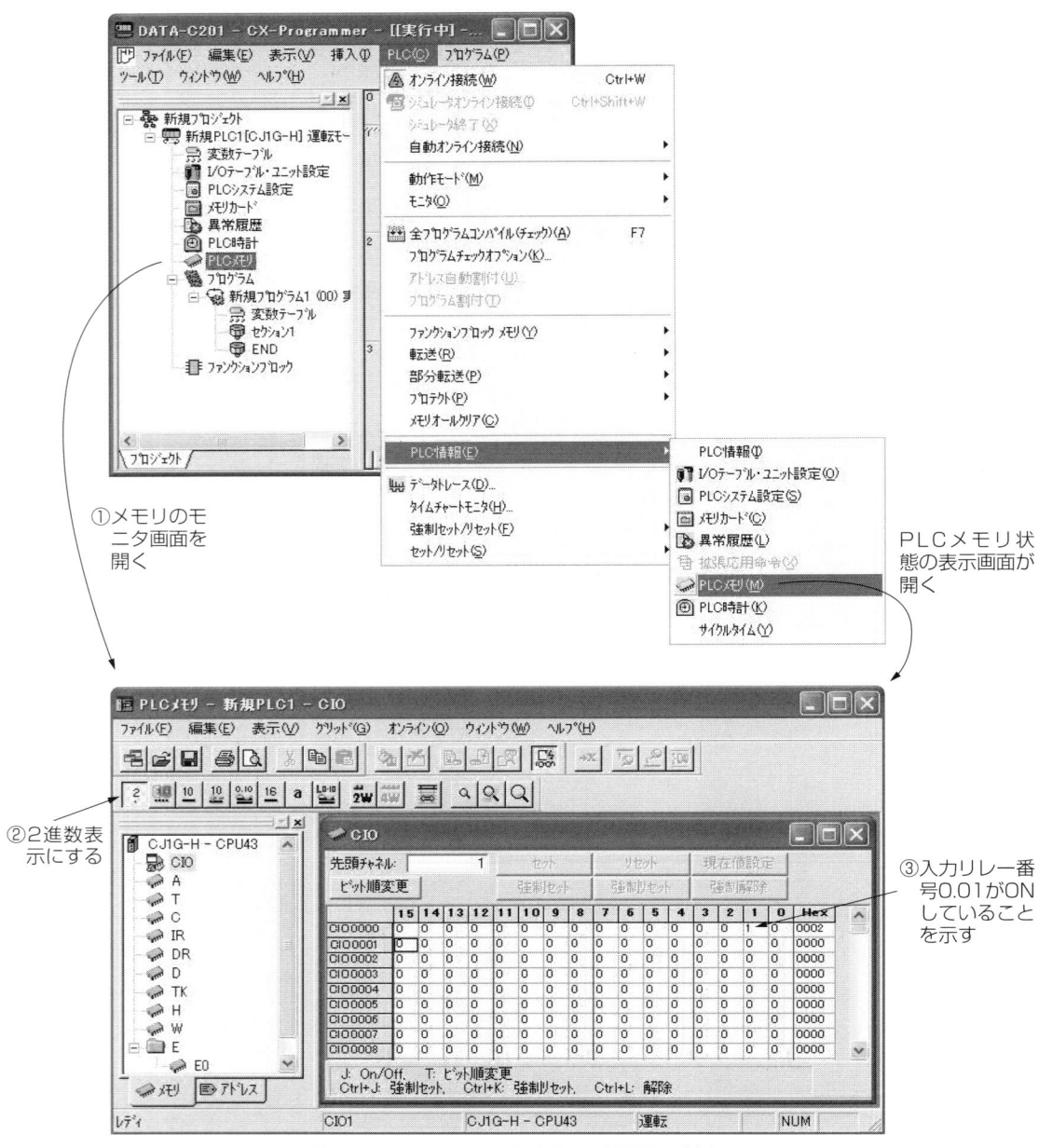

③入力リレー番号0.01がONしていることを示す

図2　CX-Programmer によるモニタ画面の呼出し

プログラム デバッグ	出力の配線をチェックするには
出力信号チェック	モニタ画面でセット／リセットする

> PLC の出力の配線をチェックする1つの方法として、ラダーナポートソフトウエアのモニタ機能を使って出力ビットを ON-OFF することがあります。

① 「オンライン」→「モニタ」→「デバイス一括モニタ」と操作してデバイス一括モニタ画面を表示する。

② デバイステスト画面を開く

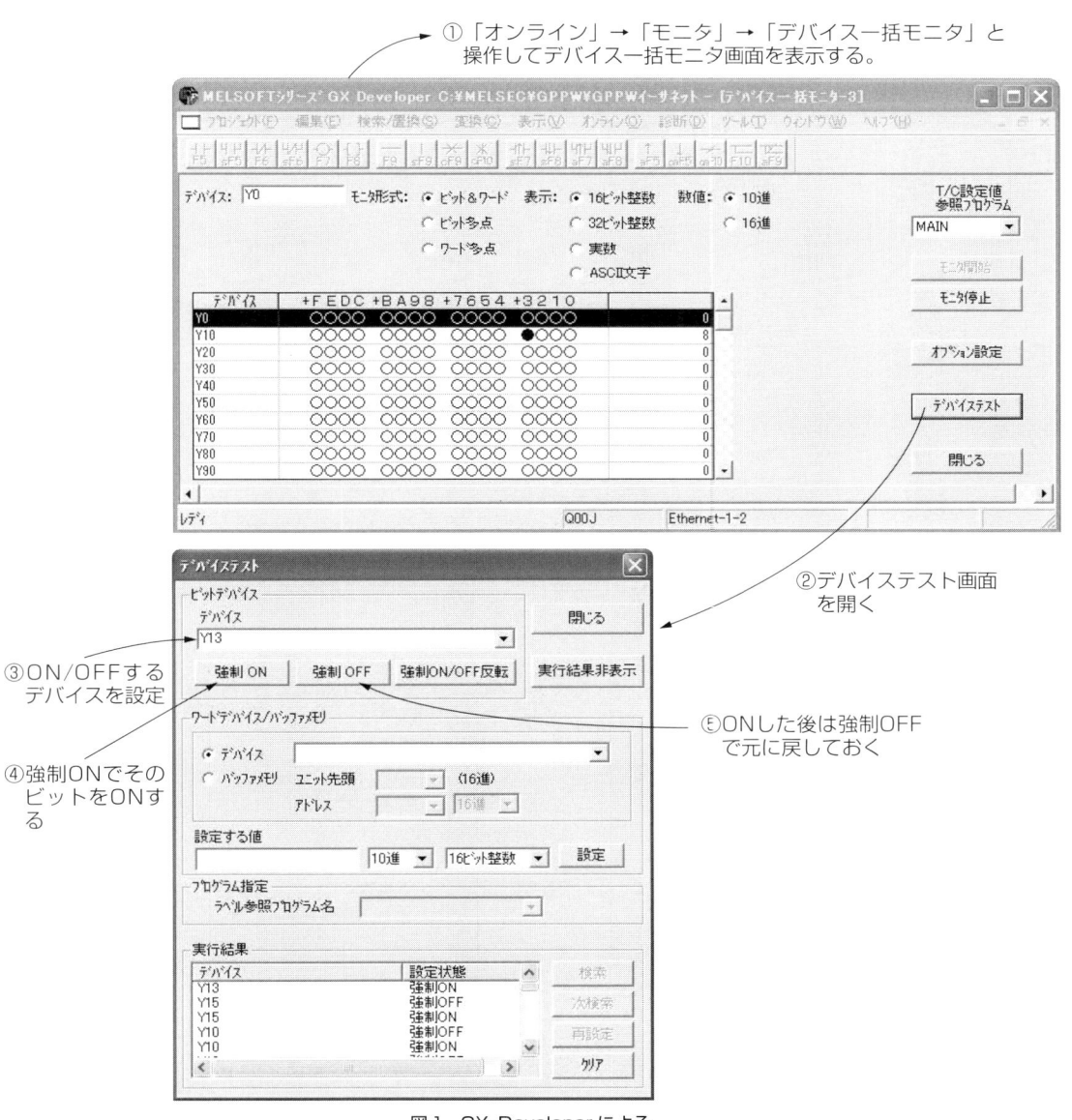

③ ON/OFFするデバイスを設定

④ 強制ONでそのビットをONする

⑤ ONした後は強制OFFで元に戻しておく

図1　GX-Developer による

2章●プログラムデバッグ

　GX-Developer を使って出力リレーを ON-OFF するにはまず、PLC の RUN/STOP スイッチを STOP にして、プログラムを実行しない状態にしておきます。

　メニューから「オンライン」→「デバイス一括モニタ」を選択して図1上のデバイス一括モニタ画面を開き、「デバイステスト」ボタンをクリックして、デバイステスト画面を表示します。

　そこで、ビットデバイスとして、ON-OFF したい出力リレーのデバイス番号を設定して、強制ON 強制OFF のボタンをクリックすると出力リレーを ON/OFF できます。強制 ON した出力リレーは、必ず強制 OFF ボタンで元に戻しておくようにします。

　モニタ機能を使って出力ビットを操作するときには、画面操作と実際の出力の切換わりに時間差があるので、ON したままにすると破損するような出力には利用できません。

　CX-Programmer で出力リレーをセット／リセットするにはまず PLC の動作モードを「プログラムモード」にします。「運転」モードではセット／リセットはできません。「モニタモード」でもセット／リセットはできますが、プログラムが実行されているので危険です。

　まずメニューの「PCL」→「オンライン接続」を選択して、PLC とパソコンを通信で接続します。メニューの「PLC」→「動作モード」で「プログラム」を選択します。さらに、メニューの「PLC」→「PLC 情報」→「PLC メモリ」をクリックして、図2の画面を呼び出して「オンライン」→「モニタ」をクリックします。

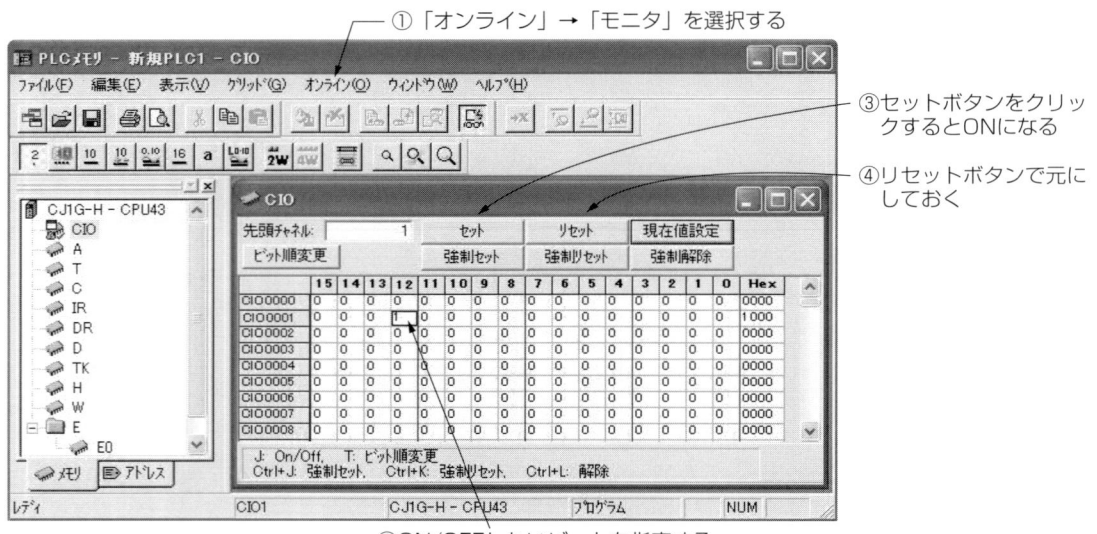

図2　CX-Programmer を使った出力チェックのためのセット／リセット操作

　セット／リセットしたいビットにカーソルを合わせて指定して セット リセット ボタンをクリックすると、そのビットを ON-OFF することができます。セットしたビットはチェックが完了したら必ずリセットしておきます。

　 強制セット 強制リセット したものは、必ず 強制解除 しておきます。モニタを使って入力リレーを ON-OFF する必要があるときなどには強制セット／強制リセットを使います。

プログラム デバッグ	**PLC プログラミングソフトウエアの**
動作チェック	**モニタ機能を使ってデバッグする**

> 入出力接続の確認とプログラムの文法上のエラー処理が終ったら、プログラムを実行して制御対象の動作の確認を行います。

プログラムが予定どおりに動作しているかを調べるには、PLC プログラミングソフトウエアのモニタ機能を利用するのがよいでしょう。

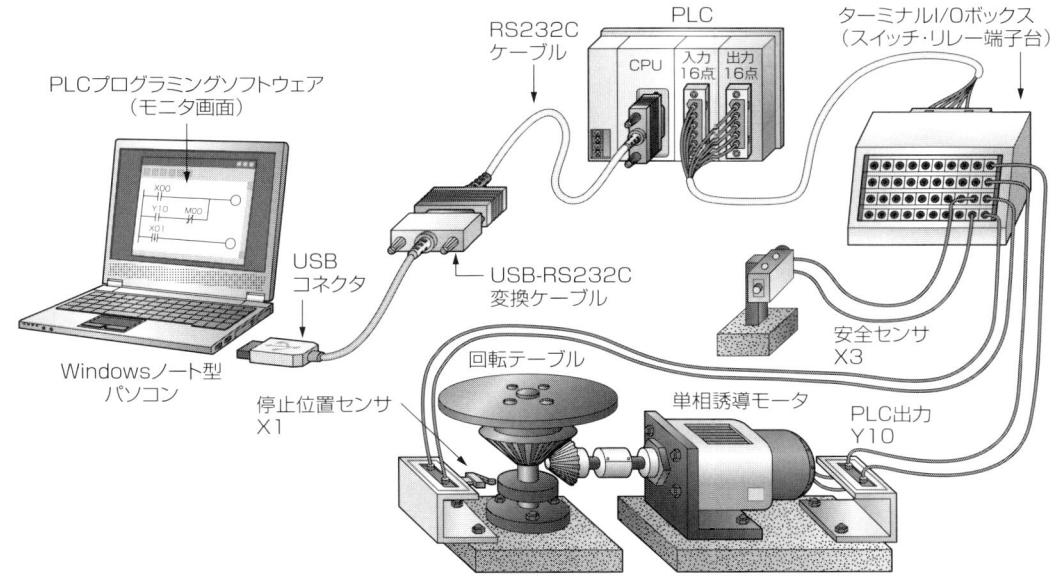

図1 モニタ機能を利用したプログラムデバッグ

図1は、PLC の出力 Y10 に単相誘導モータを接続して、回転テーブルの回転を制御する装置の例です。テーブルはモータの駆動によって 1 回転して停止位置センサ(X1)の位置で停止させます。機械の動作を検出するための PLC への入力は、停止位置センサ信号 X1 と安全センサ X3 の 2 点です。PLC の I/O 割付は図2のようになっています。

プログラムを動作させたときに次のような症状が出たときのデバッグ例を紹介します。

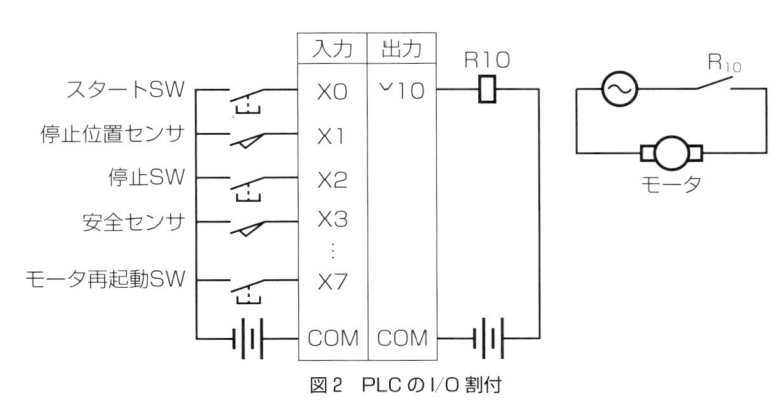

図2 PLC の I/O 割付

（1） デバッグ例1

| 状況 | 初期状態でスタートSW（X0）をONしたが、モータが回転しない |

　プログラムを実行してスタートSWを押したときにすぐに回転するはずのモータが動作しないと、がっかりすることがあるでしょう。

　そこですぐにプログラムにバグ（不良箇所）があると考えるのは尚早です。この場合には、図1のようにラダーサポートソフトウエアが入ったパソコンをPLCに接続して、プログラムをモニタして手がかりを見つけていきます。今回のプログラムは図3のようになっているものとします。

　ここでは、MelsecシリーズのPLCをGX-Developerを使ってモニタする例を紹介します。GX-Developerでラダー図を表示して、メニューから「オンライン」→「モニタ」→「モニタモード」を選択すると、図3のように導通している部分が四角く塗りつぶされたように表示されます。そこでモータを回転するための出力リレーY10をチェックします。Y10は図の①にあります。

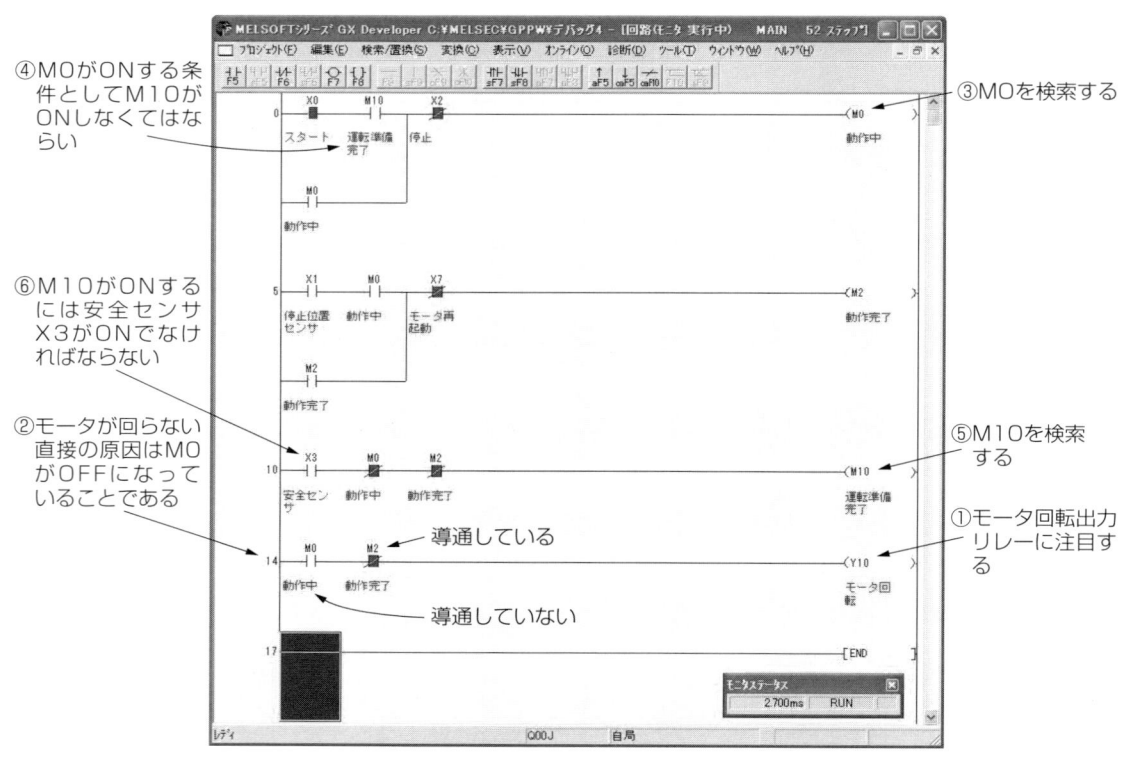

図3　スタートSWを押してもモータが回らない

　図3の例では、Y10に接続しているM0とM2の2つの接点のうち、M2は導通になっていますが、M0がONしていないのでY10がONできないことがわかります（図3②）。

　そこで、③にあるM0のリレーコイルを調べると、運転準備完了を表わすリレーコイルM10がONしていないのでスタートSW（X0）がONしていてもM0がONにならないことがわかります（図3④）。

そこで、⑤のM10を調べると、安全センサX03がOFFしているために起動条件が整わないのでスタートができないことがわかります（図3⑥）。

すなわち、この場合はプログラム上のバグではなくて、安全センサの設定に問題があったということがわかります。

（2） デバッグ例2

状況	モータが回転して、停止位置センサ（X1）がONしたところでモータが停止した。その後モータ再起動SW（X7）を押すとモータは回転するが、X7を長押ししないとすぐに止まってしまうことがある。

図3のプログラムは、スタートSWでM0をONにした状態で、モータ再起動SW（X7）が押されるとモータは回転するようになっています。ところがモータ再起動SWを放したときに、停止位置センサX1がONになっていると、即座にM2がONになるので、モータは停止してしまいます。

図4にその様子を示します。このプログラムのままで、モータを再起動してテーブルを1回転するには、停止位置センサ（X1）がOFFするまでX7を長押しする必要があります（図4⑤）。

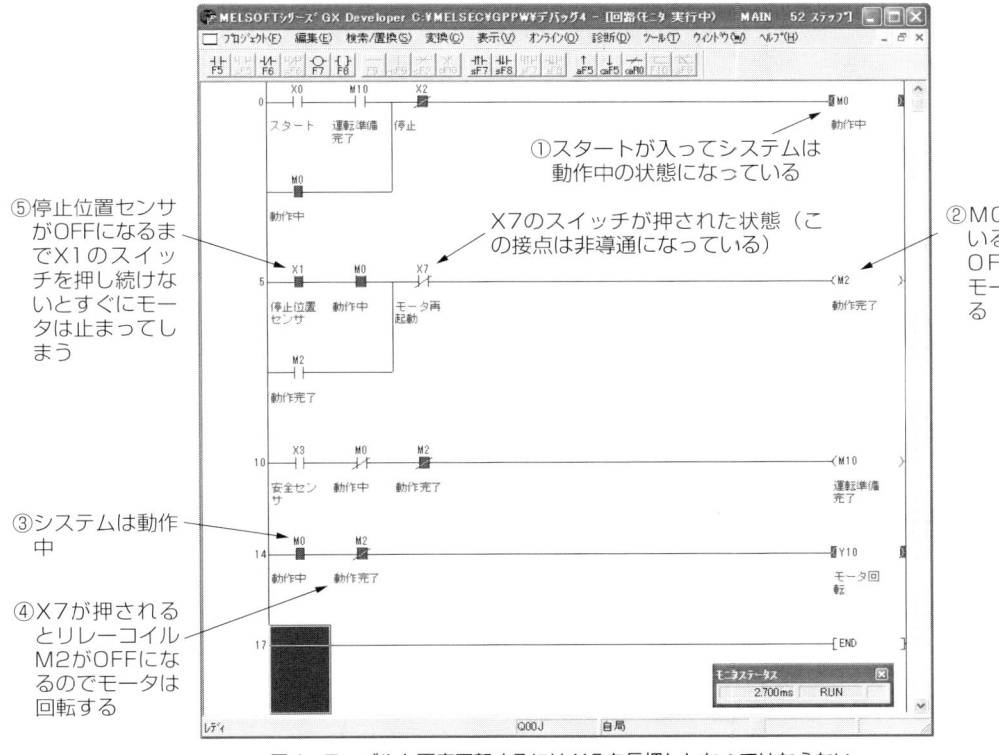

図4　テーブルを再度回転するにはX7を長押ししなくてはならない

この対策の例としては、⑤の停止位置センサの部分をパルス化して図5のように書換えることが考えられます。

図5　停止位置センサ入力のパルス化

（3） デバッグ例3

状況	停止位置センサ（X1）がONしてモータが停止した後で、停止SW（X2）を押してシステムを停止状態（M0：OFF）にした後、スタートSW（X0）を押してもモーターが回転してくれない。

これは図6のように動作完了信号M2がOFFできないことが原因でスタートがかからないようになってしまっています。

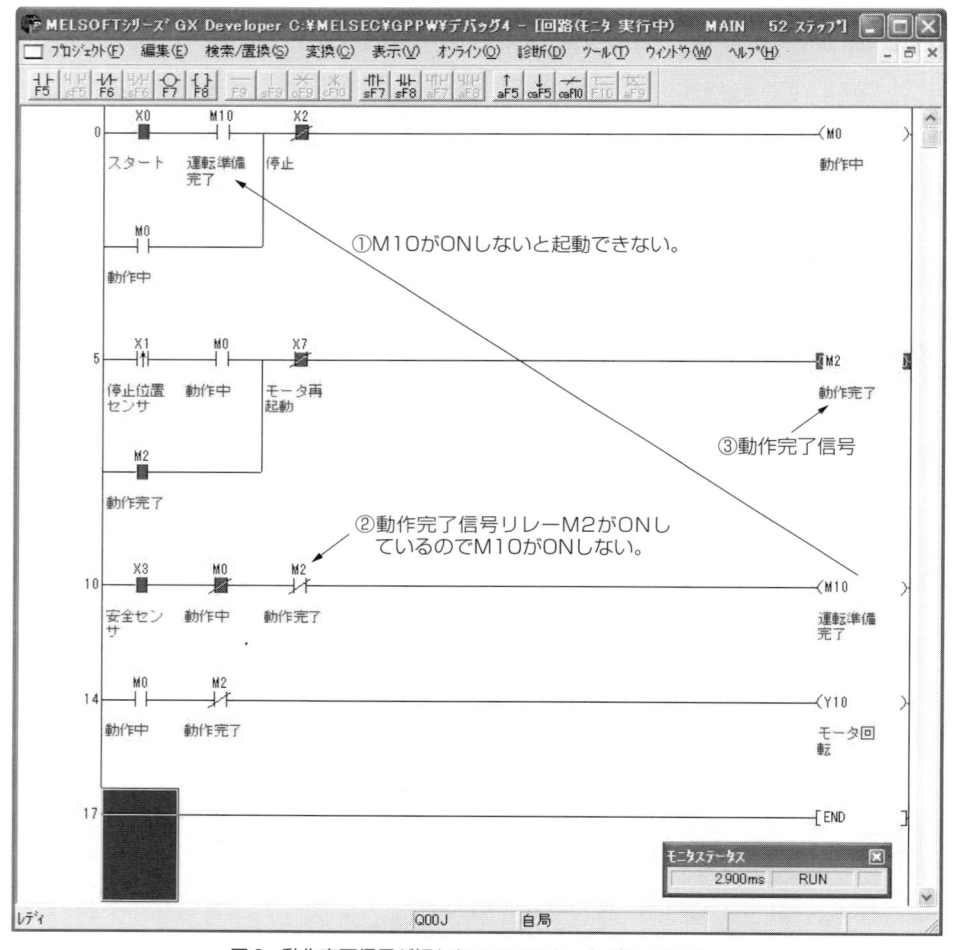

図6 動作完了信号が切れないのでスタートがかからない

プログラムを修正しないでこのまま使おうとするのであれば、システムを再度スタートさせるには、作業者に停止スイッチ（X2）を押した後でX7のスイッチもいったん押してもらう必要があります。

M0が切れた後、自動的にM2もOFFにするには③の回路を図7のように変更します。

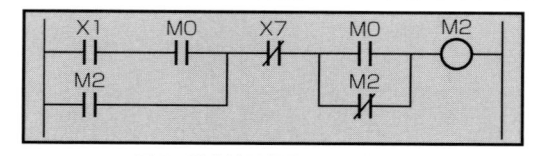

図7 動作終了信号M2の修正

III シーケンスプログラム作成の実用テクニック

1章 PLCプログラム作成の規則

　本章ではPLCを使ってシーケンスプログラムを作成するときの一般的な規則と注意が必要な項目について解説します。ここに書かれているものはごく一般的なもので、PLCの機種によってはその制限があてはまらない場合もあります。

1章●PLCプログラム作成の規則

PLCプログラム作成 規則1　1つの回路は母線で始まってコイルで終わる

> ひとつの回路は母線からはじまって1つ以上の接点を通ってリレーコイルに達するまでの部分で構成されます。

　図1のプログラムは、独立した4つの回路が並列に記述されています。回路3では回路が分岐してコイルが2つありますが、このようなときは、母線から出発した線が到達できる最後のコイルまでを1つの回路とします。

図1　シーケンスプログラム例

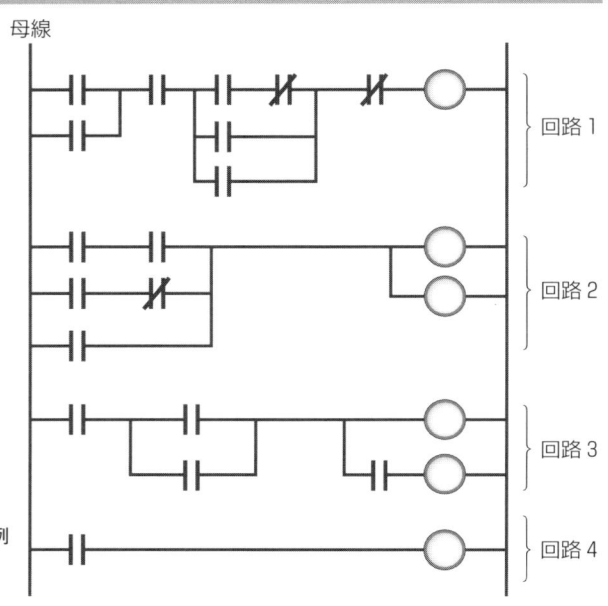

PLCプログラム作成 規則2　同じ名前のリレーコイルは1回しか使えない

> リレーコイルをプログラム中に複数記述すると、ダブルコイルというエラーになります。

　接点 X1 と X2 の両方でリレーコイル M100 をONするときには、図1(1)のように記述するのではなく、図1(2)のように1つのコイル出力にまとめて記述します。

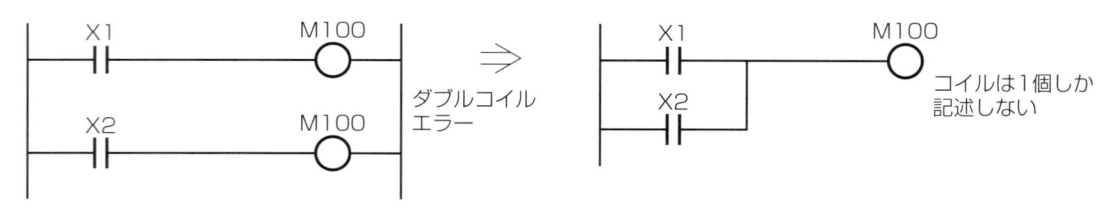

（1）誤ったプログラム　　　　　　　　（2）正しいプログラム

図1　ダブルコイルはエラーになる

〈例外〉リレーコイルをセット、リセット命令を使ってON-OFFするときには複数回記述してもかまいません。

PLC プログラム作成 規則3 リレーの接点は何度でも使える

> リレーコイルの接点 ─| |─ または ─|/|─ はプログラムの中で何度同じ接点を使ってもかまいません。

図1のプログラムのように、リレーコイルは1回しか使えませんが、その接点は何度でも使えます。

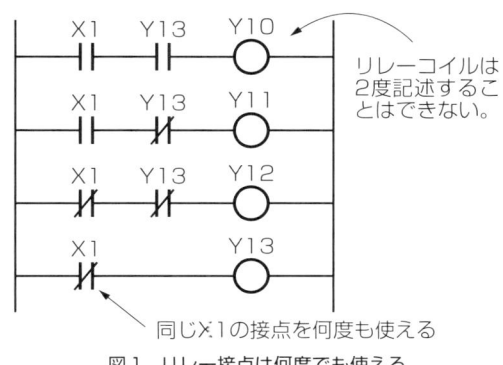

```
    X1    Y13        Y10
  ──| |──|/|─────────( )      リレーコイルは
                              2度記述するこ
    X1    Y13        Y11      とはできない。
  ──| |──|/|─────────( )
    X1    Y13        Y12
  ──|/|──|/|─────────( )
    X1              Y13
  ──|/|──────────────( )
        ↑
     同じX1の接点を何度も使える
```
図1 リレー接点は何度でも使える

PLC プログラム作成 規則4 入力リレーのコイルはプログラム中に記述できない

> 入力リレーのコイルは、PLCの外部からの電気的な信号でON–OFFするものなので、プログラムの中でそのリレーコイルを記述することはできません。

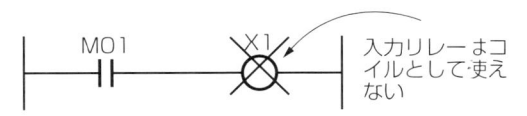

```
    M01         X1
  ──| |────────⊗        入力リレーはコ
                        イルとして使え
                        ない
```
図1 入力コイルは記述できない

図1のような入力リレーをプログラムの中でON/OFFするようなプログラムは禁止されてます。

PLCプログラム作成 規則5　左側の母線から直接出力リレーをつなぐことはできない

> リレーコイルを左側の母線から直接接続して常時 ON しておくようなプログラムは禁止されています。

　リレーのコイルを常時 ON しておきたいときでも、母線から直接リレーコイルを接続することはできません。
　このようなときには、母線から常時 ON の特殊リレーの接点などを介してリレーコイルを接続します。

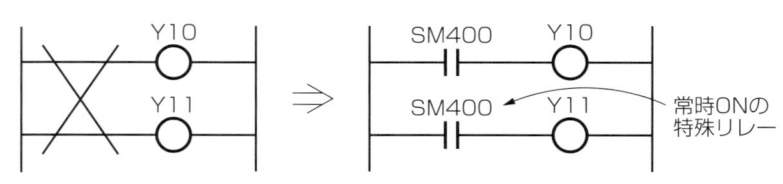

図1　母線から直接コイルをつなげない

PLCプログラム作成 規則6　1つの回路に記述できる接点の数は限られている

> 1つの回路に接続できる接点の数には限界があります。これはプログラム作成ソフトウェアの表示上の問題などが主な原因です。

　ラダープログラム上で接続する接点の数が足りなくなったときには、図1(1)、(2)のようにいったん、内部リレーに置き換えてその数を減らします。

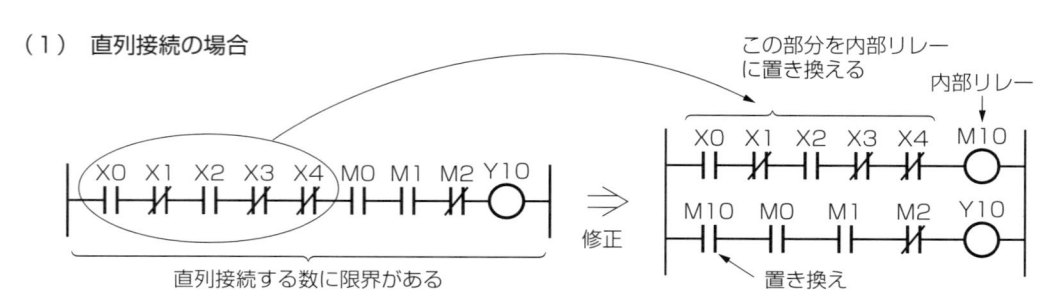

（1）　直列接続の場合

図1　接点の数が足りなくなったときの処理（1）

（2） 並列接続の場合

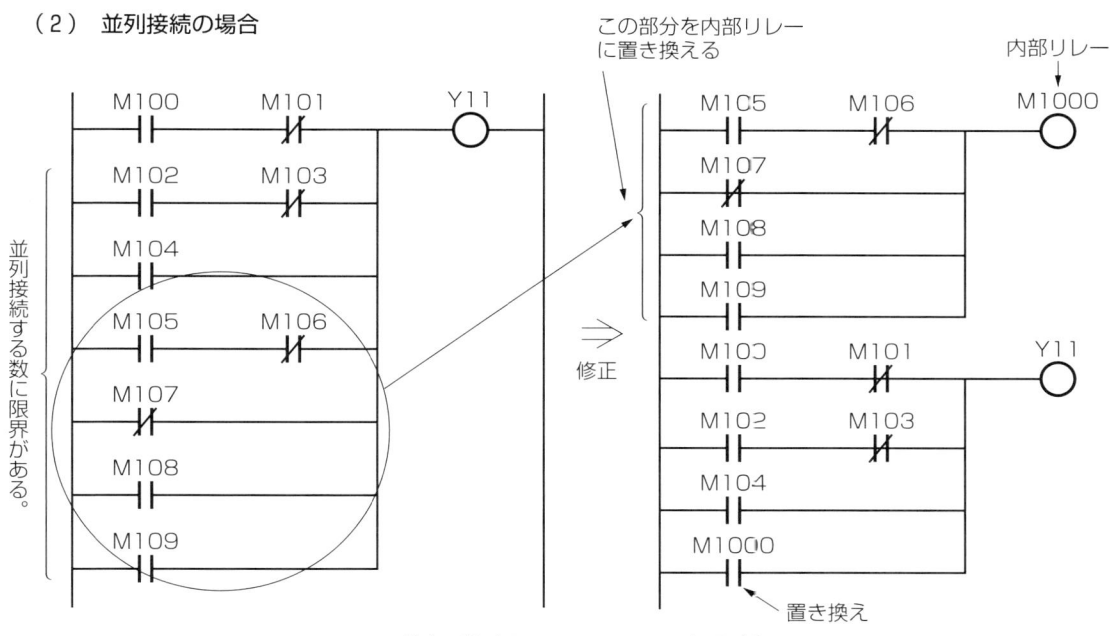

図1 接点の数が足りなくなったときの処理（2）

PLC プログラム作成 規則7　1つの回路の途中から分岐することはできない

> 1つの回路の途中から分岐してプログラムすることはできません。ただし、コイルの直前を起点にして分岐することはできます。

図1の回路は、リレーコイルY10の前の接点X1の手前で分岐しているのでエラーになります。

図2の回路では、コイルの直前を起点にして分岐しているので正しいように見えますが、2系統の回路が混在している回路構造になっているので誤りです。コイルの直前で分岐した後で、母線に接続しているので、分岐点が起点になっていません。このような回路は図の下の正しい回路のように修正します。

1章●PLCプログラム作成の規則

図1　途中からは分岐できない

図2　分岐したあとは分岐点が起点になる

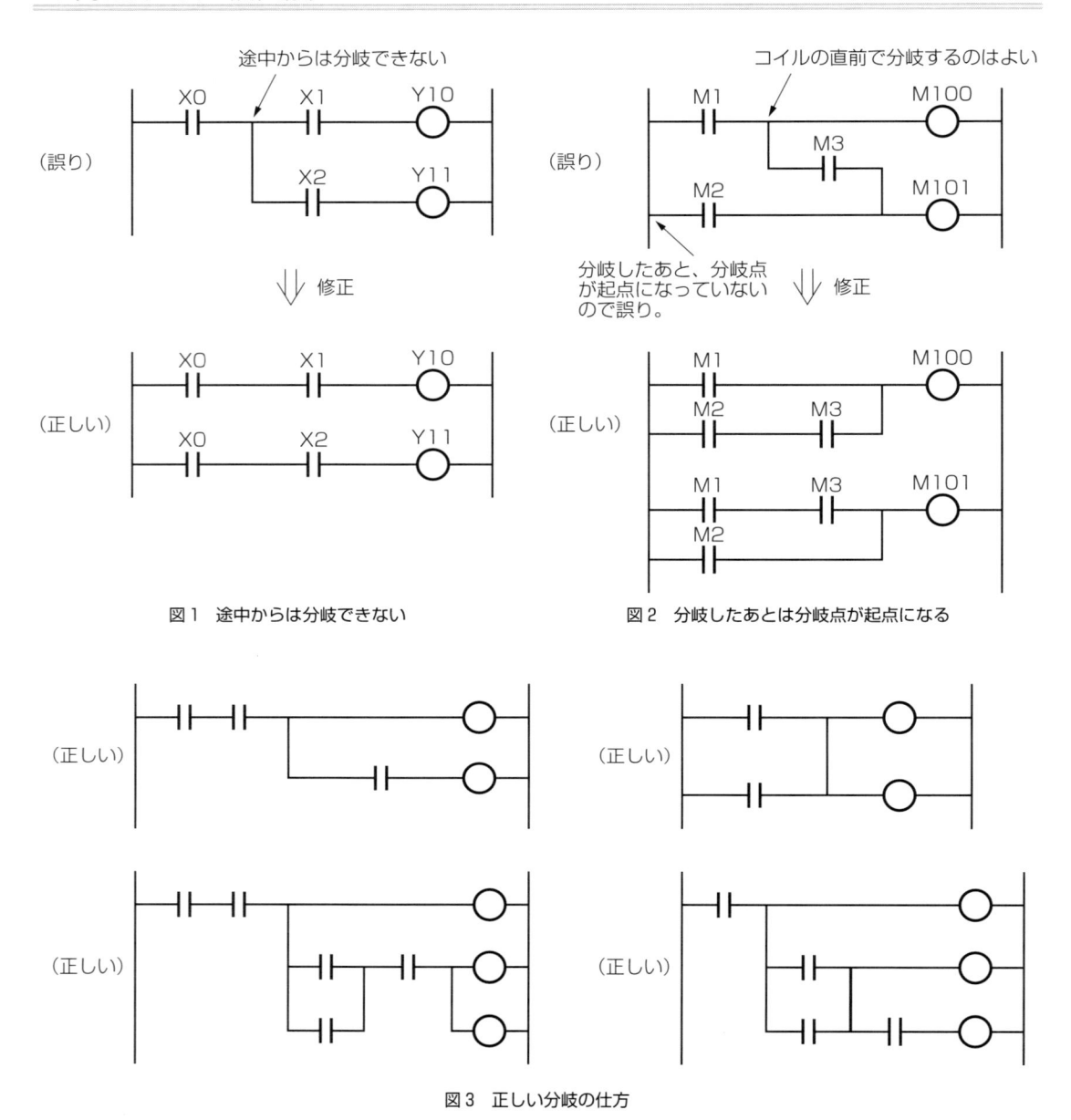

図3　正しい分岐の仕方

　図3の4つの回路は、コイルの直前を起点にしてもう1つのコイルの回路が付けられている形になっているので、どれも正しい回路だと言えます。

2章 自己保持回路の作り方

自己保持回路はシーケンスプログラムの要になる回路構造です。本章では、一般的な自己保持回路の作り方とその構造について解説します。

自己保持回路 回路構造1　自己保持回路の回路構造

PLCで機械の制御をしていると、スイッチでいったんONした出力リレーを、スイッチを切ってもONのままにしておきたいと思うことがあるでしょう。このようなときには、自己保持と呼ばれる回路構造を使うのが一般的です。

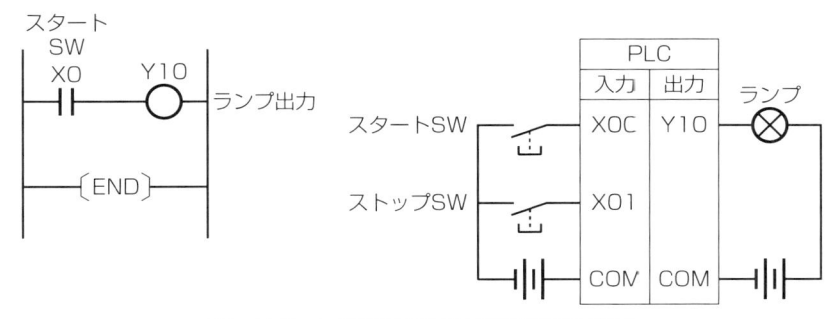

図1　スタートSWでランプを点灯するプログラム

図1のようにPLCにスイッチとランプを接続して、プログラムを実行すると、スタートSW X00をONしたときだけランプ出力Y10がONになり、X00を放すとY10はOFFになります。押してい

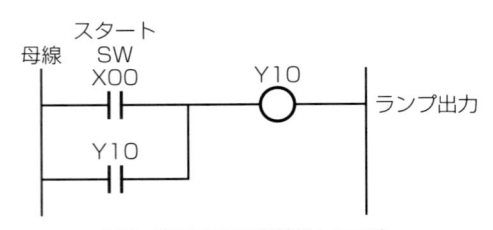

図2 Y10を自己保持にした回路

たスタートSWを放しても、Y10がONしたままにするためには、Y10の接点を使って図2のような自己保持回路にします。

図2の回路では、スタートSW X00がONして、X00が導通になると、母線からX00の接点を通ってY10のコイルまでつながるので、Y10のコイルはONすることになります。すると、Y10の接点Y10が導通になるので、今度は母線からY10の接点を通ってY10のコイルまでつながることになります。

Y10の接点でY10のコイルをONしているので、Y10のコイルはONしたままになり、PLCの電源を落とすかリセットするまでY10はONのまま保持されます。

このように、コイル自身の接点でコイルのON状態を保持するので、このY10のコイルは自己保持になっていると言います。

自己保持の状態は母線から自分のコイルの接点を通って図3のようにコイルまで導通にならなくてはいけませんから、自己保持状態を解除するときは、この流れをどこかで断ち切ればよいことになります。

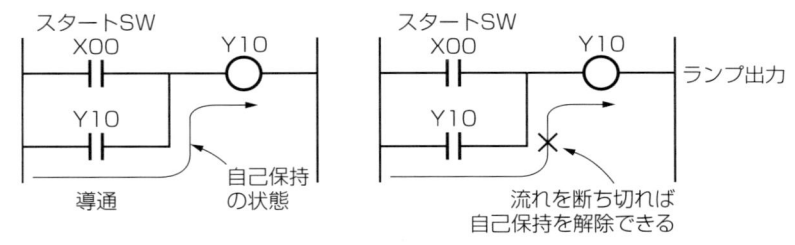

図3 自己保持の状態と解除

それでは、図1のストップSW X01が押されたときに自己保持を解除するようにプログラムを変更してみましょう。これはY10の接点とY10のコイルの間にX01を挿入するとうまくいきます。この解除条件を入れた自己保持回路は図4のようになります。

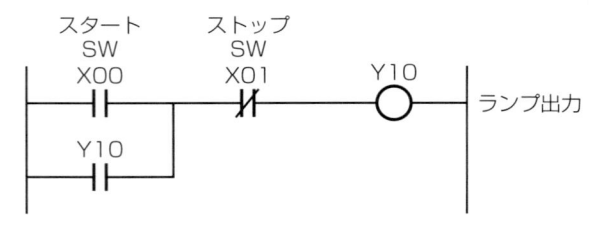

図4 ストップSWによる自己保持の解除

自己保持回路を使うためにマスターしたい回路構造

自己保持回路　回路構造2

> 自己保持回路には、一般的によく利用される形があります。これを憶えることで、早く自己保持回路を使えるようになります。

　最も典型的な自己保持回路は、図1のようになっています。自己保持の生存条件が成立しているときに開始条件が成立すると、保持するリレーのコイルがONして自己保持の状態になります。自己保持の状態は生存条件が成立しなくなるまで続きます。

　条件が成立するというのは、その部分のリレー接点が導通状態になっているということです。

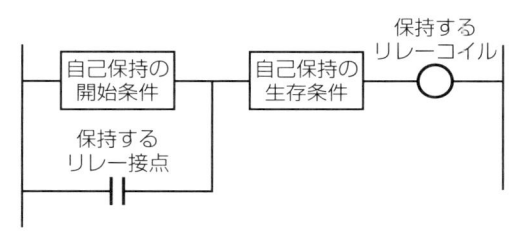

図1　自己保持の回路の一般的な構造

　生存条件は、自己保持を解除するために使われるという見方をすることもできます。この場合には、生存条件の部分を解除条件と呼ぶことがあります。自己保持状態になっているときに、解除条件の部分が非導通になると自己保持は解除されるという考え方です。

2章●自己保持回路の作り方

目的別自己保持回路の構成例

自己保持回路 構成例

自己保持回路は目的によっていろいろな使い方ができます。ここではよく使われる構成例を紹介します。図1のPLCのI/Oの割付けを使って自己保持回路の例を見ていきましょう。

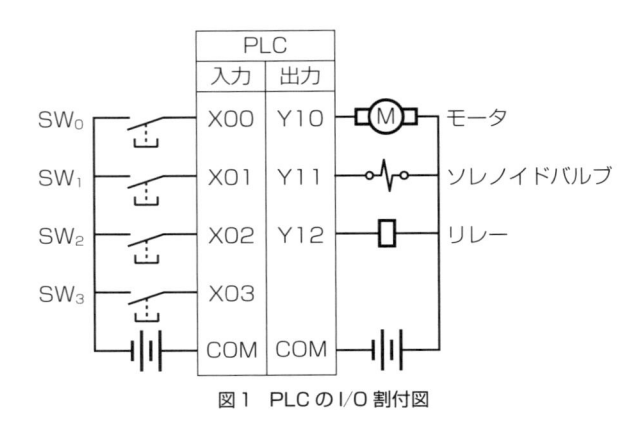

図1 PLCのI/O割付図

〔例1〕 SW_0でモータを回転してSW_1で停止する。

図2のような自己保持回路を作ります。この自己保持回路の開始条件はSW_0がONしたときで、生存条件はSW_1がOFFしているときになります。

通常、ONの条件はリレーのa接点（ーl lー）で、OFFの条件はb接点（ー/ー）で記述します。

生存条件はX01がOFFのときなので、b接点で記述する

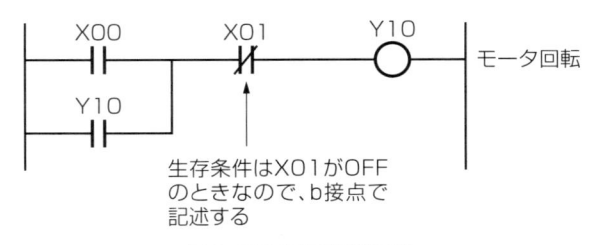

図2 例1の自己保持回路

〔例2〕 SW_0、SW_1の両方が押されたときにモータを回転して、SW_2、SW_3のいずれかで停止する。

図3のように、自己保持回路の開始条件が2つ重なっているときには2つの条件を直列に接続します。この例では、生存条件も2つの条件が重なっています。生存条件は、SW_2がOFFかつ、SW_3がOFFになっているときなので、b接点を直列に接続することになります。

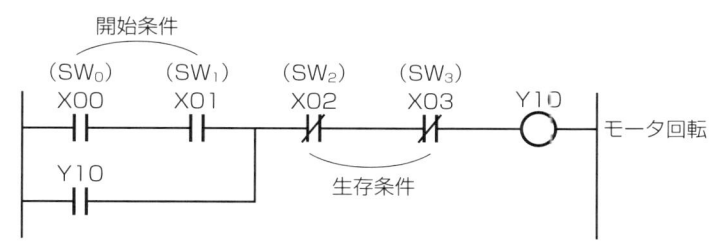

図3　条件が重ったときの自己保持回路

〔例3〕　SW_0、SW_1のいずれかが押されたら、モータを回転して、SW_2、SW_3の両方の
スイッチが押されたところで停止する。

これは図4のように条件を並列接続（OR接続）して自己保持回路を作ります。

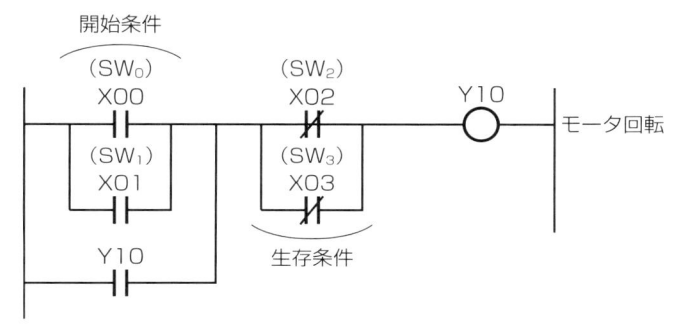

図4　条件の並列接続

図4のプログラムを、ラダー図作成ソフトウェアで作図すると、図5のようになります。図3と図4はまったく同じプログラムです。

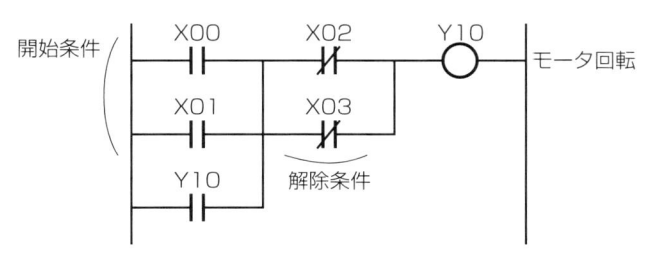

図5　図4のプログラムの別の表記例

〔例4〕　SW_0でモータを回転して、SW_1で一時停止をする。SW_1を放すとまたモータは
回転を始める。SW_2を押すとモータは完全に停止する。

これは、SW_0が起動、SW_2が停止、SW_1が一時停止という制御です。このプログラムは内部リレーを使わないと実現できません。図6のプログラムでは、内部リレーM00を自己保持にして、このリ

レーをモータの起動に使っています。一時停止の接点 $\frac{X01}{\not|\ |}$ は、モータ出力 $\frac{Y10}{\bigcirc}$ に直列に接続します。

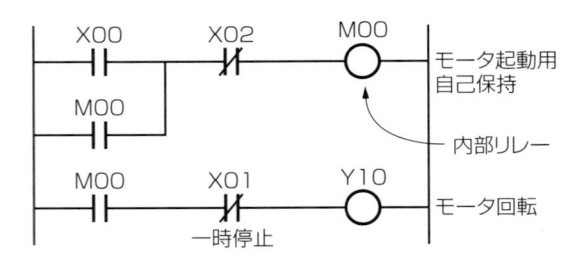

```
    X00     X02      M00
────┤├──────┤/├──────( )────  モータ起動用
    │                         自己保持
    M00     │
────┤├──────┘                 ←内部リレー

    M00     X01      Y10
────┤├──────┤/├──────( )────  モータ回転
            一時停止
```
図6　内部リレーを使った自己保持回路

〔例5〕　SW_0 でモータを回転して、SW_1 で停止する。SW_0 と SW_1 を両方同時に押すとモータは回転する。

この制御は、SW_1 の ON/OFF にかかわらず SW_0 でモータが回転しなくてはなりません。

これは、SW_0 が SW_1 より優先していることになるので開始条件優先の自己保持回路と呼ばれています。

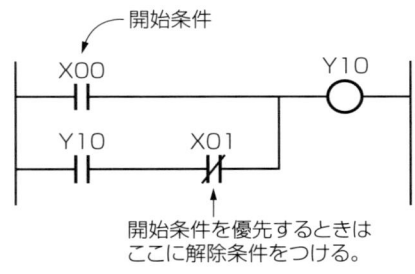

```
        開始条件
         X00             Y10
    ─────┤├──────────────( )────
         Y10     X01
    ─────┤├──────┤/├─────┘
                  ↑
            開始条件を優先するときは
            ここに解除条件をつける。
```
図7　開始条件優先の自己保持回路

このプログラムは、内部リレーを使って図8のように表現することもできます。

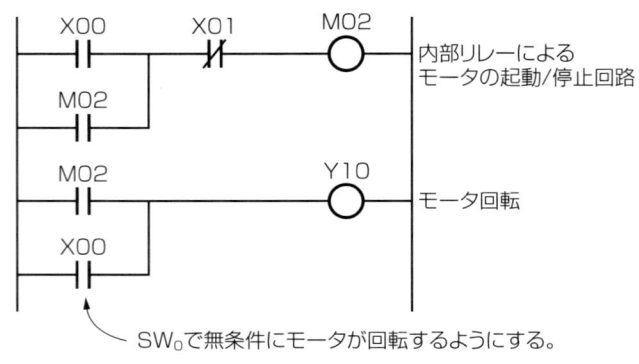

```
    X00     X01      M02
────┤├──────┤/├──────( )────  内部リレーによる
    M02                       モータの起動/停止回路
────┤├──────┘

    M02              Y10
────┤├──────────────( )────  モータ回転
    X00
────┤├──────┘
     ↑
    SW0 で無条件にモータが回転するようにする。
```
図8　内部リレーを使った開始条件優先回路

3章 自己保持回路を極める

シーケンスプログラムの基本は、自己保持回路にあると言っても過言ではありません。
自己保持回路を自由自在に使いこなせることは、シーケンスプログラムの達人になるための絶対条件です。
本章では、シーケンスプログラムの中でどういう場面でどのように自己保持回路が使われているのかをじっくりと見ていきます。

3章●自己保持回路を極める

| 自己保持回路 極める1 | ずっとONしておきたい出力は自己保持にする |

> 自己保持回路は、開始条件が整ったときにリレーコイルがONしたままになるというシンプルな構造をしていますが、その使い方や組合せで、複雑な制御ができるようになります。ここでは、空気圧コンプレッサをON-OFFする1出力2入力の簡単なシステムを例に、自己保持回路を使って思い通りに制御するシーケンスプログラムの作り方を見ていきます。

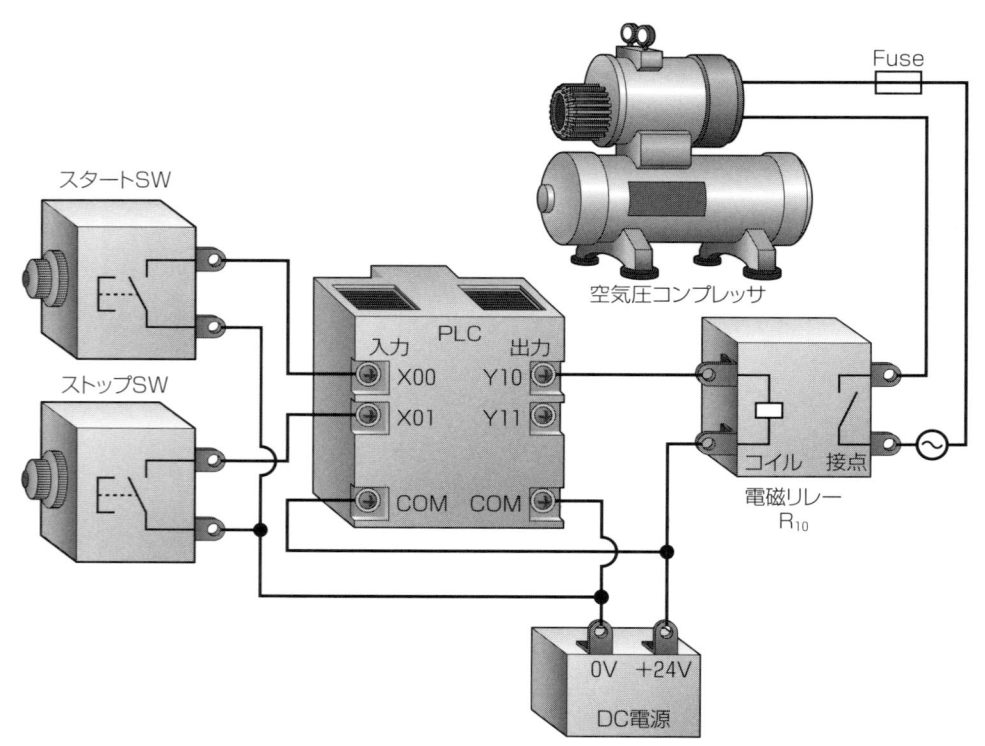

図1 空気圧コンプレッサのPLCによる制御

図1は、PLCに電磁リレーを接続して空気圧コンプレッサのON-OFFを行う簡単なシステムですが、PLCに書込むプログラムによってその操作性は大幅に変わってきます。

ここでは、操作性の異なる7通りのプログラム例を紹介します。

（1） 最も一般的なスイッチプログラム

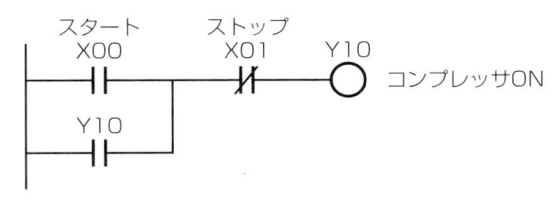

図2　一般的な自己保持回路

図2の自己保持回路はストップを優先したもので、スタートSWとストップSWの両方が押されたときにはストップになります。

（2） スタートを優先するプログラム

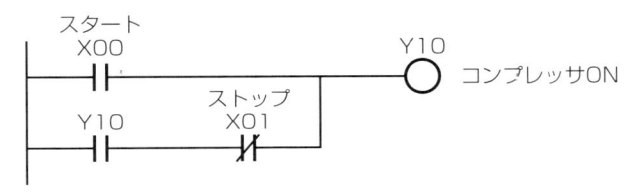

図3　開始条件を優先する自己保持回路

図3のように、ストップSWの接点の位置を変更するとスタート優先になります。
ストップSWが押されてもスタートSWを押している限り空気圧コンプレッサは停止しません。

（3） スタートSWの誤操作を防止するプログラム

スタートSWを押したらすぐに起動するのではなく、2秒間長押しして初めてコンプレッサをONさせるには図4のようにします。

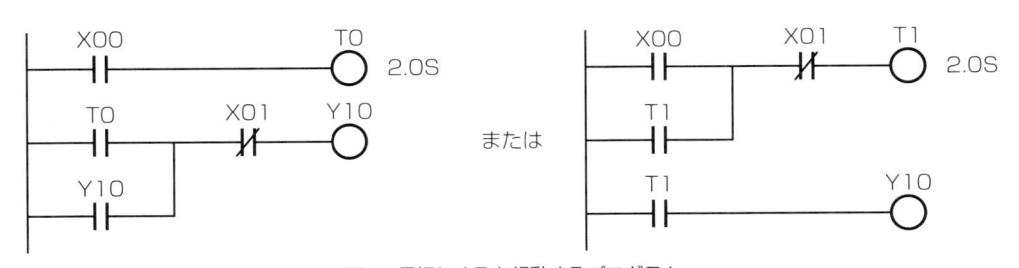

図4　長押しすると起動するプログラム

（4） ストップ SW の誤操作を防止するプログラム

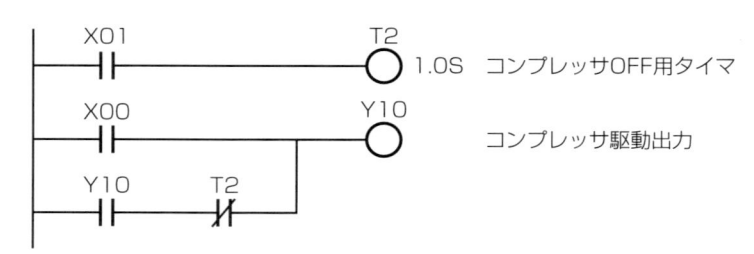

```
   X01                T2
───┤├──────────────────○  1.0S    コンプレッサOFF用タイマ
   X00                Y10
───┤├──────────┬──────○           コンプレッサ駆動出力
   Y10   T2    │
───┤├───┤/├────┘
```

図5　ストップSWの誤操作を防止する

　ストップスイッチを誤って押してしまうことを防止するために、1秒間長押ししてはじめてコンプレッサの出力リレーを OFF にします。図5のプログラムでは、さらに、スタート SW を優先するプログラムにしてあります。

（5） スタート SW を放したときにコンプレッサを起動するプログラム

```
 スタートSW押し
   X00   X01    M0
───┤├───┤/├────○            スタートSWが押されると内部リレーM0
   M0                         がONする
───┤├──┘

 スタートSW放し
   X00    M0    Y10           M0がONした後でスタートSWを放すと
───┤/├──┤├────○            ─┤M0├─ と ─┤X00├─ の両方がONになるので
   Y10                        Y10は自己保持になる。
───┤├──┘                    M0はY10の生存条件になる。
```

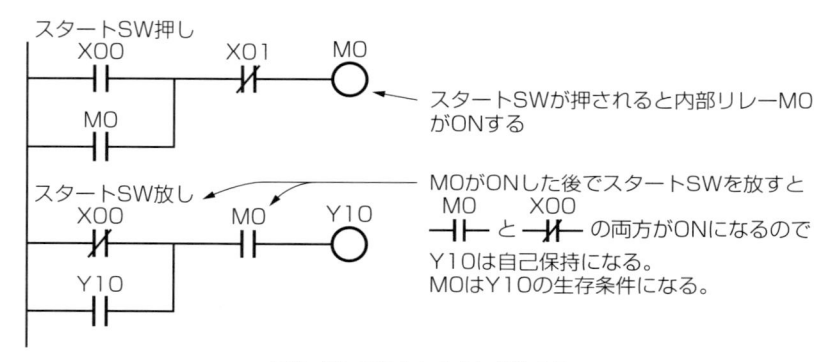

図6　押して放したときに起動する

　スタートスイッチを一度押して、放したときに起動するには、図6のようにスイッチが ON したことを自己保持回路を使っていったん記憶しておき、その後でスイッチの接点が OFF したときに出力リレーを自己保持にします。

　このときに M0 が ON していないと Y10 は絶対に ON にならないので、M0 は Y10 が自己保持として生き残るための絶対条件になります。すなわち、M0 は Y10 の生存条件となっています。

（6） スタート SW 1個だけでコンプレッサの ON−OFF をするプログラム

❶正しいプログラム

　スイッチを ON または OFF するたびに、内部リレーを順番に自己保持にしていくようにしたプログラムを図7に示します。1回目にスイッチが押されたときに M 10 が ON になり、スイッチを放すと M 11 が ON になります。

　再度スイッチが押されると M 12 が ON になって、放すと M 13 が ON になります。M 13 は M 10 の

解除条件になっているので、M 13 が ON した次の瞬間には M 10 が OFF になります。M 11 の生存条件は M 10 なので、つづいて M 11 が OFF になります。M 12 の生存条件は M 11 で、M 13 の生存条件は M 12 なので順次 M 12 が OFF になり、M 13 も OFF になります。

このように、M 13 まで制御が進むと全部の自己保持が解除されて初期状態に戻ります。

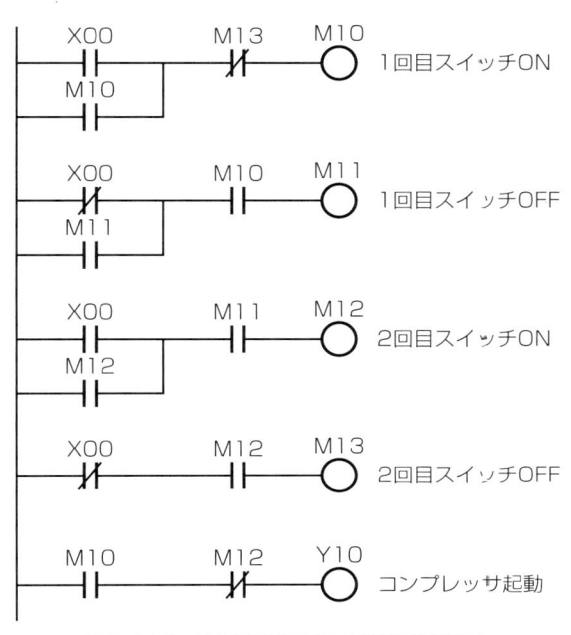

図7　スイッチ1個でON-OFFするプログラム

スイッチを押して放したときに起動・停止をするのであればコンプレッサ起動の出力リレー Y 10 の部分を下記のように修正します。

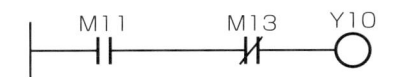

❷誤りのあるプログラム

正しいプログラムでは、スイッチの動作をすべて内部リレー M 10～M 13 に記憶させて、順序制御部を作って出力リレーはそれとは独立して作りました。

下記の誤まったプログラムでは、X 00 が ON したときに出力リレーを直接自己保持にしてあります。このままのプログラムでは、2回目のスイッチが押されたときに Y 10 はいったん OFF しますが、すぐにまた Y 10 が ON になってしまいます。

3章●自己保持回路を極める

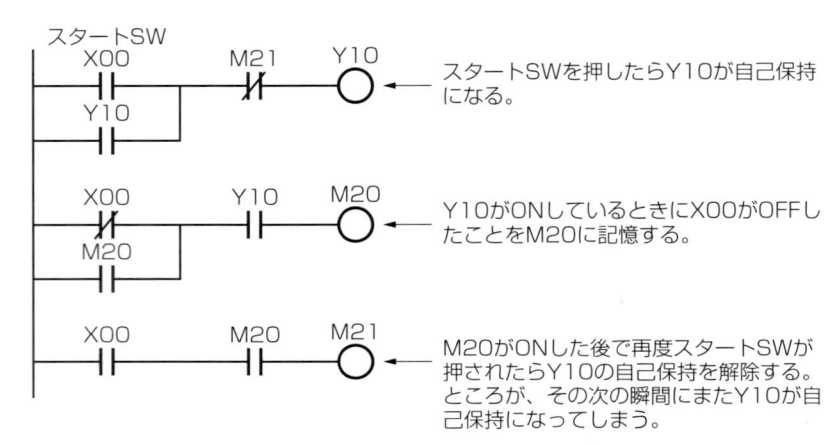

```
  スタートSW
    X00      M21      Y10
   ─┤├──────┤/├──────( )──    スタートSWを押したらY10が自己保持
    Y10                        になる。
   ─┤├─

    X00      Y10      M20
   ─┤/├─────┤├───────( )──    Y10がONしているときにX00がOFFし
    M20                        たことをM20に記憶する。
   ─┤├─

    X00      M20      M21
   ─┤├──────┤├───────( )──    M20がONした後で再度スタートSWが
                                押されたらY10の自己保持を解除する。
                                ところが、その次の瞬間にまたY10が自
                                己保持になってしまう。
```

図8　誤ったプログラム

❸誤ったプログラムの修正例

図8のプログラムを正しく動かすには、2回目に押したスイッチを放したときにY10の出力をOFFするように修正します。

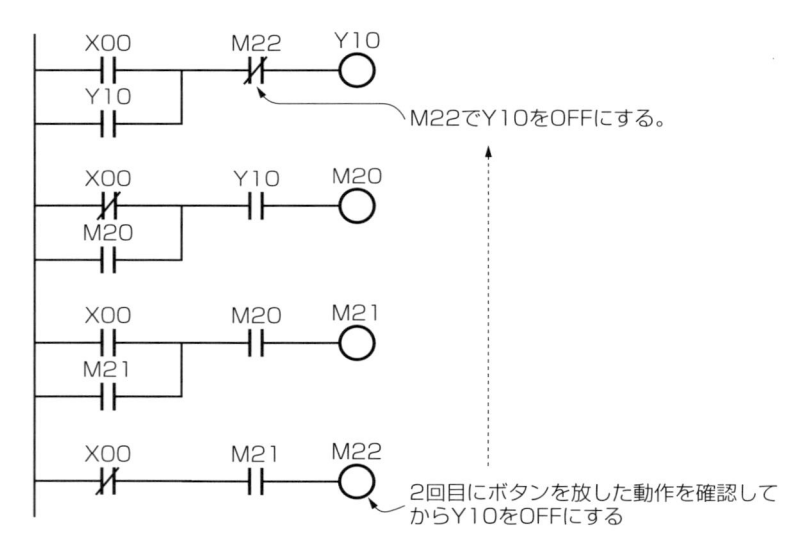

```
    X00      M22      Y10
   ─┤├──────┤/├──────( )──
    Y10                        M22でY10をOFFにする。
   ─┤├─

    X00      Y10      M20
   ─┤/├─────┤├───────( )──
    M20
   ─┤├─

    X00      M20      M21
   ─┤├──────┤├───────( )──
    M21
   ─┤├─

    X00      M21      M22
   ─┤/├─────┤├───────( )──    2回目にボタンを放した動作を確認して
                                からY10をOFFにする
```

図9　修正したプログラム

自己保持回路 極める2

2つの自己保持回路の動作順序を決める

複数の自己保持回路を使った制御において自己保持になる順序を決めたり、インターロックをかけたりする方法を2個のモータの制御を例にとって解説します。

図1のようにPLCに押ボタンスイッチ4個とモータ2個を付けたシステムを使って2つのモータの制御をするプログラムを作ってみます。

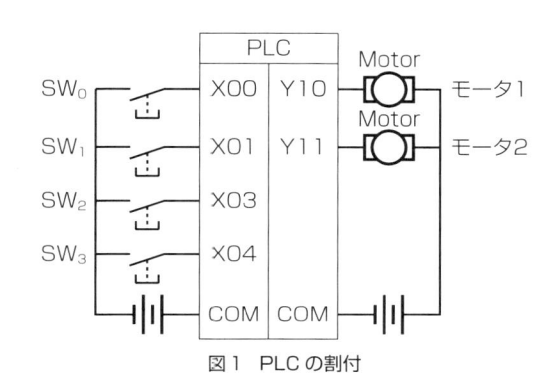

図1　PLCの割付

（1）独立した2つの自己保持回路

図2のプログラムでは、Y10とY11は独立しているのでお互いに好きなときにON-OFFができます。また、同時に両方ともONにすることもできます。

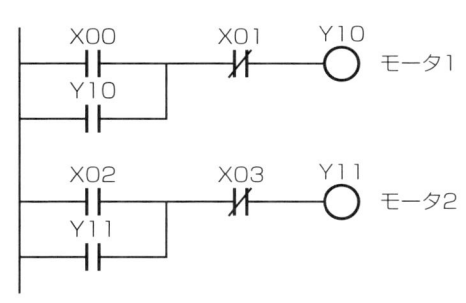

図2　モータ1と2を独立して制御するプログラム

（2）片方がONしているときはもう片方がOFFになるプログラム

これは2つの自己保持を使うよりも1つの自己保持の否定（$\frac{Y10}{\not|\,|}$）をとる方がよいでしょう。ただし、図3の場合、PLCをRUNにした途端にモータ2が回転を始め、どのスイッチを押しても必ずどちらかのモータが回転してしまいます。

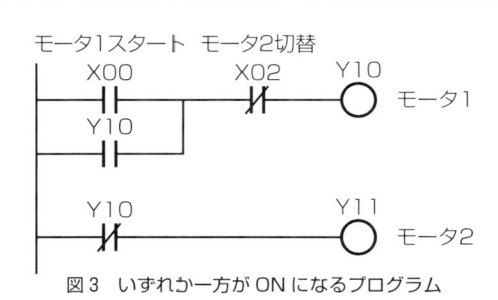

図3　いずれか一方がONになるプログラム

（3）どちらか一方しかONしない出力インターロックプログラム

図4のように、出力リレーのb接点でインターロックをとると、両方同時にONすることはない、いわゆるインターロックを構成できます。

このインターロック回路は、出力リレーでインターロックをとっているので、モータ1がONしているときにはモータ2の起動（X02）をONしてもモータの切換えができません。

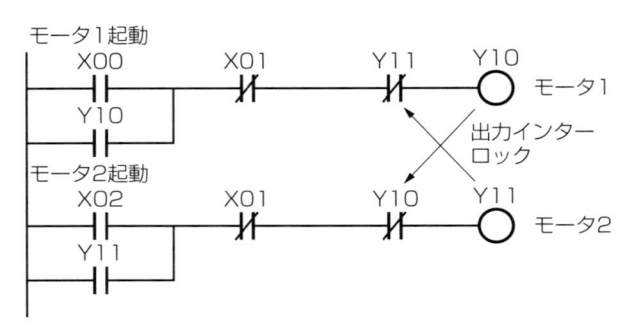

図4 出力リレーによるインターロック

（4）どちらか一方しかONしない入力インターロックプログラム

図5のように、入力接点でインターロックをとると、モータ1がONしていてもモータ2の起動スイッチ（X02）がONするとモータ1は停止してモータ2がONするようになります。

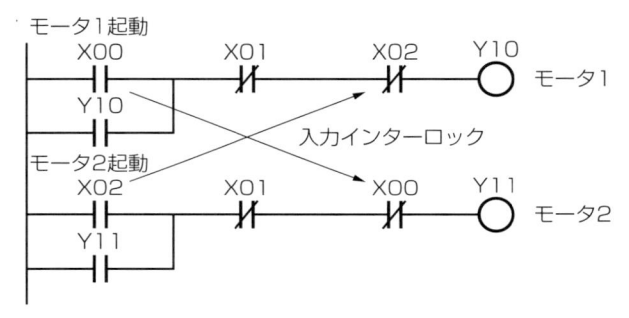

両方の起動入力スイッチ（X00とX02）が同時にONすると両方のモータは停止し、あとから放したスイッチの方のモータが回転します。両方停止するにはSW_1（X01）を押します。

図5 入力リレーによるインターロック

（5）モータ1→モータ2の順番にONするプログラム

SW_0でモータ1をONした後でないとSW_2でモータ2をONすることができないようにしたものが図6のプログラムです。

SW_0のあとにSW_2を押すと両方のモータが回転します。モータをOFFするときの順序は決まっていません。

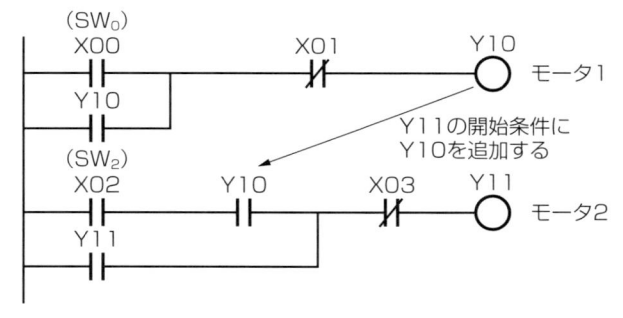

図6 Y10のあとにY11がONするプログラム

（6） モータ1→モータ2と起動し、モータ2停止→モータ1停止の順にモータを停止するプログラム

自己保持回路を順番に解除していくには、自己保持の解除条件（生存条件）を操作します。

図7のプログラムでは、もともとの解除条件 X01 と並列にモータ2起動中の接点を付けることでモータ2が起動しているときにはモータ1の出力 Y10 を解除できなくしてあります。

Y10がONしていることをY11の開始条件に入れる

Y11がONしているときには、Y10の自己保持が解除できないようにする。

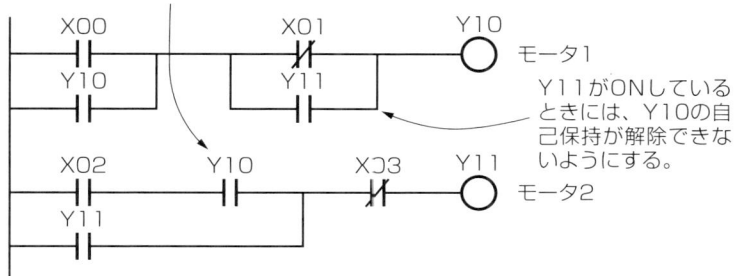

図7　停止順序が決められているプログラム

（7） 順序制御を行うプログラム①

(Step 1) モータ1 ON → (Step 2) モータ1 OFF → (Step 3) モータ2 ON → (Step 4) モータ2 OFF の順番に動作するプログラムを作ります。

各動作をするときの条件を図8のような条件テーブルに記述します。

出力リレーY10とY11の2つのリレーを使ってプログラミングすることを考えてみましょう。

状　態	状態遷移条件	システムの状態変数			
		Y10	Y11	追加するフラグ	
初期状態	—	OFF	OFF	OFF	
	X0：ON				同じ状態
Step 1	—	ON	OFF	OFF	
	X1：ON				
Step 2	—	OFF	OFF	ON	
	X2：ON				
Step 3	—	OFF	ON	OFF(ON)	
	X3：ON				
Step 4	—	OFF	OFF	OFF	

同じ状態が2つあるので、2つの状態を区別するためにフラグを付ける必要がある。

図8　条件テーブル

システムの状態を認識できるのはY10とY11だけですが、この場合、初期状態とStep 2の状態はまったく同じなので、ここに順序の条件を付けることはむずかしいと言えます。

そこで、初期状態とStep 2の状態を区別するために新たなフラグを追加します。このフラグは初期状態でOFFになっていて、少なくともStep 2が完了した時点でONになっていなくてはなりません。さらに、Step 4が完了した時点までにはOFFになるようにします。

図9のプログラムでは、内部リレーM100をフラグの代わりに使っています。M100のコイルは、X1がONしてStep 1からStep 2に移行するときにONになり、Step 3に移行したときにOFFになるようにしてあります。

3章●自己保持回路を極める

図9 順序制御のプログラム（Melsec Qシリーズの例）

フラグがONだとモータ1は起動しない。
フラグがONになったらモータ2を起動できる。
フラグ

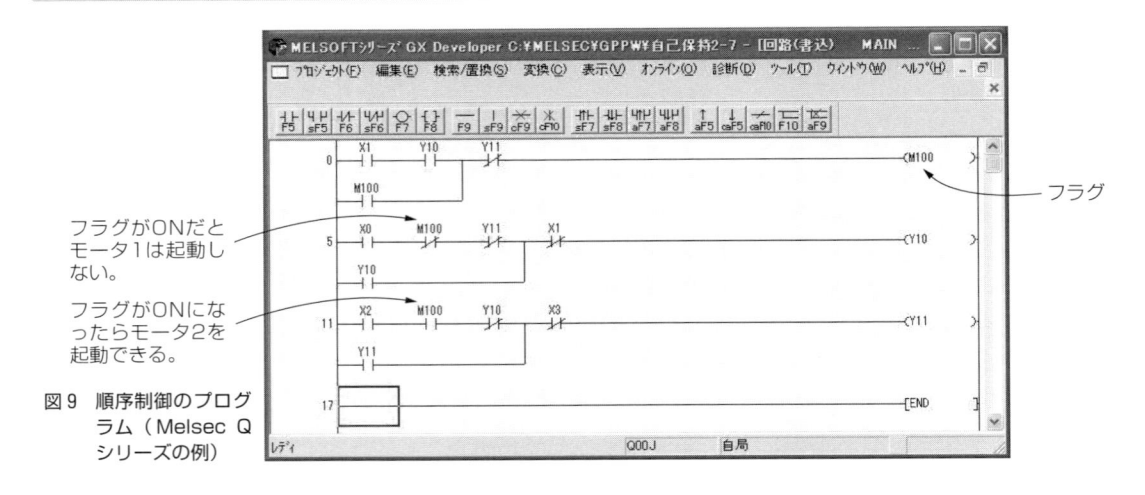

（8） 順序制御を行うプログラム②

（初期状態） X0 （Step 1） X1 （Step 2） X2 （Step 3） X3 （Step 4）
モータ1、2 OFF → モータ1 ON → モータ1 OFF → モータ2 ON → モータ2 OFF

の順番に動作するプログラムを作ります。

内部リレーを使って各ステップの状態の変化を自己保持回路で表現します。図10は、状態遷移条件と変化させるリレーの関係を記述した条件テーブルです。このテーブルをもとにしてステップリレー部分のプログラムを作成したものが図11のプログラムです。出力リレーの制御部は条件テーブルから読みとって、Y10に関してはM1でON、M2でOFF、Y11に関してはM3でON、M4でOFFになるようにプログラムを作ります。その出力リレー部のプログラムを図12に示します。

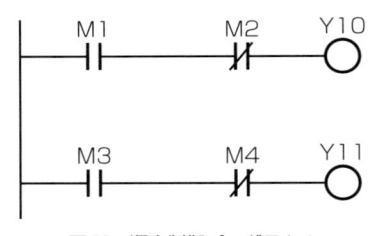

図12 順序制御プログラムの出力リレー部

状態	状態遷移条件	ステップを表すリレー	変化させる出力リレー Y10	Y11
初期状態	—	全リレーOFF		
	X0			
Step1	—	M1	ON	
	X1			
Step2	—	M2	OFF	
	X2			
Step3	—	M3		ON
	X3			
Step4	—	M4		OFF

図10 条件テーブル

Step1がStep2の生存条件になる
Step3は必ずStep2の後にONする
Step3の後X03がONするとStep4に移行する

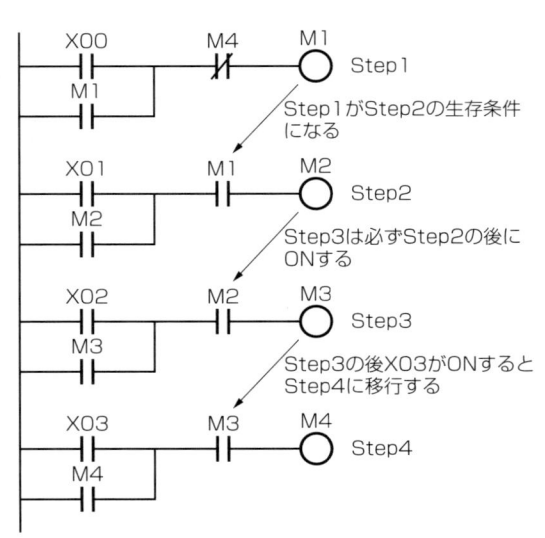

図11 順序制御プログラムの状態遷移部

自己保持回路 極める3
順序どおりにスイッチを押さないと動作しないプログラム（1）

図1にあるような、動作順序を操作ミスを起こすことなく実現するプログラムを記述してみます。SWを押す操作は人が行うので誤操作をすることもありますが、それでもランプは順番どおりに点灯するようにします。

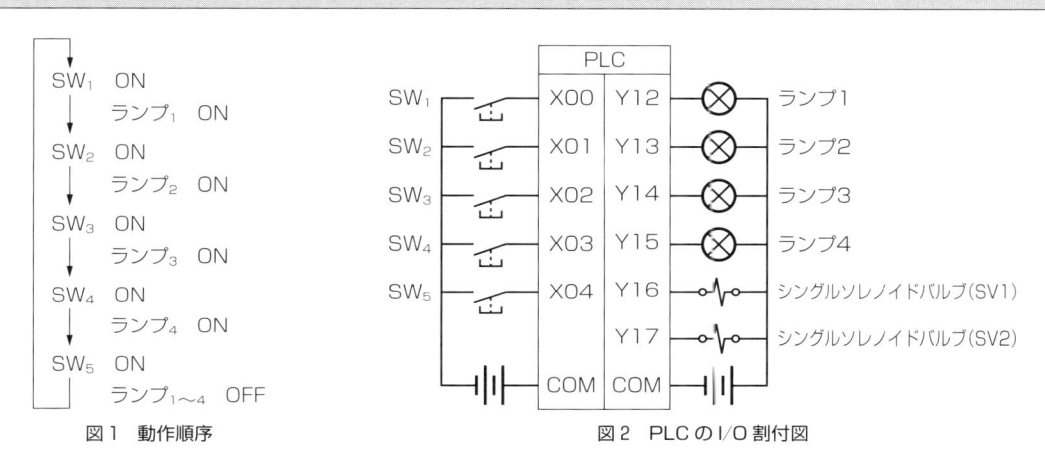

```
SW₁ ON
 ↓    ランプ₁ ON
SW₂ ON
 ↓    ランプ₂ ON
SW₃ ON
 ↓    ランプ₃ ON
SW₄ ON
 ↓    ランプ₄ ON
SW₅ ON
      ランプ₁～₄ OFF
```
図1　動作順序

図2　PLCのI/O割付図

図2のようにPLCのI/Oにスイッチとランプを接続して、SW₁からSW₄まで順番に押していくと、ランプ₁からランプ₄までが順番に点灯するプログラムを図3に示します。

万一、押す順序を間違えたときには、ランプは変化しないように、ひとつ前のリレーが次のリレーの生存条件になっています。SW₄まで押した後SW₅を押すと初期状態に戻ります。

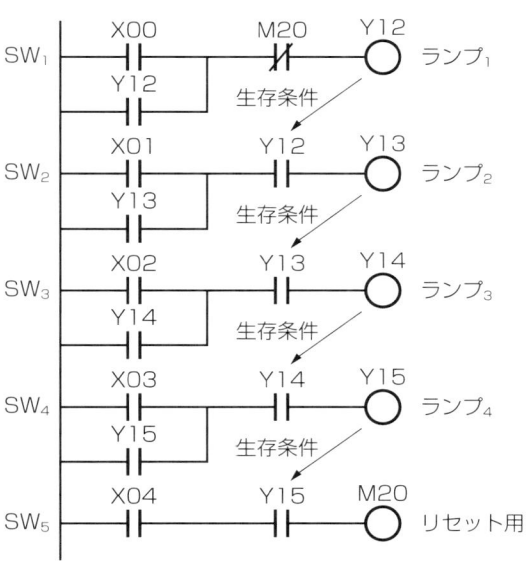

図3　決められた順序で点灯するランプのプログラム

プログラムの応用例〈ピック&プレイス動作〉

このプログラムの応用例として、空気圧シリンダを2つ使ったピック&プレイスの動作ができるようになります。I/O割付は図2の通りです。

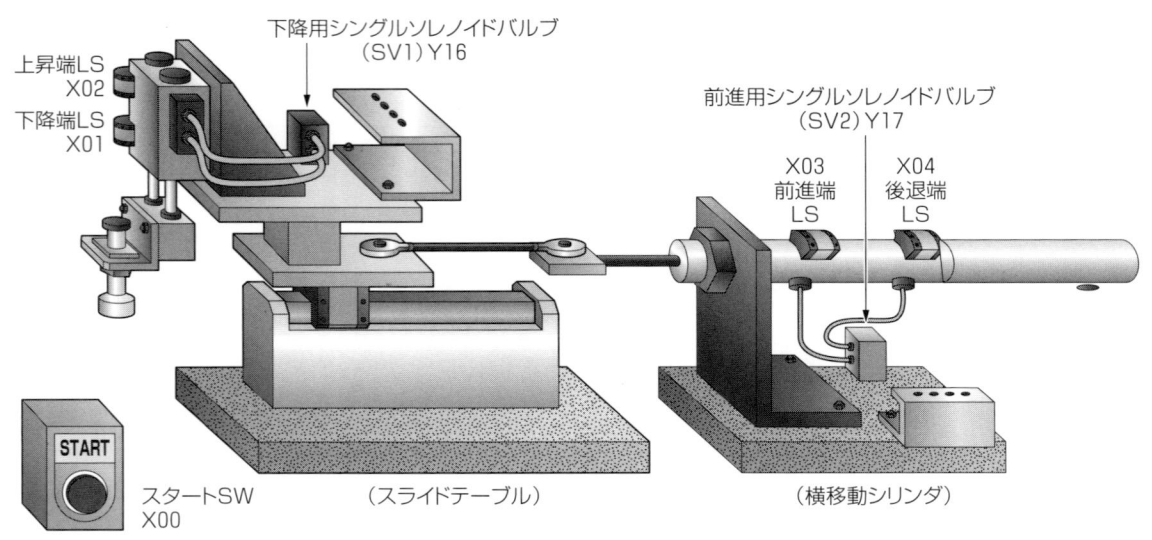

図4 ピック&プレイスの構造

図4のようにシステムを組立てて、図の番号に合わせて配線をします。動作順序は、図5の動作順序にあるように、スタートSW（X00）を押したらY16をONにしてシリンダを下降し、下降端に達したらY16をOFFにして上昇し、上昇端に達したら、Y17をONにして前進し、前進端に達したら、Y17をOFFにして後退し、後退端で回路をリセットします。

したがって、この動作はX00→X01→X02→X03→X04と入力が変化することがわかります。

この動作は図3のプログラムの変化と同じなので、図3のプログラムをそのまま利用して、これに出力リレーY16とY17のプログラムを追加するだけでこの動作を実現できます。その追加プログラムを図6に示します。

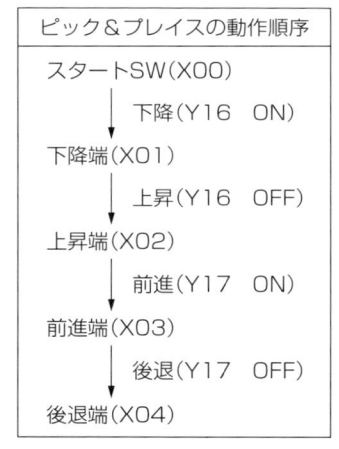

```
ピック&プレイスの動作順序
スタートSW（X00）
  ↓
  下降（Y16 ON）
下降端（X01）
  ↓
  上昇（Y16 OFF）
上昇端（X02）
  ↓
  前進（Y17 ON）
前進端（X03）
  ↓
  後退（Y17 OFF）
後退端（X04）
```

図5 ピック&プレイスの動作順序

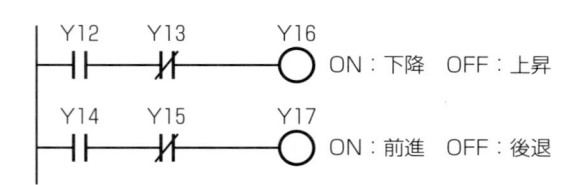

図6 ピック&プレイス動作のための出力プログラム

自己保持回路 極める4 — 順序どおりにスイッチを押さないと動作しないプログラム（2）

> 図1にあるような動作順序で、ランプを1つ点灯しては1つ消すというプログラムを考えてみます。

はじめに、SW_1（X0）をONしたらランプ$_1$（Y10）をONするのですから、

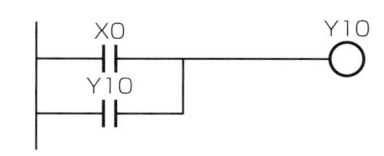

というプログラムがすぐに頭に浮かびます。

次にスイッチSW_2（X1）が押されたときにY11をONにしますが、このとき同時にY10をOFFにしなくてはなりません。

このときに図2のようなプログラムを記述したのでは完全には正しく動作しません。

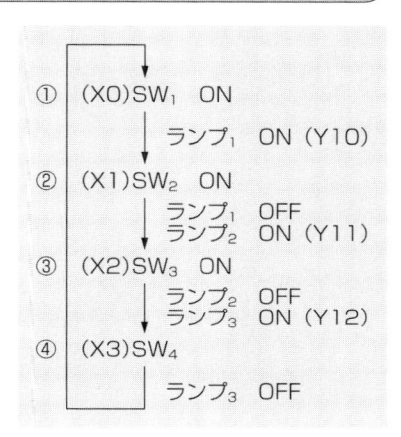

① (X0)SW_1 ON
　　↓ ランプ$_1$ ON (Y10)
② (X1)SW_2 ON
　　↓ ランプ$_1$ OFF
　　　ランプ$_2$ ON (Y11)
③ (X2)SW_3 ON
　　↓ ランプ$_2$ OFF
　　　ランプ$_3$ ON (Y12)
④ (X3)SW_4 ON
　　↓ ランプ$_3$ OFF

図1　動作順序

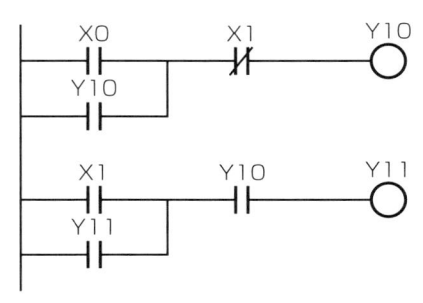

図2　誤ったプログラム

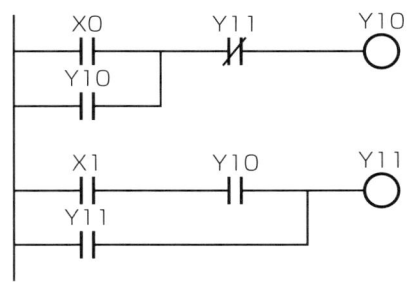

図3　正しいプログラム

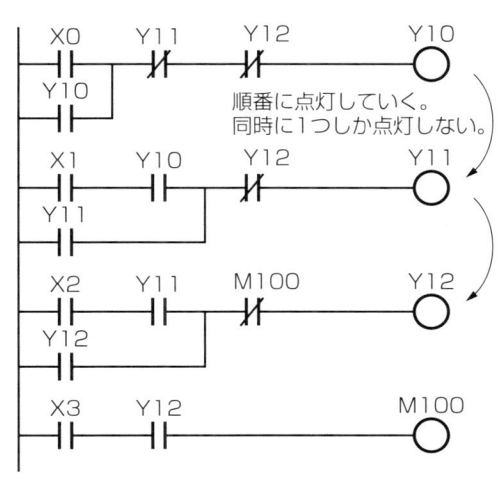

図4　順次点灯していくプログラム

順番に点灯していく。
同時に1つしか点灯しない。

Y10についてみると、X1がONしたときに確かにOFFになるので一見正しいようですが、その後X1がOFFになればX0のスイッチでいつでもY10を再度ONにすることができてしまいます。

次にY11についてみると、Y10のリレーがONしているという条件が入っているので、Y11はY10の後にしかONできないようになっています。そこで、Y10がONしているときにX1をONすると、Y11が自己保持になりますが、同時にY10がOFFになるのですぐにY10はOFFになってしまいます。

このプログラムを修正すると、図3のようになります。

その後のプログラムを記述すると、図4のようになります。

プログラムの応用例〈送りネジの往復のプログラム〉

図4の動作順序で動くプログラムを使って送りネジの往復のプログラムを作ってみましょう。

図5のようなシステムを想定します。

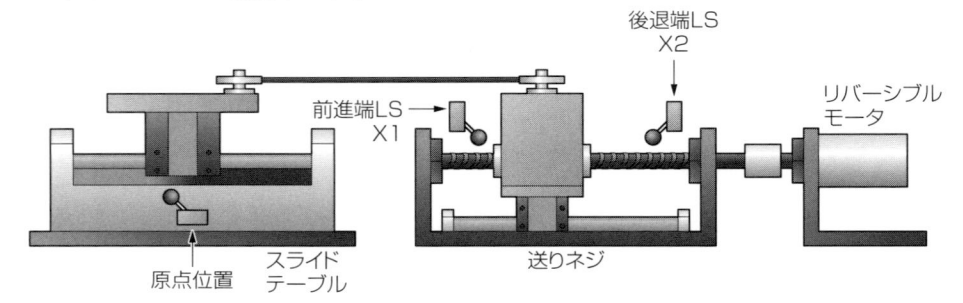

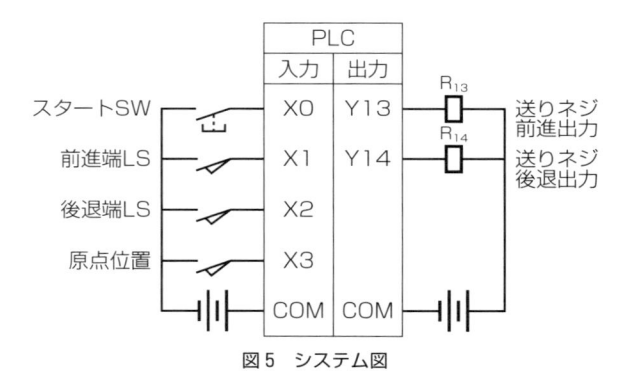

図5 システム図

スタートSWを押すと原点位置からまず前進端LSの位置まで前進し、前進端LS(X1)がONしたらすぐにモータを逆転して後退します。原点位置センサを通過して、後退端LS(X2)がONするまで戻り、ONしたら、もう一度前進して今度は原点位置で停止します。

このプログラムは、図4のプログラムによる順序動作を応用して作ることができ、そのプログラムは図6のようになります。

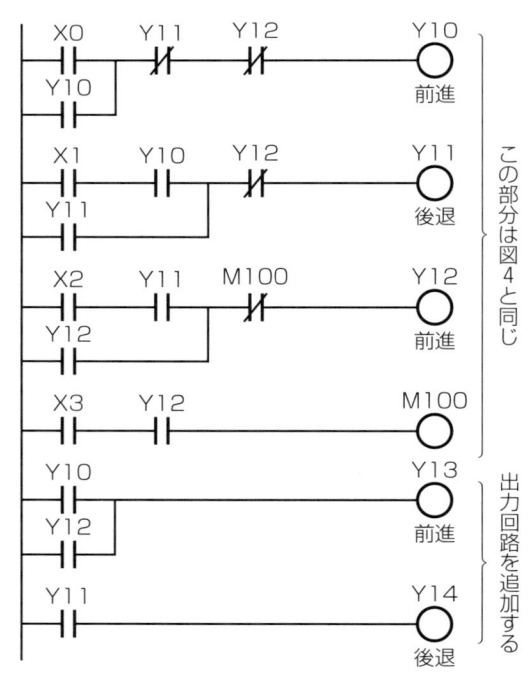

図6 シーケンスプログラム

4章 タイマとカウンタを使いこなす

機械システムを制御するには時間と回数の概念が必要です。それを制御プログラムの中で実現してくれるのがタイマとカウンタです。本章ではタイマとカウンタの特徴と、その使い方を詳細に解説します。

タイマとカウンタ　タイマ1

汎用タイマのコイルは一定時間通電を続けるとONになる

　出力リレーは、コイルに通電するとすぐにコイルがONになりましたが、タイマはコイルに通電してから一定時間が経過してからコイルがONになります。

　PLCのプログラムで利用する汎用のタイマはこのようなオンディレイタイマです。オンディレイタイマはタイマのコイルに一瞬通電しただけではONになりません。タイマのコイルに設定した時間だけ連続して通電してはじめてONになります。その後、通電が一瞬でも切れるとコイルはOFFになります。

　タイマはコイルに通電している時間を計って設定した時間に達するとコイルをONにします。

　コイルに通電している途中で一瞬でもOFFになるとその時点で計測値はゼロに戻ります。再度通電すると、そこからまた時間を計り直すので、再通電してから設定した時間だけ経過しないとONしません。図1のプログラムでは、入力スイッチX00を3秒間ONしてはじめてタイマT00のコイルがONになり、T00の接点が切換わって出力リレーY10がONになります。

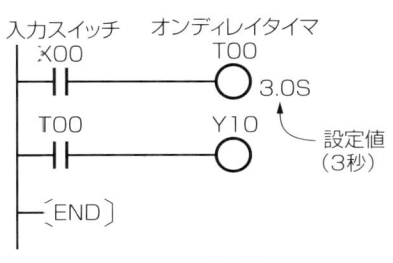

図1　タイマプログラム

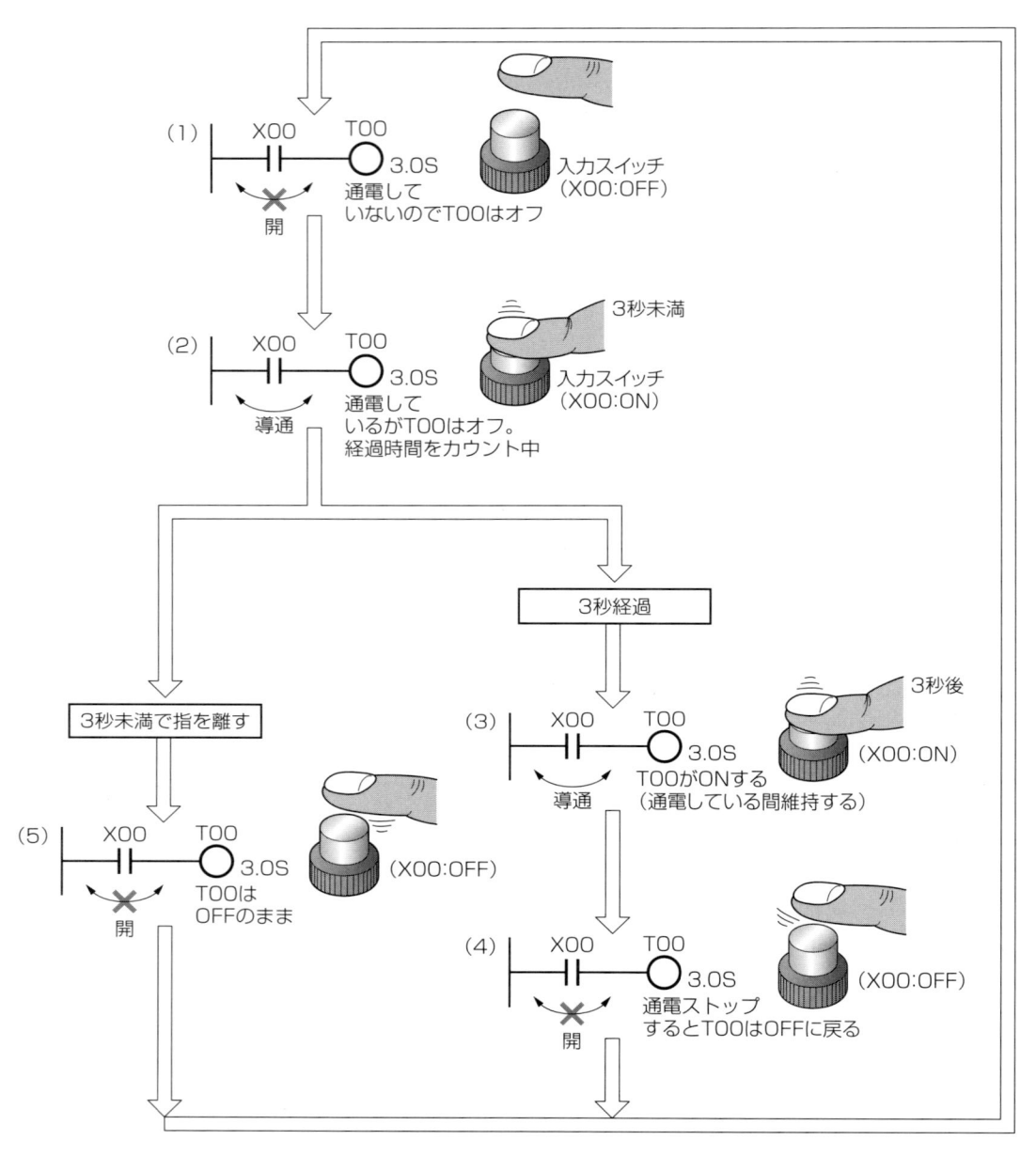

4章●タイマとカウンタを使いこなす

(1) X00 T00 3.0S
通電していないのでT00はオフ
開

入力スイッチ
(X00:OFF)

(2) X00 T00 3.0S
通電しているがT00はオフ。経過時間をカウント中
導通

3秒未満
入力スイッチ
(X00:ON)

3秒経過

3秒未満で指を離す

(3) X00 T00 3.0S
T00がONする（通電している間維持する）
導通

3秒後
(X00:ON)

(5) X00 T00 3.0S
T00はOFFのまま
開

(X00:OFF)

(4) X00 T00 3.0S
通電ストップするとT00はOFFに戻る
開

(X00:OFF)

｛入力スイッチを3秒間以上連続にしてONしておかないとタイマコイルはONしない。一度通電が切れると、すぐに入力スイッチをONしても、また0秒からかぞえなおす。｝

｛入力スイッチをONし始めてから3秒後にタイマコイルがONしてスイッチを離すとOFFになる。OFFになった後再度ONするには、また3秒以上通電する。｝

図2　タイマコイルのON-OFF動作

図1のタイマを使ったプログラムでは、入力スイッチX00が押されてから3秒間が経過するとT00のコイルがONになります。

図2には、この様子を示してあります。(3)のときだけT00のコイルがONしています。

T00のコイルがONすると、T00のa接点（ $\dfrac{T\,00}{\dashv\vdash}$ ）は閉じ、b接点（ $\dfrac{T\,00}{\dashv\!\!\!/\!\vdash}$ ）は開きます。

タイマの状態をタイムチャートを使って表現することがよくあります。図2の状態をタイムチャートにすると図3のようになります。

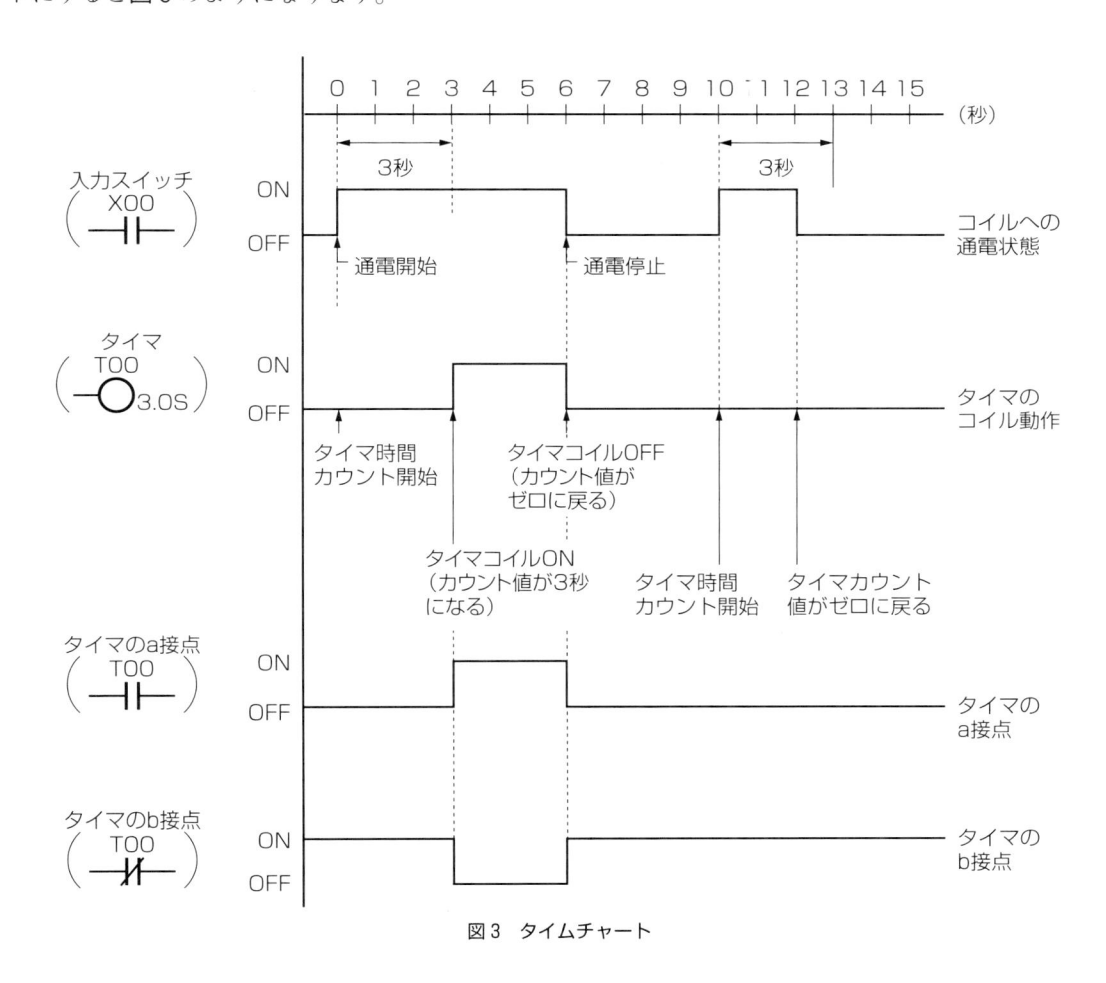

図3 タイムチャート

4章●タイマとカウンタを使いこなす

タイマとカウンタ タイマ2 コンベア上のワークがストッパに密着する時間を考慮する

ストッパの手前にセンサがあって、ワークをストッパにあてたところでコンベアを停止する場合、センサがONしてからストッパに密着するまでの時間を考慮してコンベアを停止します。

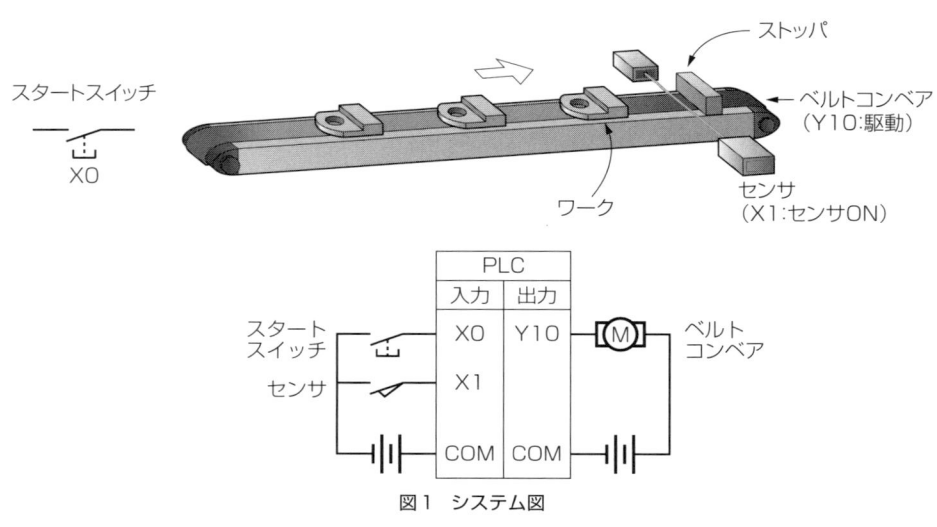

図1 システム図

（1）プログラム例1

図2のプログラム例1では、センサがONしている時間が1秒間経過していたらコンベアを停止するようになっています。

もしプログラムをスタートする時点で、図3のようにストッパの手前でワークが1秒以上止まっていた場合には、タイマがONしているのでワークは動けません。

図2 プログラム例1

ワークを検出してから1秒後にコンベアを停止する。

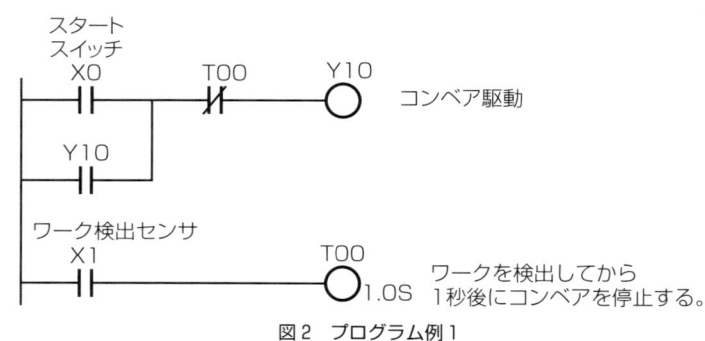

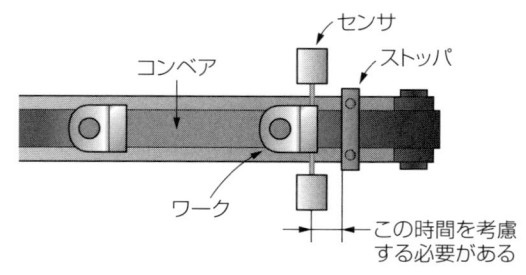

図3 センサの位置とストッパ

この時間を考慮する必要がある

（2） プログラム例2

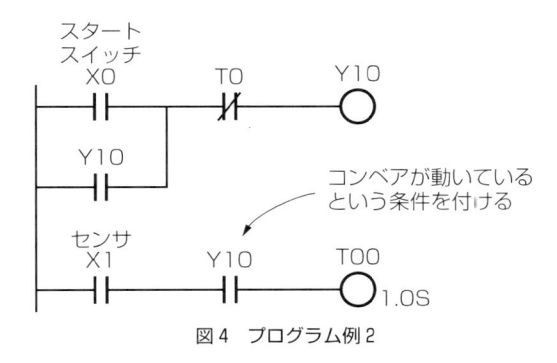

図4　プログラム例2

図4のプログラム例2は、コンベアが駆動しているときにしかタイマが有効にならないようにして、図3のような初期状態のときにでもワークがストッパに密着して停止するように改善したものです。

この回路の場合、何度もスタートスイッチが押されると、ワークがストッパに密着しているにもかかわらずコンベアは毎回1秒間駆動してしまうので、何回か繰返すうちに、次のワークがぶつかってしまうことが起こります。

（3） プログラム例3

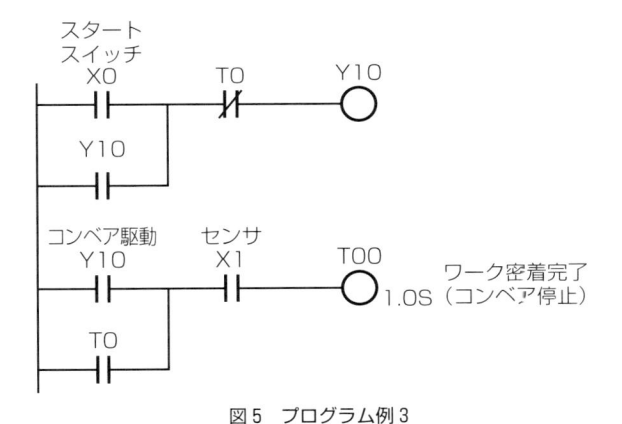

図5　プログラム例3

図5のプログラム例3は、センサがONした状態でコンベアが1秒以上駆動したときにストッパにワークが密着したという信号として扱ったものです。このようにすると、スタートスイッチが何回押されてもコンベアは最初の1回しか駆動しません。ワークが取り除かれるとT0の自己保持が解除されるので次のワークを送ることができます。

4章● タイマとカウンタを使いこなす

タイマとカウンタ タイマ3　ノイズが発生しやすい入力にはタイマを使う

　自動ドアの人感センサは、感度が良すぎるとちょっと人が横切っただけでも反応するので、始終ドアが開いてしまったりします。

　また、エレベータの行先階スイッチでは、一瞬でも誤って別の階のスイッチをさわってしまったときにその階のランプが点灯したのでは使いにくいものです。

　このようなときは、タイマを使って見かけ上センサの応答を悪くするような操作を施すようにします。ただし、このタイマの時間設定を不用意に長くするとセンサが働かないとか、スイッチがきかないといった不満が出るので注意します。

図1　自動ドアのプログラム

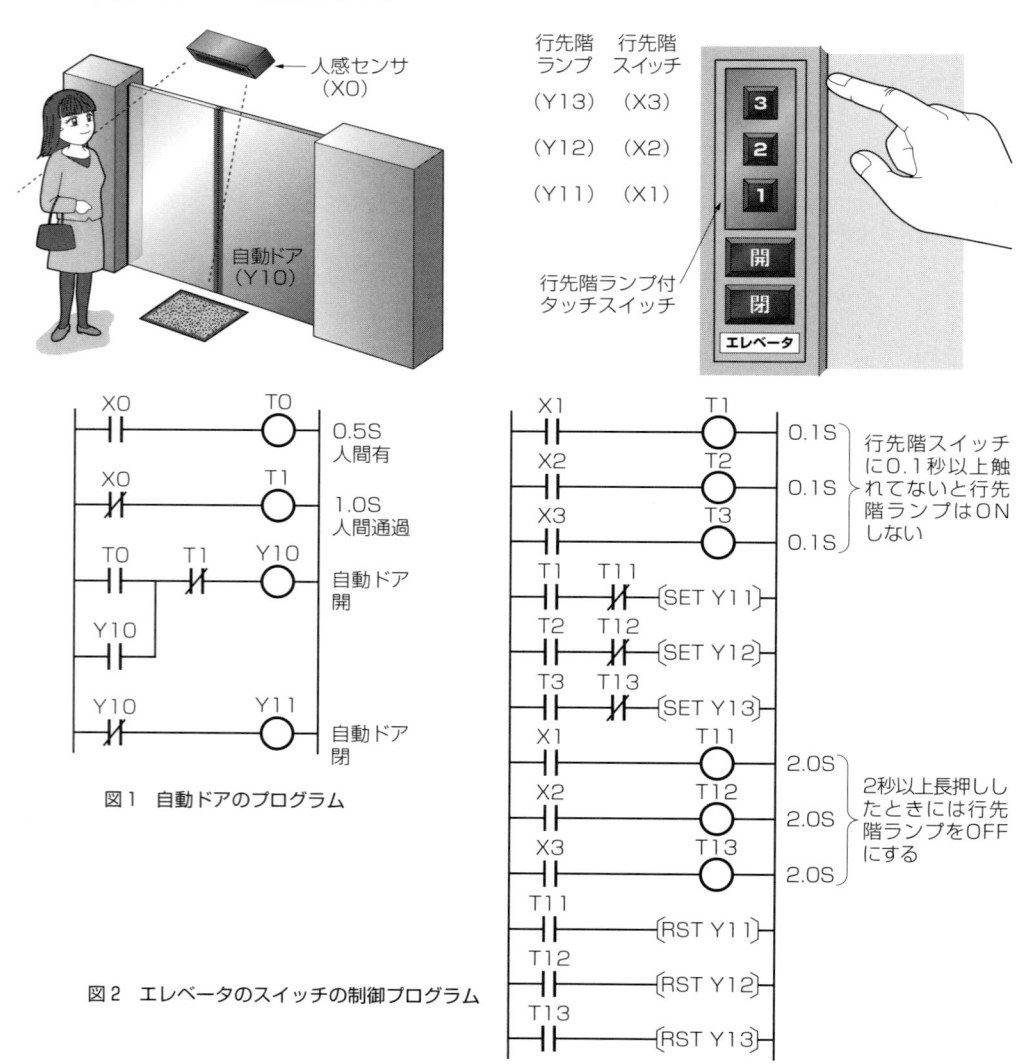

図2　エレベータのスイッチの制御プログラム

タイマとカウンタ タイマ4

乗り移りコンベア上のワークの有無にはタイマを使う

> コンベア上のあるエリアにワークが存在しないことを確認するには、コンベアが動いていてワークを検出するセンサが何秒間か連続してOFFになっていることを確認するようにします。このプログラムにはタイマを利用します。

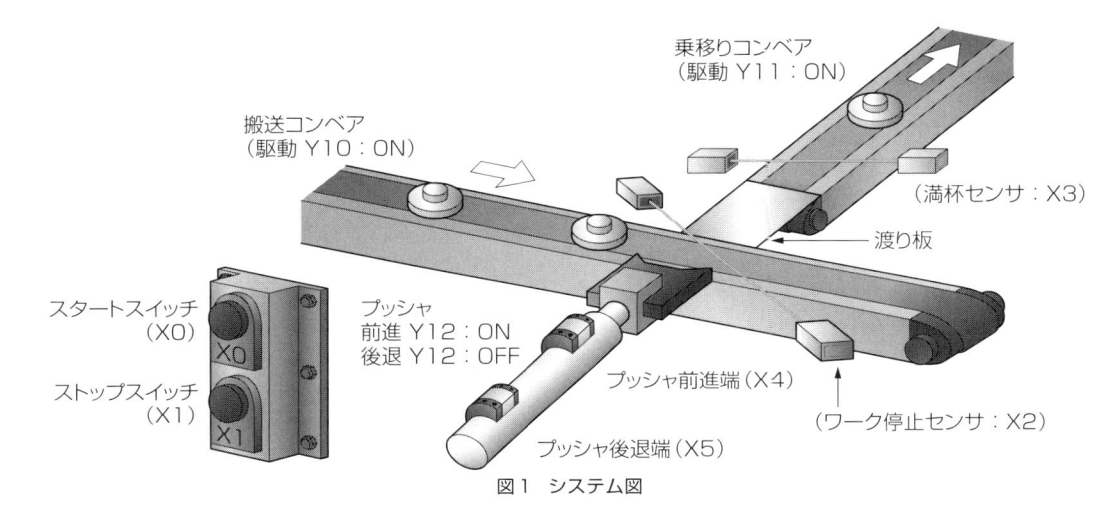

図1 システム図

コンベアの満杯センサは、斜めに取付けてワークがその範囲に存在しないことが確認できるようにします。さらにタイマを使ってセンサがOFFしてからのタイムラグを置くことで確実性を高めます。

図1のシステムは、搬送コンベアを流れてきたワークをワーク停止検出センサで止めて、プッシャが前進することで乗移りコンベアにワークを切出すものです。ストッパのないコンベア上でワークを停止するときに、斜めに光電センサを使うと、本来の停止位置より手前でセンサが反応することがあるので、このような場合にはタイマを使ってコンベアの停止タイミングをずらします。

このシステムを制御するPLCのI/O割付図は図2の通りです。シーケ

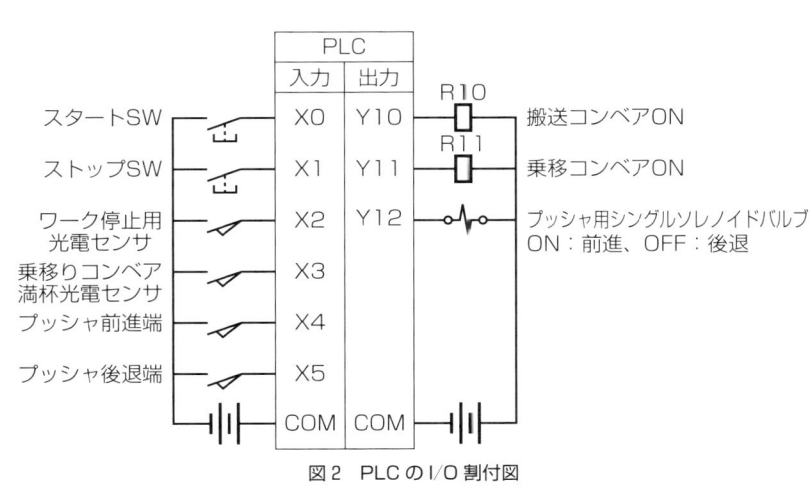

図2 PLCのI/O割付図

ンスプログラムは図3のようになります。タイマT01はワーク停止センサ（X2）でワークを検出してから0.5秒後にONするようになっていて、このタイミングでワーク搬送コンベアを停止します。タイマT02は乗移りコンベアの手前にワークが残っていないかを検出するために使っています。

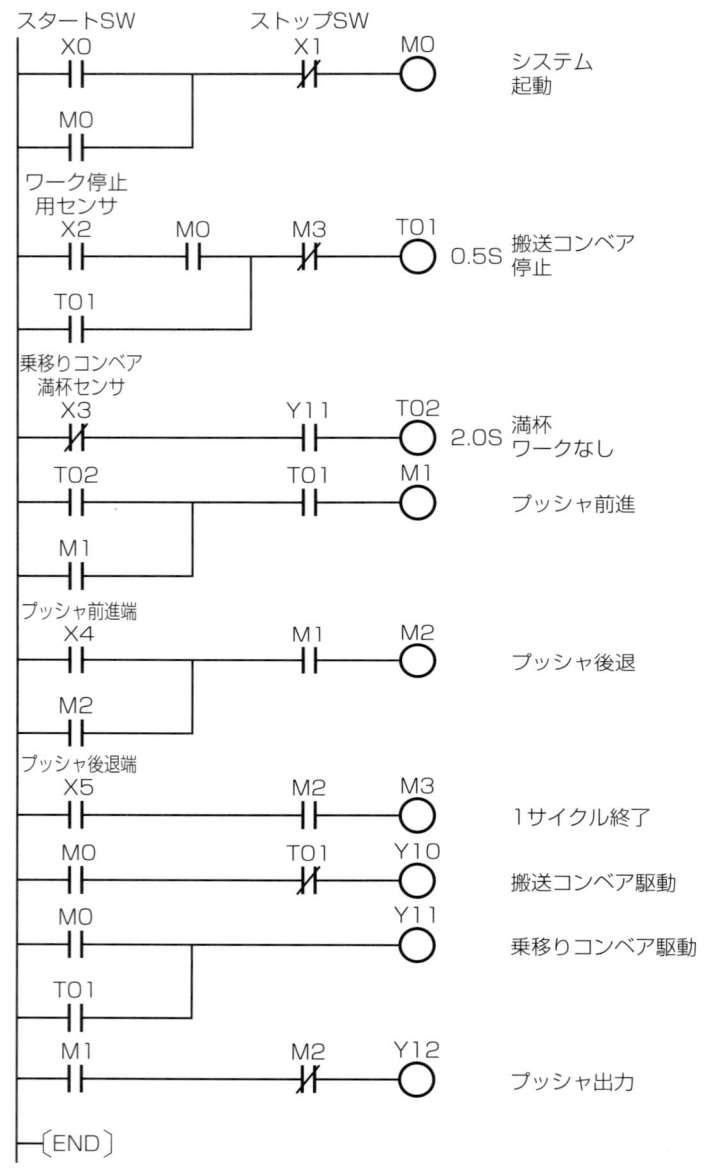

```
       スタートSW      ストップSW
         X0              X1         M0
       ──┤├──────┬──────┤/├─────────( )──────  システム
         M0      │                              起動
       ──┤├─────┘
       
       ワーク停止
       用センサ
         X2      M0      M3         T01
       ──┤├─────┤├──────┤/├─────────( )── 0.5S 搬送コンベア
         T01    │                              停止
       ──┤├────┘
       
       乗移りコンベア
       満杯センサ
         X3              Y11        T02
       ──┤/├─────────────┤├─────────( )── 2.0S 満杯
                                            ワークなし
         T02             T01        M1
       ──┤├──────┬──────┤/├─────────( )──────  プッシャ前進
         M1      │
       ──┤├─────┘
       
       プッシャ前進端
         X4              M1         M2
       ──┤├──────┬──────┤├──────────( )──────  プッシャ後退
         M2      │
       ──┤├─────┘
       
       プッシャ後退端
         X5              M2         M3
       ──┤├──────────────┤├─────────( )──────  1サイクル終了
       
         M0              T01        Y10
       ──┤├──────────────┤/├────────( )──────  搬送コンベア駆動
       
         M0                         Y11
       ──┤├──────┬─────────────────( )──────  乗移りコンベア駆動
         T01    │
       ──┤├────┘
       
         M1              M2         Y12
       ──┤├──────────────┤/├────────( )──────  プッシャ出力
       
       ─[END]
```

図3　シーケンスプログラム

タイマとカウンタ カウンタ1 — 汎用カウンタはコイルの立上がりでカウントし、リセット回路でクリアする

汎用カウンタは、コイルへの入力が OFF から ON に変化するとき（立上がり時）に1回ずつカウントしていきます。カウント値が設定した値に達すると、カウンタのコイルが ON になります。カウンタのコイル（例：C40）が ON になると、他のリレーと同じように、その番号の a 接点（例：C40）は閉じて、b 接点（例：C40）は開きます。カウント値をリセットして初期状態に戻すには、リセットという特別の操作をします。PLC によっては、タイマとカウンタは重複した番号にできないことがあるので注意します。

（1） Melsec シリーズのカウンタの使用例

図1のシステムを使ってカウンタの動作を確認してみます。

図2のプログラムは、カウント用入力 SW X00 が20回 ON-OFF を繰返したらランプ出力が ON するようにしたものです。Melsec シリーズのカウンタでは、カウント入力 X0 が1回 ON するたびにカウンタ C100 の値は 0 から 1、2、3 と増えていって設定した値になると、C100 のコイルが ON してその a 接点 C100 が ON します。カウンタリレーコイルを RST 命令でリセットするとカウント値は初期状態に戻ります。図2にはそのプログラム例が記述されています。

X1 が ON して X1 が閉じると ─〔RST C100〕が実行されて C100 のカウント値をリセットします。

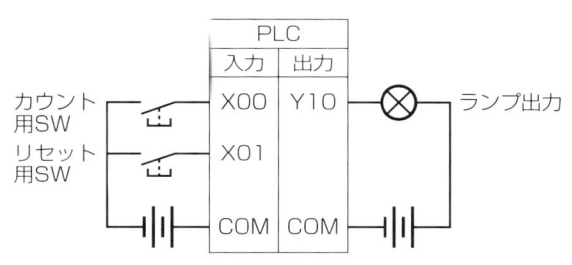

図1 PLC の I/O 割付図（Melsec シリーズの例）

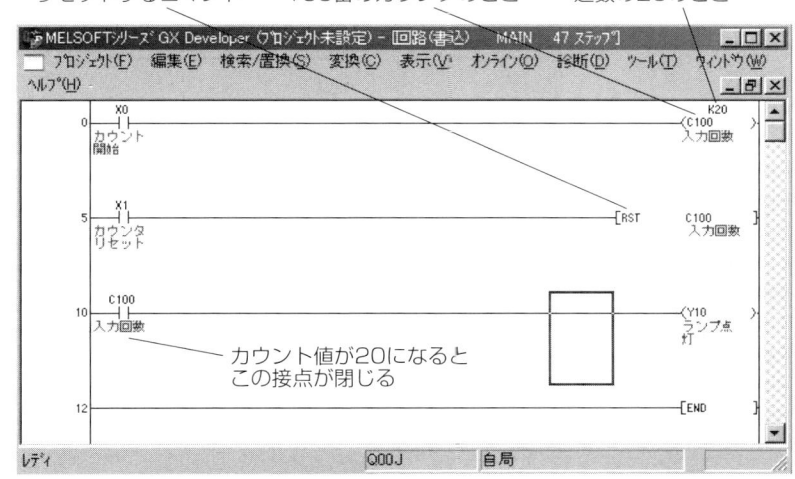

図2 Melsec シリーズのカウンタ例

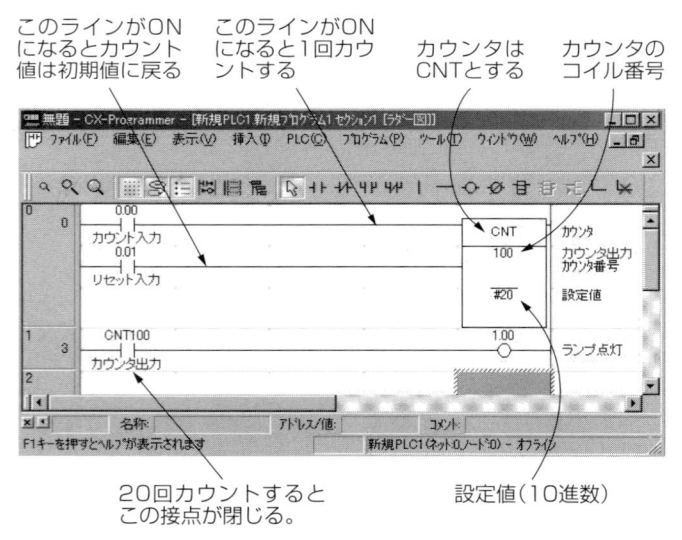

（2） Sysmac C シリーズのカウンタの使用例

Sysmac C シリーズのカウンタはブロック出力で記述します。カウンタのブロックには、入力が2つあって上側がカウント入力で、下側がリセット入力になっています。カウント値は初期値が設定値と同じ値でカウント入力の立上がりで1つずつマイナスしていき、ゼロになるとコイルが ON になります。

図3のようなシステムを使って Sysmac C シリーズの PLC で、カウント用 SW の ON-OFF 回数を20回数えたらランプが点灯するプログラムを図4に示します。

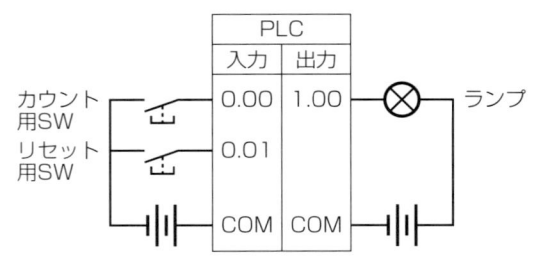

図3　PLC の I/O 割付例（Sysmac C シリーズ）

図4　Sysmac C シリーズのカウンタの例

タイマと カウンタ	シーケンスプログラム中の動作
カウンタ2	を繰返すにはカウンタを使う

> カウンタは単に入力の ON-OFF の回数をかぞえるだけでなく、同じ動作を決められた回数だけ繰り返すときにも使うことができます。

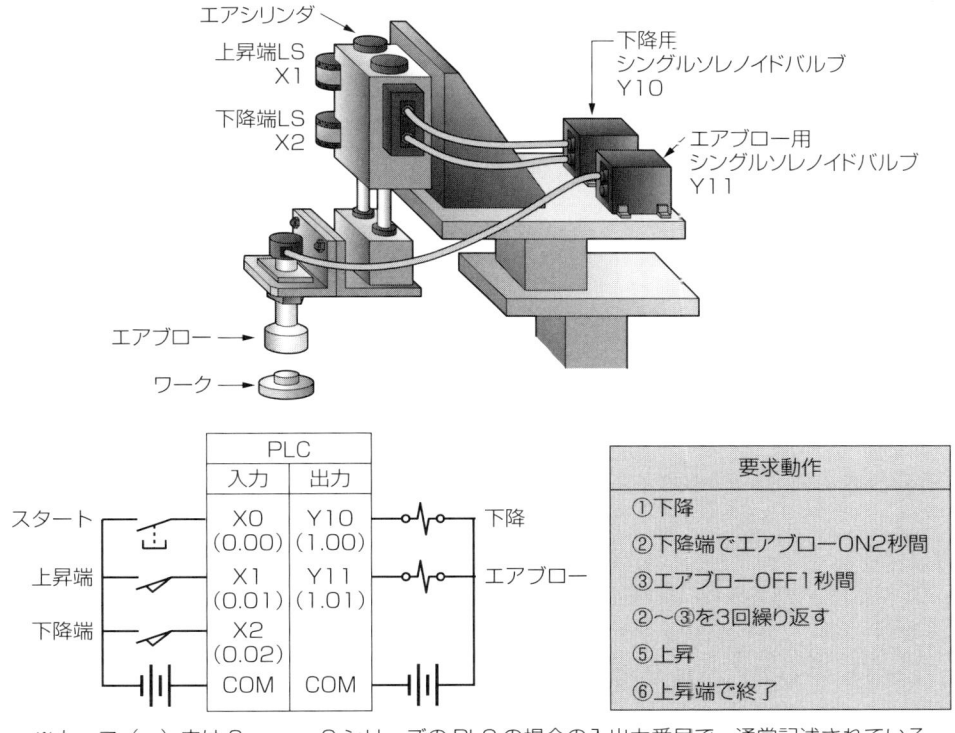

エアシリンダ
上昇端LS X1
下降端LS X2
下降用シングルソレノイドバルブ Y10
エアブロー用シングルソレノイドバルブ Y11
エアブロー →
ワーク

PLC

入力	出力
X0 (0.00)	Y10 (1.00)
X1 (0.01)	Y11 (1.01)
X2 (0.02)	
COM	COM

スタート / 上昇端 / 下降端 / 下降 / エアブロー

要求動作
① 下降
② 下降端でエアブローON2秒間
③ エアブローOFF1秒間
④ ②～③を3回繰り返す
⑤ 上昇
⑥ 上昇端で終了

※カッコ（　）内は Sysmac C シリーズの PLC の場合の入出力番号で、通常記述されているものは Melsec シリーズの入出力番号

図1　システム図

　図1のようなシステムで、スタートSWを押したらエアシリンダに付いているエアブローがワーク近くまで下降して、カウンタで設定された回数だけエアを吹き付けてから上昇します。
　吹き付ける回数は、カウンタの設定値を変更すれば何回にでも変更できるようにします。
　MelsecシリーズのPLCで制御するときのシーケンスプログラムを図2に示します。
　同じ動作を Sysmac C シリーズの PLC で作ったときのシーケンスプログラムは図3のようになります。

4章●タイマとカウンタを使いこなす

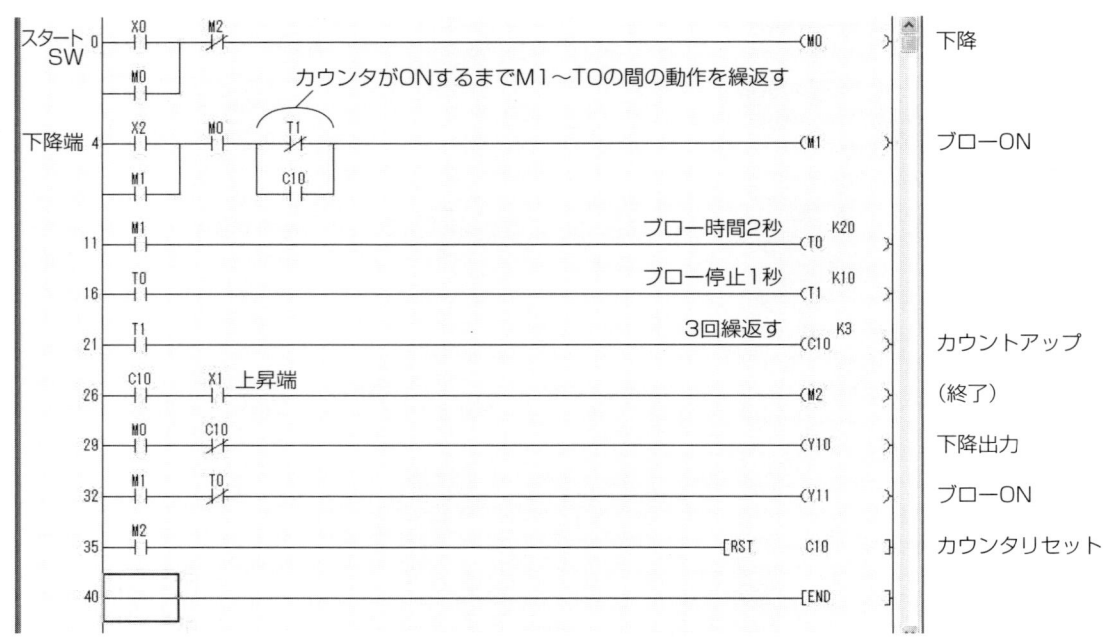

図2　Melsec シリーズによるプログラム例

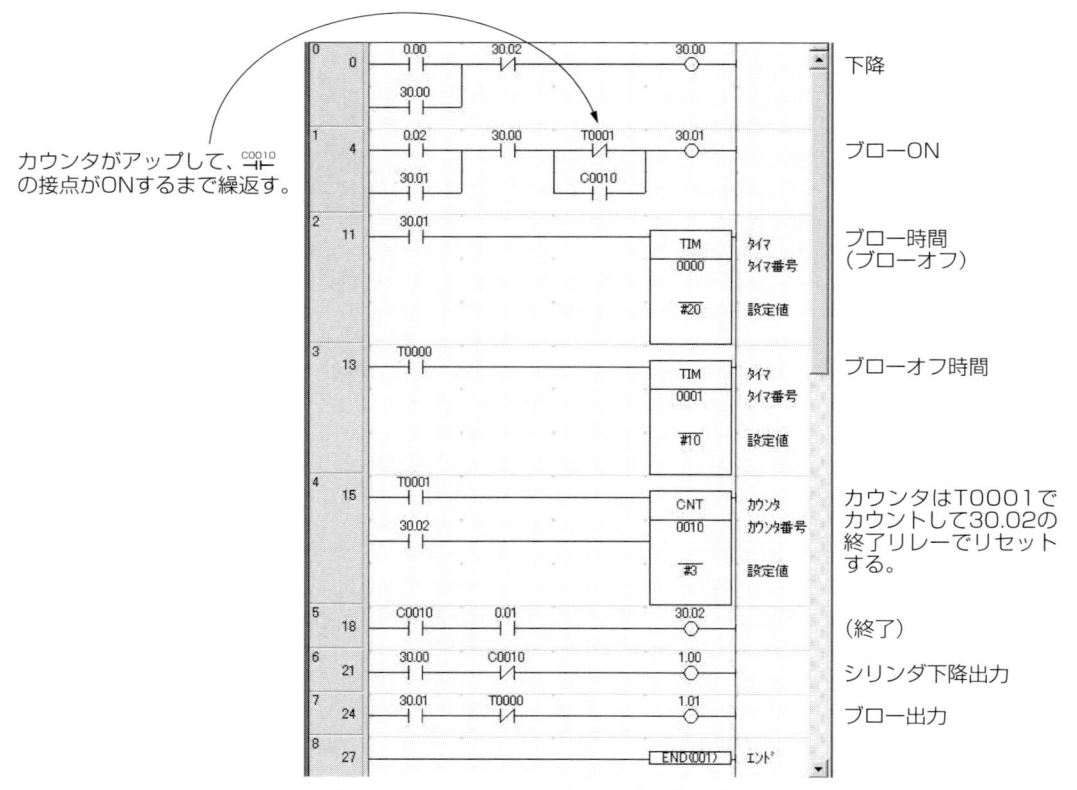

図3　Sysmac C シリーズによるプログラム例

5章 パルス命令を使いこなす

パルス命令は、信号の立上がりか立下がりで1サイクルだけONする便利な命令です。PLCを使ったシーケンスプログラムでは、このパルス命令を上手に使いこなすとプログラムづくりが楽になってきます。
本章では、パルス命令の特徴とその利用方法について解説します。

パルス命令 パルス1 パルス命令は1サイクルだけONする

PLCはサイクリックに演算を繰返していますが、1サイクルだけ信号をONにしておくのがパルス命令です。パルス命令が実行されると、1サイクルだけその部分の信号がONになり、次のサイクルで信号はOFFになります。

パルス命令の直前の信号の条件が変化しない限り次のパルスを出すことはありません。

```
入力スイッチ        パルス命令      パルス動作
  X00                              をするリレー
──┤├──────────────[PLS M300]
```
(1) Melsec A.Q FXシリーズの場合

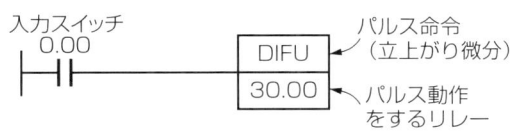

```
入力スイッチ                      パルス命令
  0.00                    ┌─DIFU─┐ (立上がり微分)
──┤├──────────────│ 30.00 │ パルス動作
                          └──────┘ をするリレー
```
(2) Sysmac Cシリーズの場合

図1 出力リレーのパルス化

最も一般的なパルス命令は、リレー出力をパルス化したもので図1のように記述します。

PLSはパルス（Pulse）の略で、DIFUは微分（DIFerential）と立上がり（Up）をミックスしたものと憶えるとよいでしょう。

この例では、0番の入力リレーの接点がOFFからONに変化したときに指定したリレーが1サイクルだけONするパルス動作をします。

パルス命令 パルス2　パルス命令でスイッチの動作を検出する

> パルス命令には、立上がりパルスと立下がりパルスがあります。立下がりパルスはMelsecシリーズのPLCではPLFと記述し、Sysmac CシリーズのPLCではDIFDと記述します。

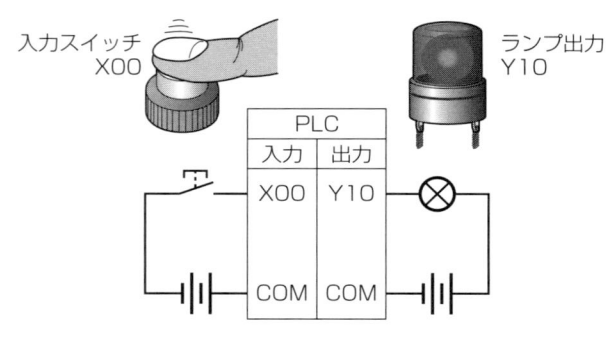

図1　システム図（Melsecシリーズ）

図1のように、PLCにスイッチとランプが接続されているシステムで説明します。信号がOFF→ONに変化した立上がりをとらえて1スキャンだけONするのが、PLS命令ですから、図2のプログラムでは、入力スイッチX00が押された瞬間にY10が自己保持になります。

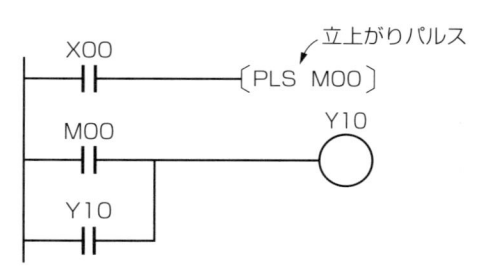

図2　入力スイッチを押したとき点灯する

一方、図3のプログラムでは、X00がON→OFFに変化する立下がりをとらえて1スキャンだけM00がONすることになるので、入力スイッチが押されたままの状態ではパルスは発生しません。

そのスイッチを押す手を放したときはじめてX00がON→OFFに変化するので、その時にY10が自己保持になります。

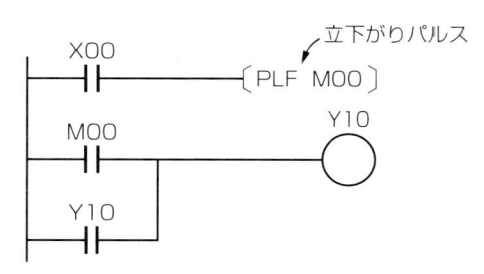

```
        X00                    立下がりパルス
        ─┤├─────────────[PLF M00]
        M00                    Y10
        ─┤├──────────┬─────────( )
        Y10          │
        ─┤├──────────┘
```

図3 入力スイッチを押して放したとき点灯する

表1の(1)には立上がり・立下がりパルス出力命令の書式を示します。この他に、リレー接点の立上がり・立下がりでパルス出力をする命令を(2)、(3)に紹介します。この場合、パルス出力をするリレーを使う必要がないのでその分プログラムを短くすることができます。

表1 パルス命令の書式

		Melsec	Sysmac C	
		Q・A・FX	C200H	CS1
(1) パルス 出力命令 (※注意)	立上がり	─[PLS リレーNo.] ニーモニック PLS リレーNo.	─[DIFU / リレーNo.]	ニーモニック DIFU リレーNo.
	立下がり	─[PLF リレーNo.] ニーモニック PLF リレーNo.	─[DIFD / リレーNo.]	ニーモニック DIFD リレーNo.
(2) パルス LD命令	立上がり	リレーNo. ─┤↑├─ ニーモニック LDP リレーNo.	なし	リレーNo. ─┤↑├─ ニーモニック @LD リレーNo.
	立下がり	リレーNo. ─┤↓├─ LDF リレーNo.		リレーNo. ─┤↓├─ %LD リレーNo.
(3) パルス AND命令	立上がり	リレーNo. ─┤↑├─ ニーモニック ANDP リレーNo.	なし	リレーNo. ─┤↑├─ ニーモニック @AND リレーNo.
	立下がり	リレーNo. ─┤↓├─ ANDF リレーNo.		リレーNo. ─┤↓├─ %AND リレーNo.
(※注意)		Melsecシリーズでは、一般にニーモニック命令の後にPを付けると入力条件の立上がり時に実行されるようになる。Fを付けると立下がりパルス命令になる。	Sysmac Cシリーズでは、一般にニーモニック命令の前に@を付けると入力条件の立上がり時に1スキャンだけ命令が実行されるようになる。%を付けると立下がりパルス命令になる。	

パルス命令 パルス3 安全にスイッチを切る回路

> パソコンの電源スイッチは、スイッチを押したらすぐに起動するようになっていますが、電源を切るときにはスイッチをいったん押して、放したときに切れるようになっています。このように、スイッチを放した動作をシーケンスプログラムで作るときには、パルス命令を使うと簡単に実現できます。

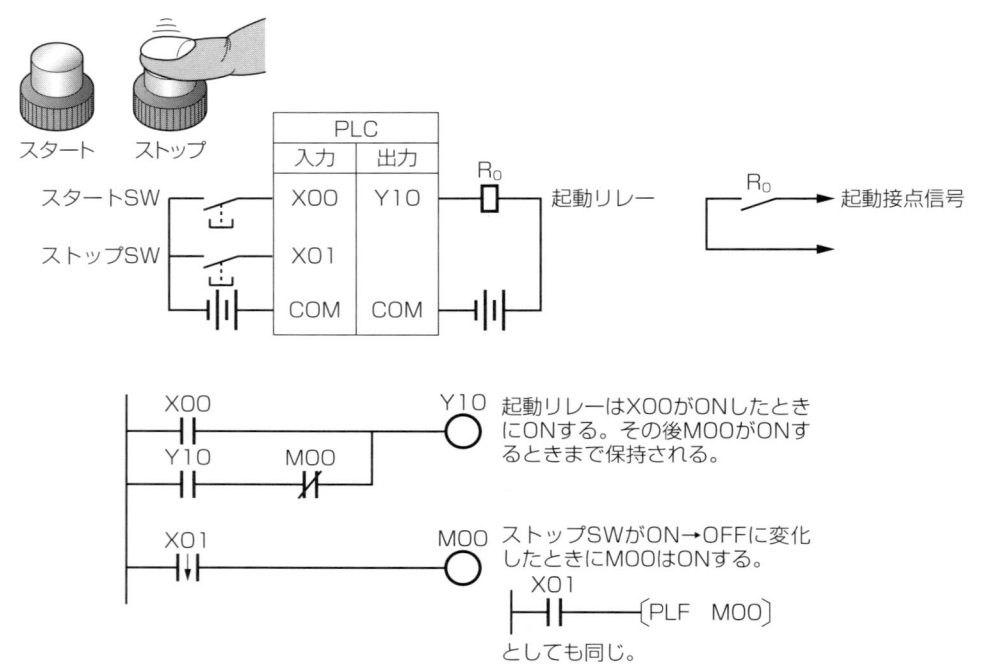

図1 ストップスイッチを放したときに切れる回路

起動リレーはX00がONしたときにONする。その後M00がONするときまで保持される。

ストップSWがON→OFFに変化したときにM00はONする。

```
 X01
──┤├──[PLF  M00]
```
としても同じ。

図1のプログラムでは、スタートSW（X00）がONすると無条件にY10がONになり、自己保持されてY10はONしたままになります。同時に起動リレーR_0がONします。

その後、ストップSW（X01）をいったん押して、放すときに、M00がONするのでY10の自己保持が解除されて起動リレーR_0はOFFになります。

ここで、ストップSWを手で押してしまったものの、本当は停止したくないというときには、押した手を放さずに、スタートSWを押して、ストップSW→スタートSWの順に手を放すと起動リレーはOFFになりません。このような自己保持回路の作り方を起動優先になっていると呼びます。

パルス命令 パルス4 — 機械操作をパルス命令で記述する

パルス命令を使うとリミットスイッチがOFFからONに変化したタイミングや、ONしていたリミットスイッチが離れたというタイミングをとらえることができます。その信号を使って機械を操作するプログラムを簡易的につくることができます。

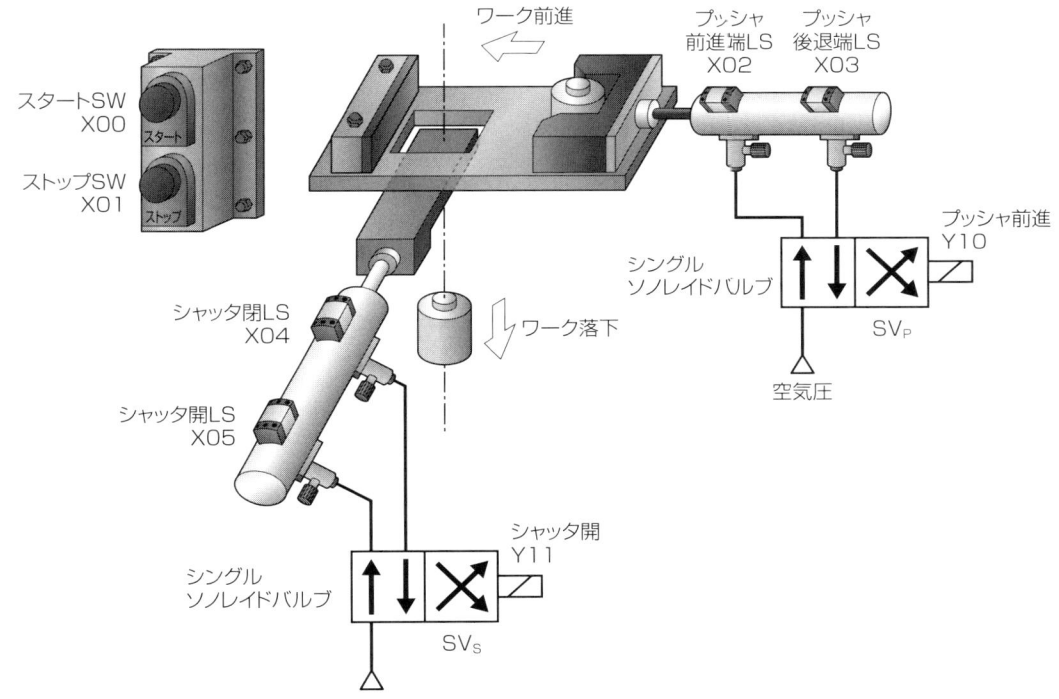

図1のシステムは、プッシャによってワークを孔位置まで前進して、タイミングを見てワークを落下させるものです。このプログラムをパルス命令を使って作ってみます。

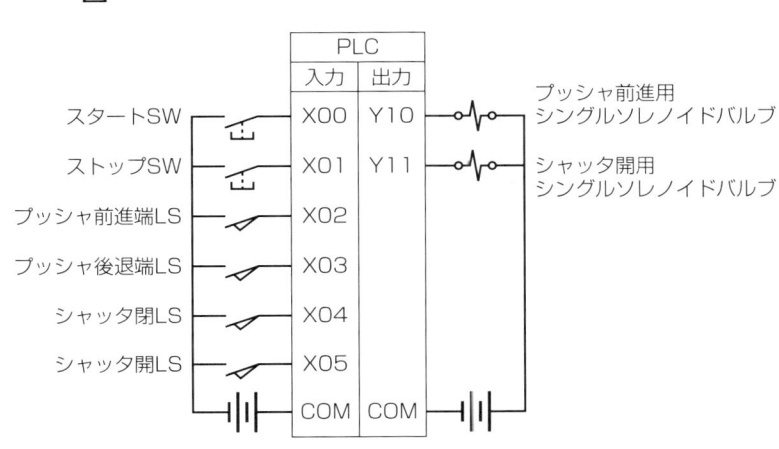

図1 シリンダを使ったワーク移動装置

（1） プログラム例1

プッシャがワークを押して前進端に来たという信号を立上がりパルスでとらえて、シャッタを開けてワークを落下させるようにします。シリンダが動いてプッシャ前進端LS（リミットスイッチ）をONさせるとLSの入力はOFF→ONに変化するので立上がりパルス（↑）が使えます。図2はその動作順序です。各動作は立上がりパルスで認識することができます。

これをニーモニク言語で記述したものが図3のプログラムです。同じものをラダー図にすると図4のようになります。

動作順序	信号の変化
①スタートSW：ON ②プッシャ前進	X00　↑ Y10　セット
③プッシャ前進端LS：ON ④シャッタ開出力	X02　↑ Y11　セット
⑤シャッタ開LS：ON ⑥プッシャ後退	X05　↑ Y10：リセット
⑦プッシャ後退端LS：ON ⑧シャッタ閉出力	X03　↑ Y11：リセット
⑨シャッタ閉LS：ON	X04　↑

図2　動作順序

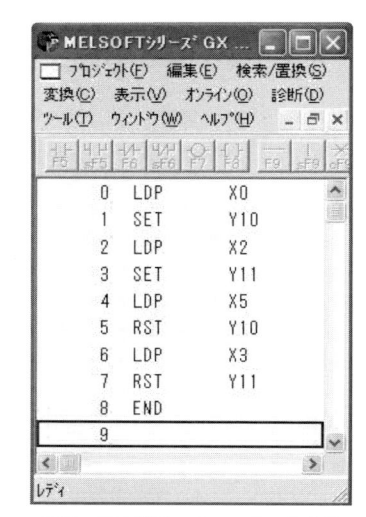

```
0  LDP  X0
1  SET  Y10
2  LDP  X2
3  SET  Y11
4  LDP  X5
5  RST  Y10
6  LDP  X3
7  RST  Y11
8  END
9
```

図3　プログラムのニーモニク表示

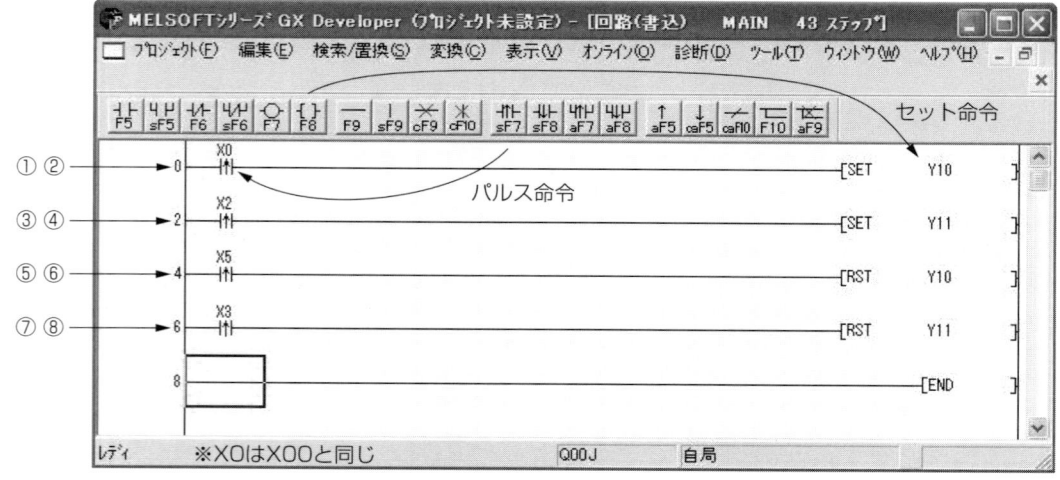

図4　シーケンスプログラム（Melsecシリーズ PLC）

（２） プログラム例２

プッシャがワークを押して前進端に移動した後ワークが安定する時間をおいてから後退するようにプログラム例１を修正します。さらに、後退しはじめて前進端のLSがON─→OFFになったところでシャッタを開くようにしてみます。ON─→OFFの変化は立下がりパルスでとらえることができます。動作の順序は図５のようになります。これをラダー図にすると図６のように記述することができます。

動作順序	信号の変化	
①スタートSW：ON	X00	↑
②プッシャ前進	Y10	セット
③プッシャ前進端LS	X02	ON
④タイマ１秒	T00	1.0S
⑤タイマアップ	T00	↑
⑥プッシャ後退	Y10	リセット
⑦プッシャ後退開始	X02	↓
⑧シャッタ開	Y11	セット
⑨シャッタ開LS ON	X05	ON
⑩タイマ２秒	T01	2.0S
⑪タイマアップ	T01	↑
⑫シャッタ閉	Y11	リセット
⑬シャッタ閉LS ON	X04	↑

図５　動作順序

⑦、⑧の回路に使われている X2 ─┤↓├─ という立下がりのパルス命令は、初期状態でX2のコイルがOFFなので、CPUをRUNしたときに立下がりパルスが発生してしまう誤動作が起こる場合がある。
そこで次のようなM00をスタートフラグとして用意して、このフラグがONしているときにだけ、Y11がセットされるようにプログラムを変更するとよい。

（追加部）

```
 X00
──┤├──────────────────[SET M00]  スタートフラグのセット

 X04
──┤├──────────────────[RST M00]  スタートフラグのリセット
```

（修正部）

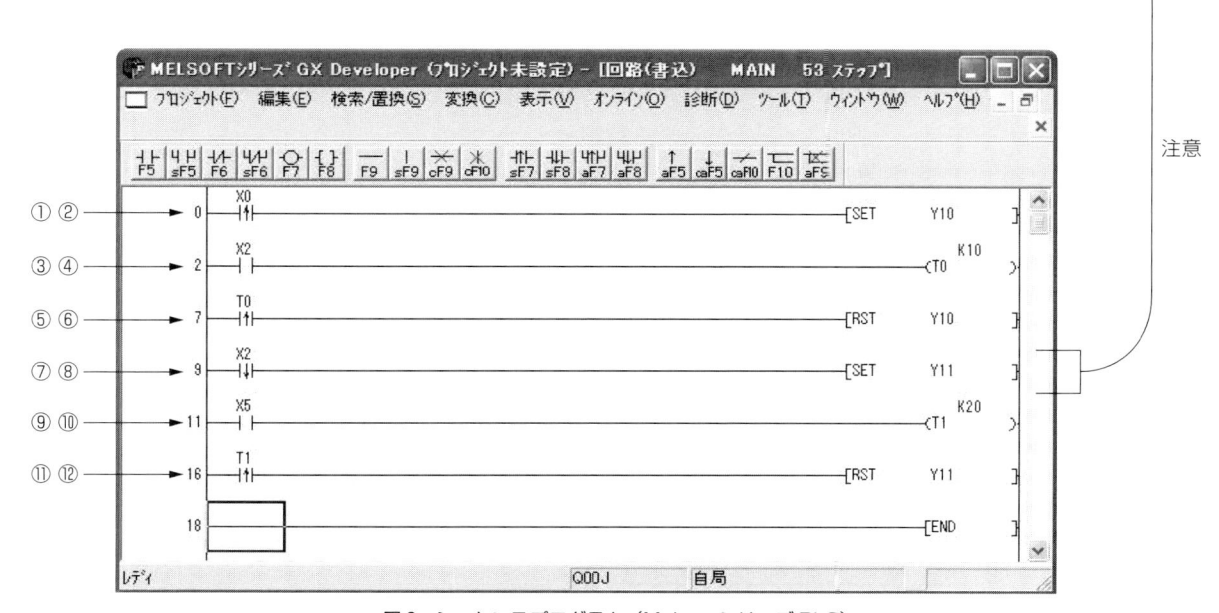

```
 X02    M0
──┤↓├──┤├──────────────[SET Y11]
```

図６　シーケンスプログラム（Melsec シリーズ PLC）

パルス命令 パルス5 クランクの1往復動作をパルスを使ってプログラムする

図1のシステムの、クランクアームを、モータで1回転させて毎回同じ位置に停止するシーケンスプログラムをつくります。

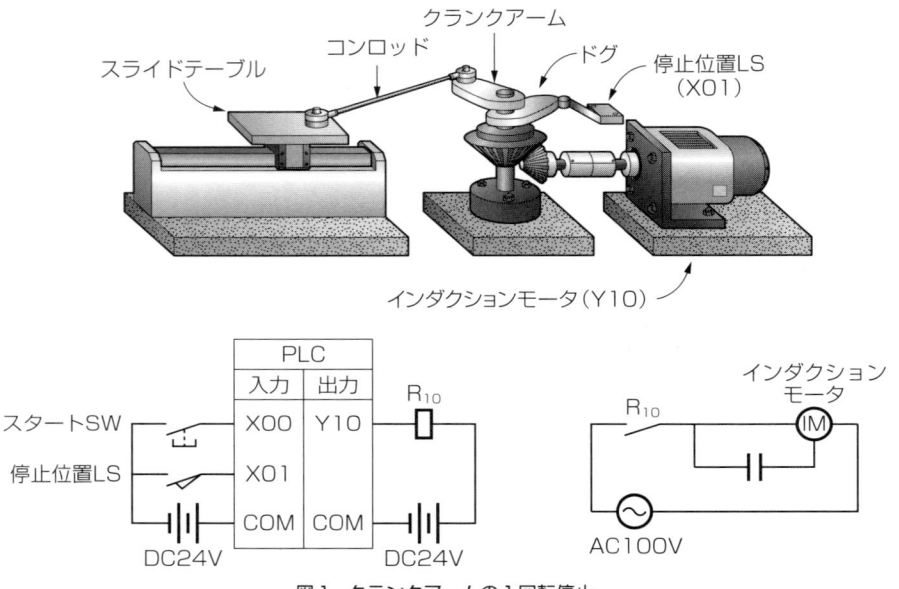

図1 クランクアームの1回転停止

スタートSWを押すと、PLCの出力リレーY10をONにしてインダクションモータが起動してクランクアームを回転します。クランクアームの軸に付いているドグもクランクアームと一緒に回転するので、1回転して停止位置LS（X01）がONしたところで停止します。

ドグが1回転すると、X01はOFFからONに変化するので、この瞬間を立上がりパルスでとらえてモータを停止します。図2にそのプログラムを示します。

スタートSWが押されたら、モータ駆動出力を自己保持にする。

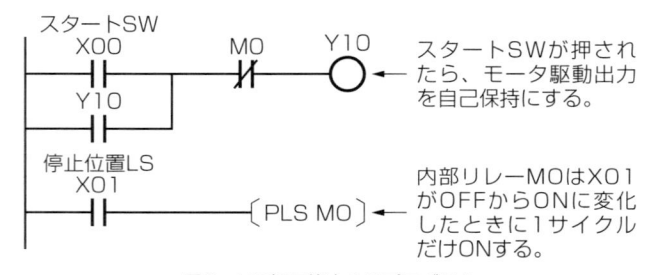

内部リレーM0はX01がOFFからONに変化したときに1サイクルだけONする。

図2 1回転で停止するプログラム

パルス命令
パルス6

長くスイッチを押すとエラーを起こすときはスイッチ入力をパルス化する

図1のようなシステムでレーザをワークに0.5秒間照射するプログラムを作ってみます。照射スイッチ（X01）を押したらレーザ照射指令出力（Y10）を0.5秒間ONします。

図1 レーザを0.5秒間照射する

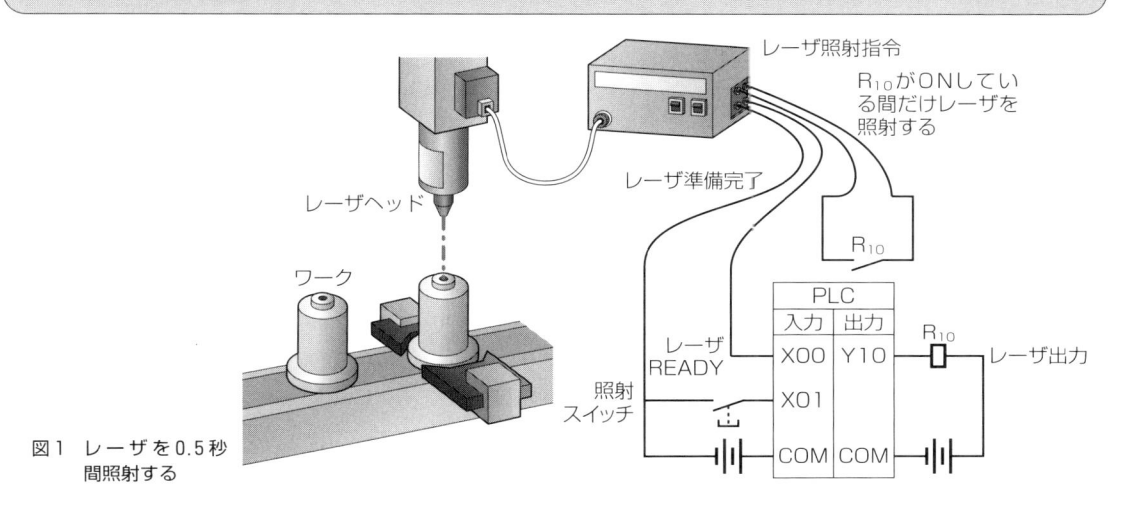

図2のプログラムでは、X01を押すとY10が自己保持になります。タイマT0が0.5秒後にONすると $\frac{T0}{\|}$ の接点で自己保持が解除されます。

照射スイッチを0.5秒以内に放せばこの動作はうまくいきますが、X01を押しつづけるとY10は0.5秒毎に一瞬切れるだけでほぼ連続して出力してしまいます。

そこで、$\frac{X01}{\|}$ を $\frac{X01}{\|\uparrow\|}$ に変更して自己保持の開始条件を照射スイッチの立上がりパルスに変更します。照射スイッチを押しつづけてもパルスは一度しか出ないので0.5秒間の照射時間が守られるようになります。

この例の場合、図3のようにタイマを自己保持にしてレーザ出力を停止するという方法を考える方もいるかもしれませんが、いったん自己保持にしたタイマをどの信号でリセットするかが問題になります。万一、照射中にタイマがリセットされることが起こると照射時間は長くなってしまいます。

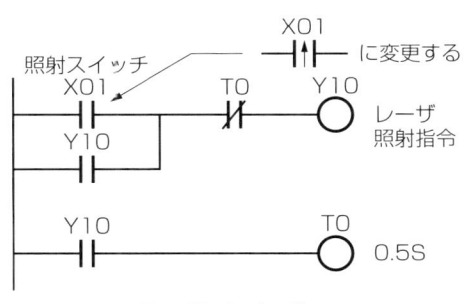

図2 誤ったプログラム

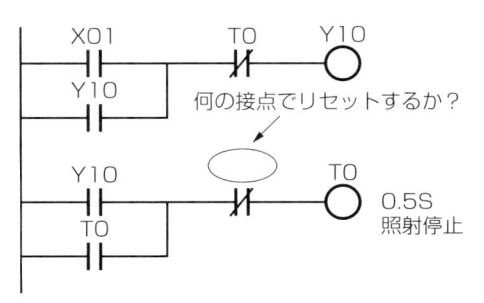

図3 タイマを自己保持にした停止プログラム

パルス命令 パルス7　ストロークエンドのリミット信号にはパルスを使わない

> 図1のシステムは、Y10がONすると送りネジが前進し、Y11がONすると後退するようになっています。前進端（X02）がONしているときにY10がONしたり、後退端LS（X03）がONしているときにY11がONすると機械を壊してしまうことがあるので注意が必要です。

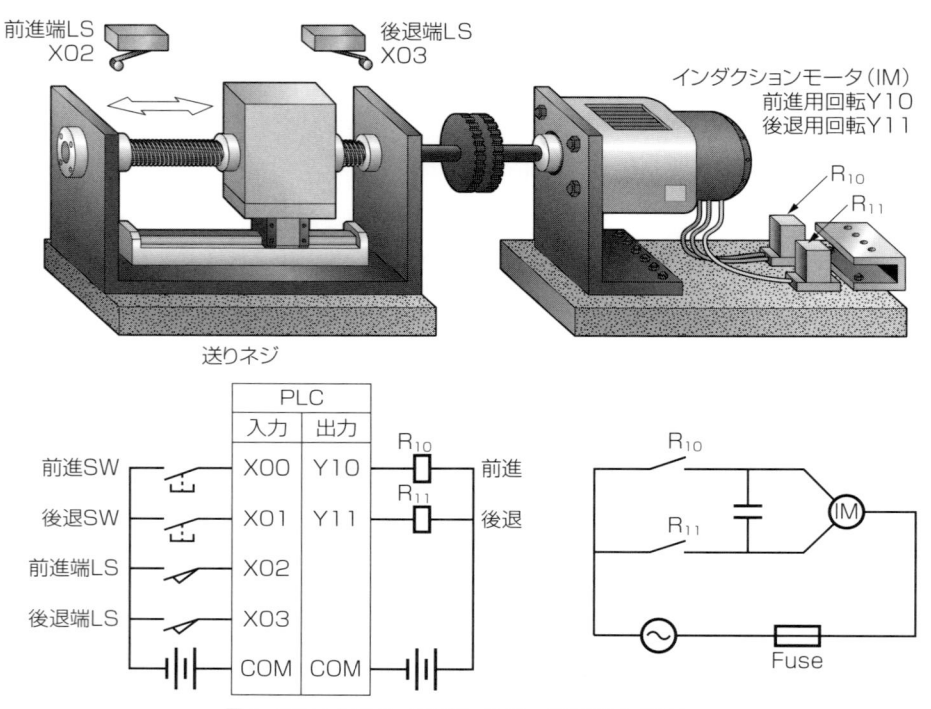

図1　リミットスイッチを使ったモータの停止システム

このシステムをはじめて動かすときなどには、図2のような簡単な動作チェック用のプログラムを作って、前進と後退の動作を確認するのが一般的です。

このシステムを自動で動かすときのプログラムの注意点を次に述べることにします。

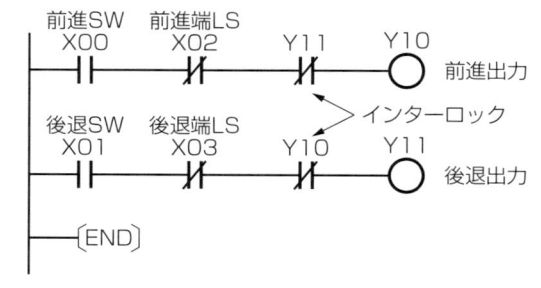

図2　動作チェックプログラム

（１） 自動前進停止のプログラム

前進 SW を押すと前進して、前進端 LS で停止するプログラムを作ります。再度前進 SW が押されても動作しないようにします。

❶ 誤ったプログラムの例

図3のプログラムでは、前進 SW を押すと Y10 が自己保持になって送りネジが前進し、前進端 LS が OFF→ON に変化した立上がりパルスで停止するので一見よさそうです。ところが、このプログラムでは前進端 LS（X02）が ON しているときに再度前進 SW が押されると、前進出力（Y10）が ON して、今度は止まらなくなってしまいます。立上がりパルスはリレーが OFF から ON に変化した瞬間に1回だけ ON になるので、はじめから ON しているときにはパルスにならないわけです。

図4のプログラムも同じ理由でうまく動作しません。

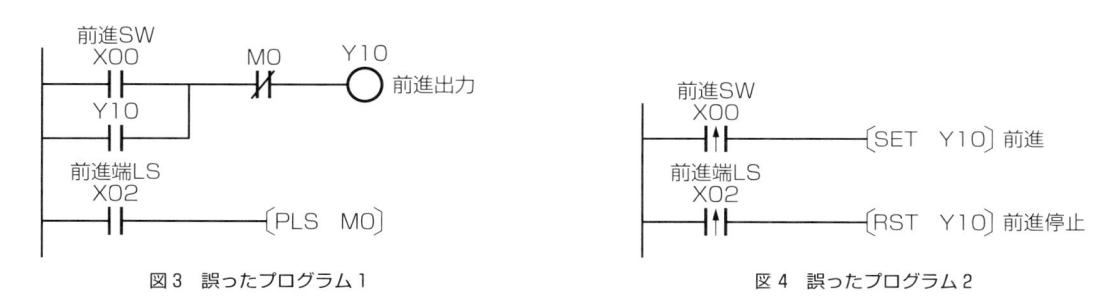

図3　誤ったプログラム1　　　　　図4　誤ったプログラム2

❷ 正しいプログラムの例

図5のプログラムは、前進端 LS（X02）が ON したら必ず前進出力（Y10）が OFF になるように図3のものを修正してあります。さらに、前進 SW（X00）が押されても X02 が ON しているときには Y10 に出力されることがないように配慮してあります。図6は、図4のプログラムを修正したものです。〔SET Y10〕の前に、$\dfrac{X2}{/\!\!/}$ の接点が入っていますが、これは PLC が逐次出力の方式の場合にうまくいかなくなるためです。

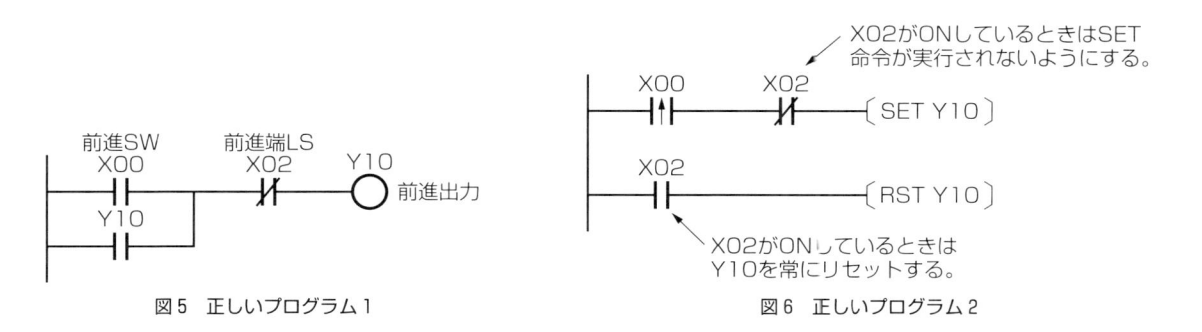

図5　正しいプログラム1　　　　　図6　正しいプログラム2

（2） 自動1往復停止のプログラム

前進SWを押すと前進し、前進端で1秒待ってから後退するプログラムを作ります。

❶ 誤ったプログラムの例

図7のプログラムでは一見うまく動作するように見えますが、前進端LS（X02）がONしてからタイマ（T0）がONするまでの間に、再度前進SW（X00）が押されると、Y10とY11の両方がONしてしまうことになります。

図7　誤ったプログラム

❷ 正しいプログラムの例

図8のプログラムでは、送りネジが前進端に到達したら、元に戻るまでの間、前進SW（X00）の操作が出力に反映されないようになっています。

図9のプログラムは、自己保持回路を使った順序制御の形でプログラミングされています。機械の動作に合わせてリレーがM0から順にONしていくようになっています。

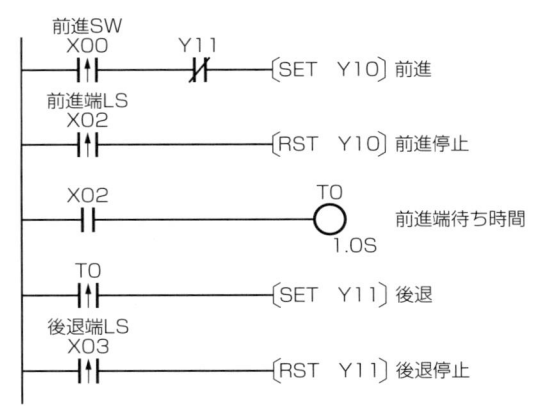

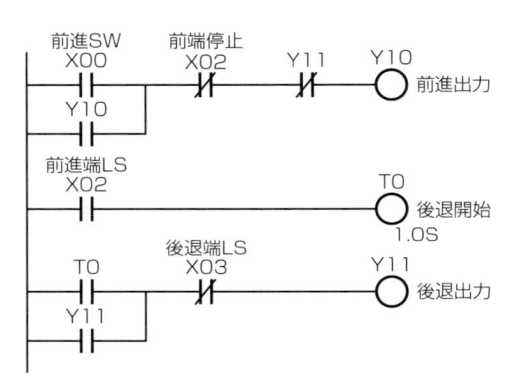

図8　正しいプログラム1

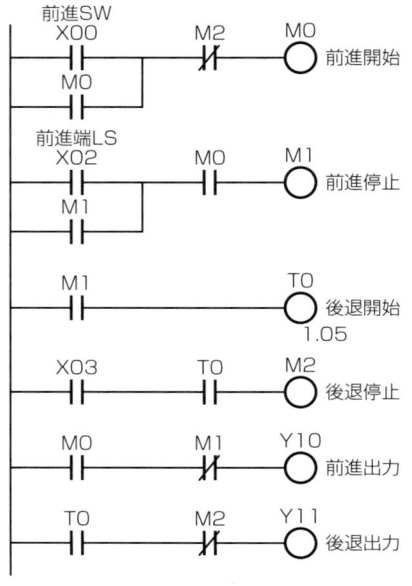

図9　正しいプログラム2

6章 特殊リレーを使う

> 特殊リレーはPLCにはじめから内蔵しているリレーで、ひとつひとつのリレーに特殊な機能が設定されています。特殊リレーを上手に使うとプログラムが見易くなったり、一般的なシーケンスプログラムでは実現できない機能を利用できるようになったりします。

　特殊リレーは、よく利用される接点の動作を割付けてあったり、PLCのCPU内部の動作や異常を知ることができるようになっていたりしているリレーで、その用途が固定されてるリレーです。このリレーの接点を上手に利用すると、プログラムを簡略化できたり、PLCのCPUの状態をプログラムに盛込むことができるようになります。いくつかのPLCの特殊リレーのリレー番号のエリアを表1に示します。

表1　特殊リレーのアドレス

PLCの機種	特殊リレーの番号
Melsec FX 2 N	M 8000～M 8255
Melsec Q 00 J	SM 0～SM 1023
Sysmac 200 HS	236.00～297.15
Sysmac CS 1	A 0.00～A 959.15

　表2には、一般的なプログラムの中でよく利用される特殊リレーの抜粋を掲載しました。

　特殊リレーは、用途が固定されているのでプログラムの中ではその接点をそのまま利用することができます。通常は特殊リレーコイルの出力をプログラム中に書くことはありません。

表2　特殊リレーの例（抜粋）

特殊リレーの機能	Melsecシリーズ			Sysmac Cシリーズ	
	Q	A	FX	C 200 H	CS 1
運転開始時 1スキャンのみON	SM 402	M 9038	M 8002	253.15	A 200.11 (P_First_Cycle)
運転開始時 1スキャンのみOFF	SM 403	M 9039	M 8003	—	—
常時ONリレー	SM 400	M 9036	—	253.13	常時ONフラグ P_on
常時OFFリレー	SM 401	M 9037	—	253.14	常時OFFフラグ P_off
0.1秒クロック	SM 410	M 9030	M 8012	255.00	P_0_1S
0.2秒クロック	SM 411	—	—	—	P_0_2S
1秒クロック	SM 412	M 9032	M 8013	255.02	P_1S
2秒クロック (1秒ON・1秒OFF)	SM 413	M 9033	—	—	P_2S

6章●特殊リレーを使う

特殊リレー 使い方1　ランプの点滅にはクロック特殊リレーを使う

　図1はボトル洗浄ラインです。前工程でボトルのキャップをはずしていますが、取残しがあった場合に、パトライトを点灯してブザーを鳴らします。作業者がコンベア停止スイッチを押すとコンベアが停止し、異常表示も解除されます。作業者はキャップの取残しを手で取除いた後、コンベア停止スイッチのロックをはずして再度コンベアを動かします。

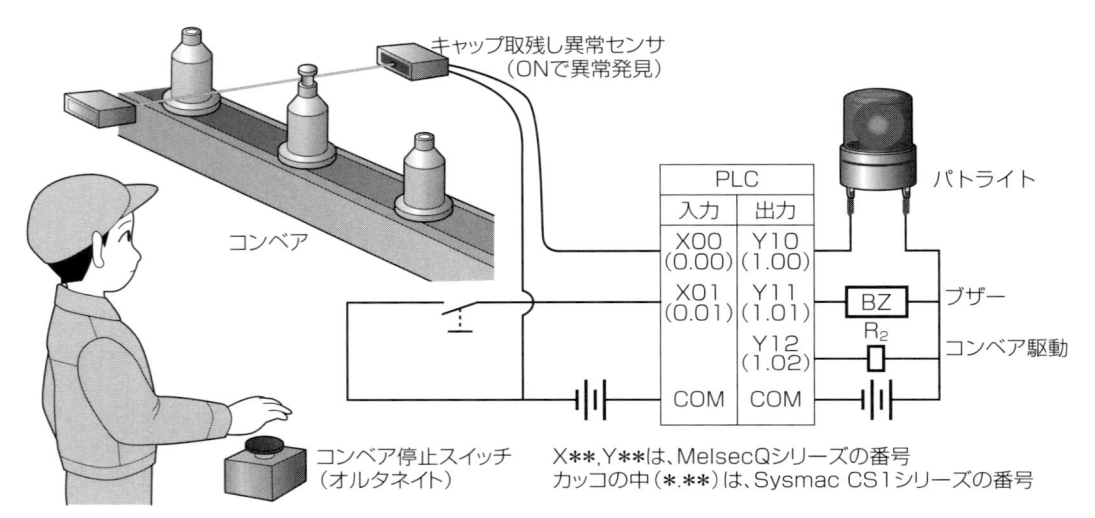

図1　システム図

　図2のシーケンスプログラムでは、キャップ取残し異常入力がONしたらその信号を内部リレーを使って自己保持にします。この自己保持は、作業者がコンベア停止スイッチを押すと解除されます。

（Melsec　Qシリーズ）　　　　　　　　　（Sysmac　CS1シリーズ）

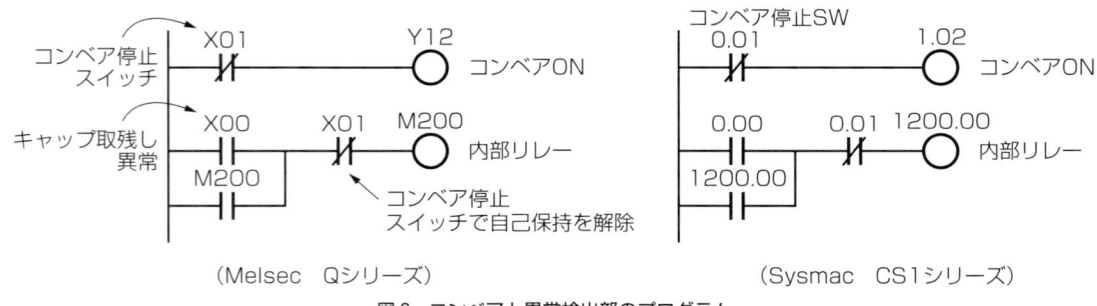

図2　コンベアと異常検出部のプログラム

図1のプログラムに、異常を知らせるためのパトライトを制御するプログラムを付け加えます。

図3のプログラムでは、1秒クロックの特殊リレーを使って、内部リレー（M200または1200.00）がONしている間パトライトを1秒間ON、1秒間OFFの点滅をします。

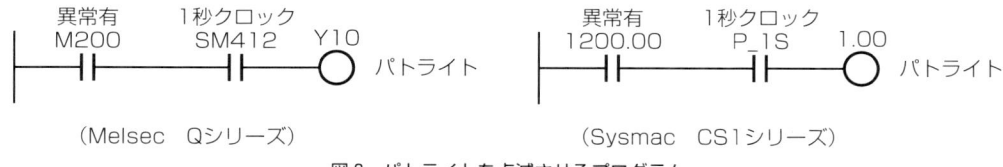

```
 異常有   1秒クロック              異常有    1秒クロック
 M200     SM412    Y10            1200.00    P_1S    1.00
─┤├──────┤├──────○ パトライト   ─┤├──────┤├──────○ パトライト

     （Melsec Qシリーズ）              （Sysmac CS1シリーズ）
```
図3 パトライトを点滅させるプログラム

同様にブザーは"ピッピッピッピッピッ"と鳴るように0.2秒クロックの特殊リレーを使って間欠出力にします。そのプログラムを図4に示します。

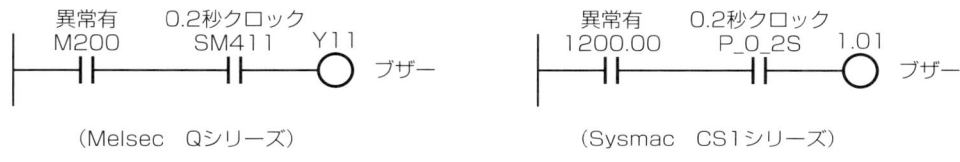

```
 異常有   0.2秒クロック            異常有    0.2秒クロック
 M200     SM411    Y11           1200.00    P_0_2S   1.01
─┤├──────┤├──────○ ブザー    ─┤├──────┤├──────○ ブザー

     （Melsec Qシリーズ）              （Sysmac CS1シリーズ）
```
図4 ブザーをピピピと鳴らすプログラム

もし、ブザー音が連続しているとうるさいときには、2秒クロックと0.1秒クロックを組み合わせて、2秒間ブザーをピピピと鳴らして、次の2秒間はサイレントにします。

図5には2つの特殊リレーを組合せて作ったプログラムを示します。

このようにすると、ちょうど電話の呼出音のような感じになります。

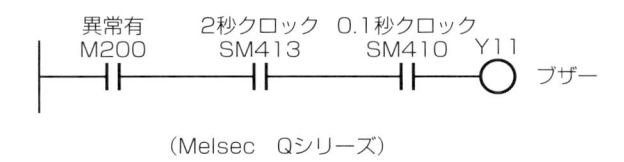

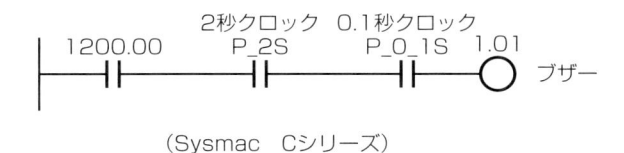

```
 異常有   2秒クロック  0.1秒クロック
 M200     SM413       SM410     Y11
─┤├──────┤├──────────┤├──────○ ブザー

          （Melsec Qシリーズ）

          2秒クロック  0.1秒クロック
 1200.00    P_2S       P_0_1S    1.01
─┤├──────┤├──────────┤├──────○ ブザー

          （Sysmac Cシリーズ）
```
図5 電話の呼出音のような間欠音にするプログラム

6章●特殊リレーを使う

特殊リレー 使い方2
PLC 起動時にリセットをするには 運転開始時1スキャンONリレーを使う

PLC の起動時にカウント数をリセットするには、PLC の運転開始時に1サイクルのみONする特殊リレーを使います。

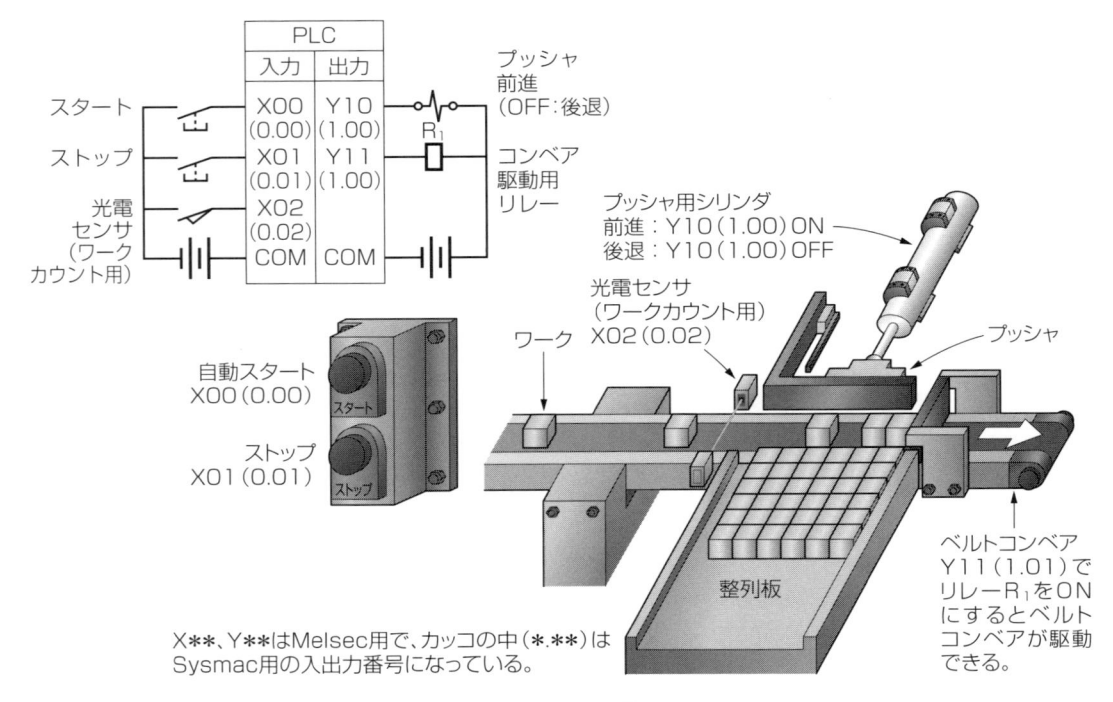

図1 システム図

X**、Y**はMelsec用で、カッコの中(*.**)はSysmac用の入出力番号になっている。

〔動作順序〕

　図1のシステムにおいて、自動スタートスイッチが押されると、自動連続運転がスタートし、すぐにベルトコンベアが駆動してワークを図の右方向へ送っていきます。

　光電センサを使ってワークが通過した数をカウンタでかぞえて6個通過したところでコンベアを停止してプッシャを前進します。プッシャは前進に2秒、後退に2秒とれば十分であるものとします。

　プッシャが元に戻ったらカウンタをリセットして、再度コンベアを駆動して次の6個をかぞえます。この動作は自動スタートがストップスイッチで停止されるまで連続して行います。PLCの電源が落ちたり、CPUがいったんSTOPになった後再度RUNしたときには特殊リレーを使って自動運転を停止し、さらにカウンタのカウンタ数をリセットします。

（1） Melsec Q シリーズの場合のシーケンスプログラム

スタートSW
ストップSW
①CPUをRUNしたときに自動運転を停止する

このアイコンを使って描画する。
センサの立下りでワークをカウントする。

自動運転スタート
コンベアON
プッシャ前進
プッシャ後退
後退完了
カウントリセット
プッシャ前進

自動運転がスタートしてカウント値が6に達するまでコンベアをONにする

②CPUをRUNしたときにカウント値をリセットする。

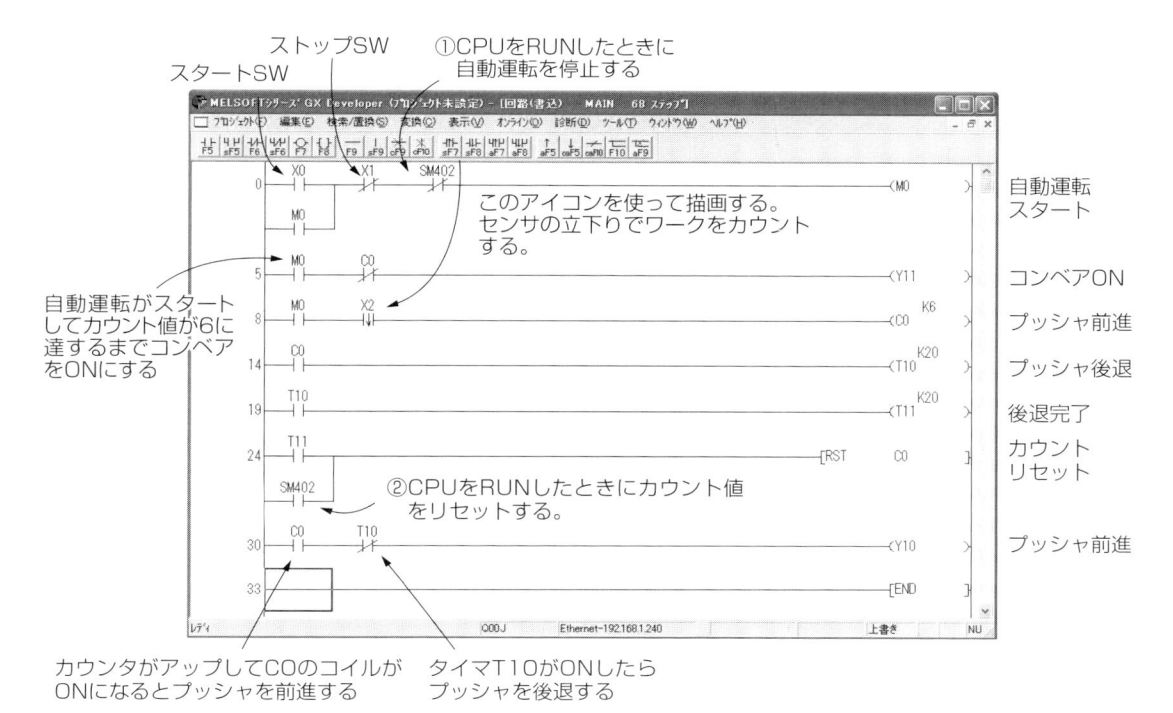

カウンタがアップしてC0のコイルがONになるとプッシャを前進する
タイマT10がONしたらプッシャを後退する

図2　Melsec Q シリーズの場合のプログラム例

　Melsec Q シリーズでは、PLC の運転開始時に1スキャンだけ ON する特殊リレー SM 402 を使います。カウンタ C 0 のリセット（RST）命令はプッシャが1往復を完了したときに ON する T 11 の接点か特殊リレー SM 402 の接点で実行されるようにプログラムされています。

（2） Sysmac CS 1 シリーズの場合のシーケンスプログラム

　図3に、同じプログラムを Sysmac CS 1 シリーズの PLC で作った例を紹介します。

　Sysmac CS 1 シリーズの場合には、特殊リレーの接点を使うときには接点の種類をアイコンで選択してリレー番号に特殊リレーの接点の番号を入れます。今回使った PLC 運転開始時に1スキャンだけ ON するリレーは AR 200.11 です。入力の仕方は $^{AR\,200.11}_{\dashv\vdash}$ と記述してもよいし、図4のようにドロップダウンリストから P_First_Cycle を選択してもかまいません。

6章●特殊リレーを使う

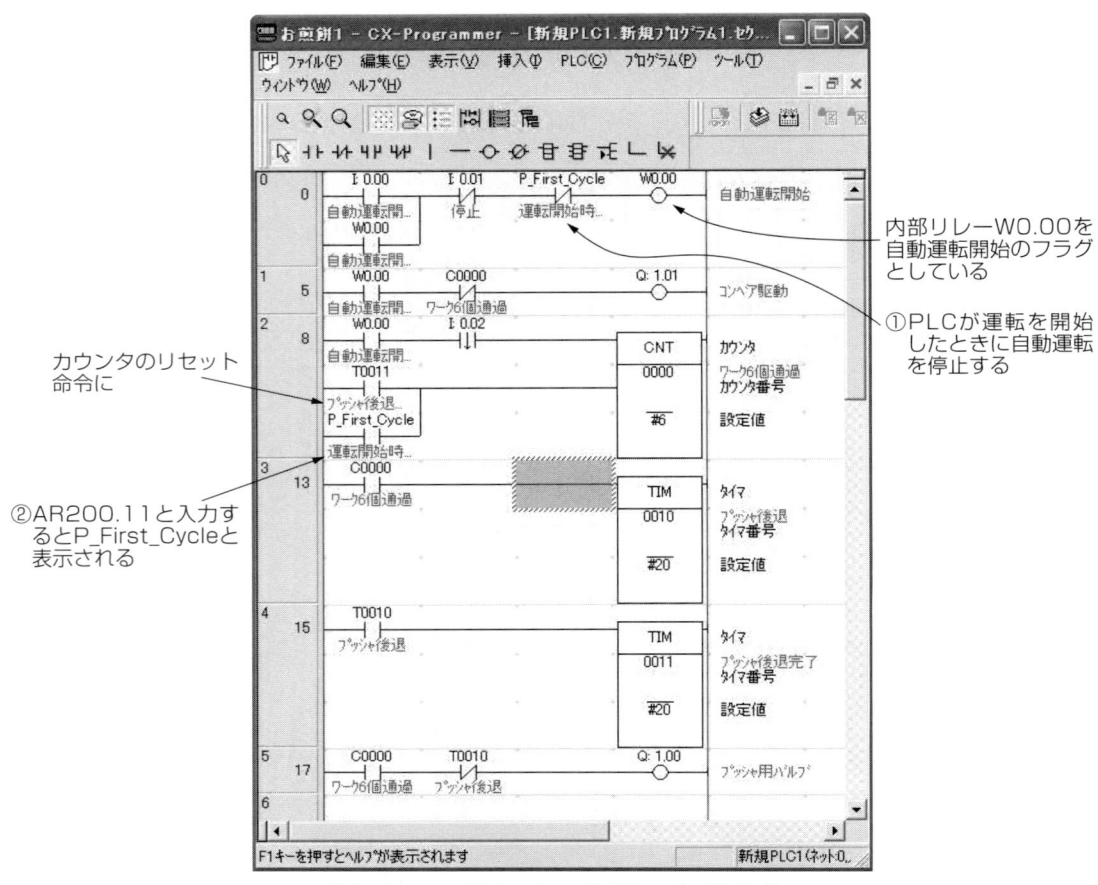

図3 Sysmac CS1シリーズの場合のプログラム例

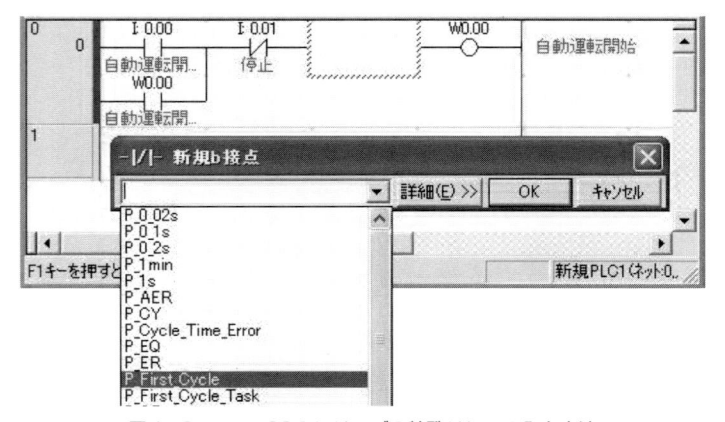

図4 Sysmac CS1シリーズの特殊リレーの入力方法

IV PLCのデータ処理とネットワーク

1章 データメモリを使ったプログラム

　PLCを使って数値演算を行ったり、計測データを取り込んだりするには、データメモリと呼ばれるメモリエリアを使用します。

　データメモリは、通常16ビット（1ワード）で1つのデータを表わすようになってます。一般に16ビットで0〜65535までの値を表現できます。

　データメモリを2つ続けて32ビットで1つのデータを表わすようにすると、さらに表現できるケタ数は大きくなります。

　本章では、データメモリを使った演算を行うときに必要となる基礎知識について解説します。

データの表現方法

データメモリ 使い方1

データメモリに格納された16ビットのデータは、使い方によって表現方法が異なります。ここでは、重要な正の数の表現、符号付表現、BCDとBIN表現について解説します。

（1） 正の整数の表現

データメモリは、数値や文字を格納しておくために設けられたPLCのメモリエリアです。1つのデータメモリは、通常ワード単位のデータ長を持ちます。1ワードは16ビットで、16進数であれば0_H～$FFFF_H$までの数値を表現できます。

この様子を図1に示します。一番左の欄はデータメモリの値を2進数で表示したもので、これを16進数に直すには4ビットづつ区切って、各4ビットを0～Fの16進数で書換えます。一番右側は10進数にしたときの数値です。このように、ビットのON/OFFを使って直接数値を表現するようなデータの形式をBINデータ（Binaryデータの略）と呼んでいます。

2進数表示				16進数表示	10進数表示
15 14 13 12	11 10 9 8	7 6 5 4	3 2 1 0		
0000	0000	0000	0000	0000_H	0
0000	0000	0000	0001	0001_H	$1(2^0)$
0000	0000	0001	0000	0010_H	$16(2^4)$
⋮	⋮	⋮	⋮		
0001	0001	0001	0001	1111_H	$4369\ (2^{12}+2^8+2^4+2^0)$
⋮					
1111	1111	1111	1110	$FFFE_H$	$65534\ (2^{16}-2)$
1111	1111	1111	1111	$FFFF_H$	$65535\ (2^{16}-1)$

図1　1ワード（16ビット）のデータメモリによる正の整数の表現

（2） ± 符合付き整数の表現

データメモリの16ビットのデータのうち、0_H～$7FFF_H$までを正の数、8000_H～$FFFF_H$までを負の数として定義すると、-8000_H～$+7FFF_H$までの符号付の数値を表現できるようになります。

マイナスの数は$FFFF_H$を－1、$FFFE_H$を－2……として定義したものです。この－1は10000_Hを基準にして、これから$FFFF_H$を減算すると1になるので、これにマイナスの符合を付けたものと考えます。$FFFF_H$は1を加算すると10000_Hになりますが、下4桁が有効とすると0_Hになります。そこで、1を加算すると0になる値である$FFFF_H$を－1として扱うと考えてもよいでしょう。

データメモリのビット(2進数)	16進数	符号付10進数
1000 0000 0000 0000	8000_H	−32768
1000 0000 0000 0001	8001_H	−32767
⋮	⋮	
1111 1111 1111 1101	FFFE_H	−2
1111 1111 1111 1111	FFFF_H	−1
0000 0000 0000 0000	0_H	0
0000 0000 0000 0001	1_H	1
0000 0000 0000 0010	2_H	2
⋮		⋮
0111 1111 1111 1110	7FFE_H	32766
0111 1111 1111 1111	7FFF_H	32767

図2　データメモリによる符合付整数の表現

（3）2進化10進数（BCD）の表現

データメモリの16ビットのデータを、4ビットづつに区切ってそのおのおのの4ビットで0～9までの10進数の1桁を表現するようにしたものが2進化10進数（BCD）と呼ばれている表現方法です。BCDの4ビットのデータは0000～1001までの値に限られます。

このようにして、4ビットで0～9までを表わすと、これが4セットあるので、16ビット全体では、0000～9999までの数値を表現できます。

PLC内部での演算としては、有利な表現ではありませんが、人間がそのデータを見たときにすぐに10進数として読取ることができるので便利な表現方法です。ふつうの2進数では、1001に1を加算すると1010になりますが、BCDの場合は10000になります。10進数であらわすと、BCDの1001は9、10000は10のことです。

このように、BINとBCDでは演算の結果が異なってくるので、演算をするときにはデータがどちらの表現方法になっているかということに注意を払う必要があります。

BCD表示 15 14 13 12　11 10 9 8　7 6 5 4　3 2 1 0	10進数
0000 0000 0000 0000	0　（最小）
0000 0000 0000 0001	1
0000 0000 0000 0010	2
⋮	⋮
0000 0000 0001 1001	19
0000 0000 0010 0000	20
0000 0000 0010 0001	21
⋮	⋮
0110 0111 1000 1001	6789
⋮	
1001 1001 1001 1000	9998
1001 1001 1001 1001	9999　（最大）

図3　BCDによる10進数の表現（符号なし）

1章●データメモリを使ったプログラム

データメモリ 使い方2　データメモリに数値を設定する

> データメモリに数値を設定するには、MOV（ムーブ）命令を使います。

図1のプログラムでは、X0（または0.00）がONしている間、毎スキャンごとに8という数値がデータメモリD100に設定されます。

Melsecシリーズでは、K□□とH□□という数値の指定の方法があります。H□□は16進数で設定するものです。K□□は10進数の表現を使いますが、入力されるデータはBIN（バイナリ）データになります。

例えば、K10とすればデータメモリには1010という2進数の値が代入されます。H10とすればデータメモリには、1000という2進数が代入されます。

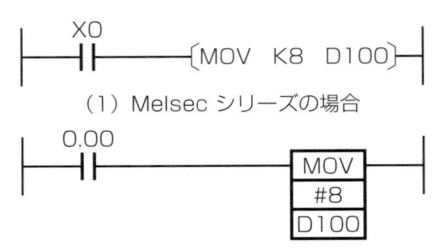

Sysmac Cシリーズでは、#□□と&□□があります。#□□は16進数またはBCD値を設定するときに使います。BCD値は16進数のA～Fを除いた範囲を使いますから、#の後に0～9を付けるとBCDのデータを設定でき、0～Fを付けると16進数のデータを設定できます。#10としたときにはデータメモリには2進数の10000が、#1Aとしたときには2進数の11010が代入されます。一方、&はBINデータを10進数で設定するときに使います。&10としたときには1010という2進数になります。&は10進数で記述しますがデータメモリにはBINデータとして代入されます。

命令語にパルスオプションを付けると1サイクル命令となります。1サイクル命令は入力があったとき（ONになったとき）に1サイクルだけその命令を実行し、その後再度入力がOFFからONに変化しない限り命令が実行されないようにしたものです。MelsecシリーズのPLCでは命令の後にPを付けます。Sysmac CシリーズのPLCでは、命令語の最初に@を付けます。図1を1サイクル命令にしたものを図2に示します。1サイクル命令はパルス命令とも呼ばれています。

図3は、入力をパルスにしたもので、図2と同じ動作をします。

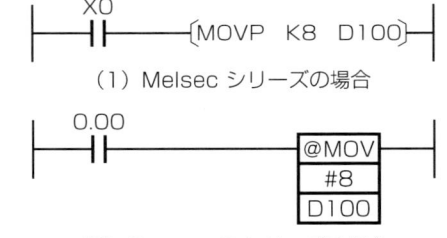

図1　データメモリに数値を設定するプログラム
（1）Melsecシリーズの場合
（2）Sysmac Cシリーズの場合

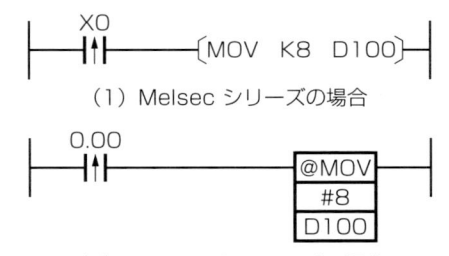

図2　1サイクル命令
（1）Melsecシリーズの場合
（2）Sysmac Cシリーズの場合

図3　入力をパルス化して1サイクルだけ実行する
（1）Melsecシリーズの場合
（2）Sysmac Cシリーズの場合

データメモリ 使い方3 タイマやカウンタの設定値としてデータメモリを利用する

> データメモリをタイマやカウンタの設定値として利用すると、データメモリの値によってタイマ時間やカウント設定値を自由に変更することができるようになります。

　タイマやカウンタの設定値としてデータメモリを指定することができます。このときに、データメモリに代入する値はタイマやカウンタのデータの型に合わせて、Melsec シリーズでは K□□、Sysmac C シリーズでは #□□ とします。□□は 10 進数の数値です。

　図1は、品種切換用セレクタスイッチが A のとき（X1 または 0.01 が OFF のとき）と、B のとき（X1 または 0.01 が ON のとき）で、プレスする時間や回数を変更するシステムです。まず、表1のような動作をするプログラムをプログラム1として作ってみます。PLC は Melsec シリーズのときと Sysmac C シリーズのときと 2 つ作ります。

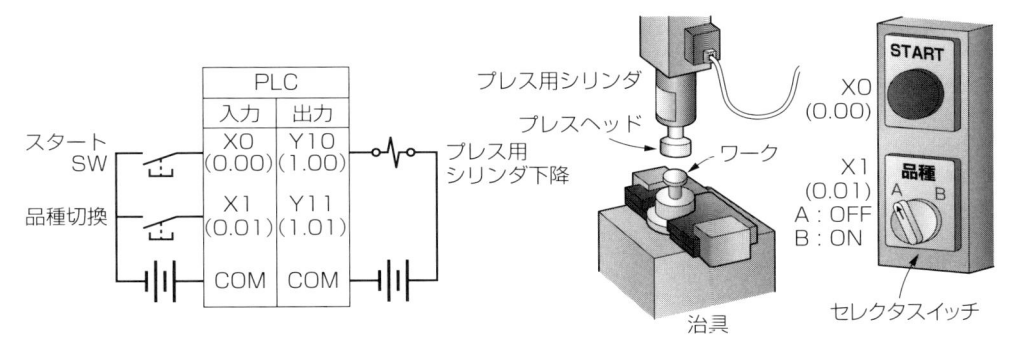

図1　品種によって設定時間を変更するシステム

表1　プログラム1

品種A：8秒間プレス
品種B：15秒間プレス
シリンダの上昇・下降時間はプレス時間に含む

表2　プログラム2

品種A：3秒間プレスを2回
品種B：5秒間プレスを4回
シリンダの上昇・下降時間は各1秒かかるものとする

　図2は、Melsec シリーズのプログラム1で、品種 A のときにはデータメモリ D10 に 8 秒のデータ K80 を代入し、品種 B のときには 15 秒のデータ K150 を MOV 命令で代入しています。下降時間を計測するタイマ T100 の設定値を D10 にすることで、プレス時間を切換えています。

1章●データメモリを使ったプログラム

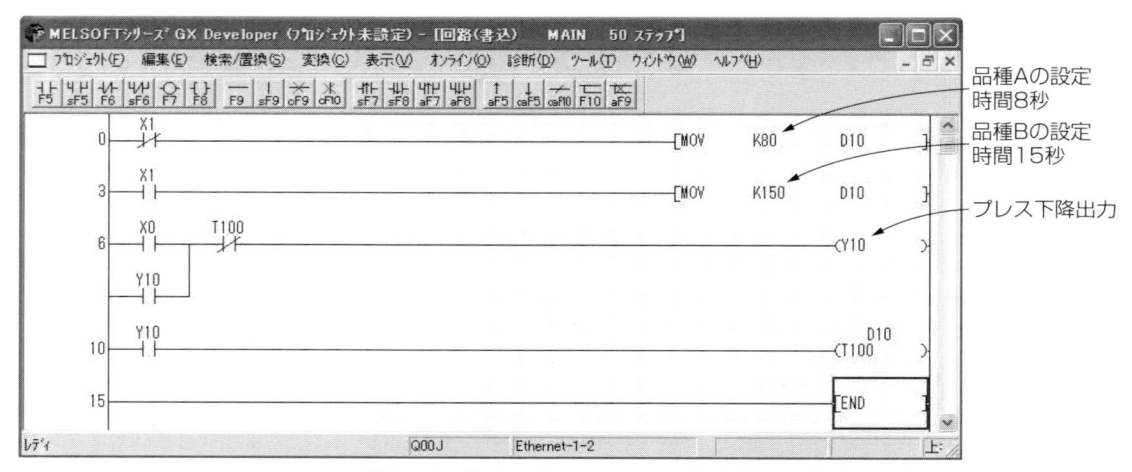

図2 プログラム1（Melsecシリーズの場合）

図3のSysmac Cシリーズの場合もデータメモリに代入するデータがPLCの規定にあわせて8秒のとき＃80に、15秒のときには＃150としているだけで同じプログラムになっています。

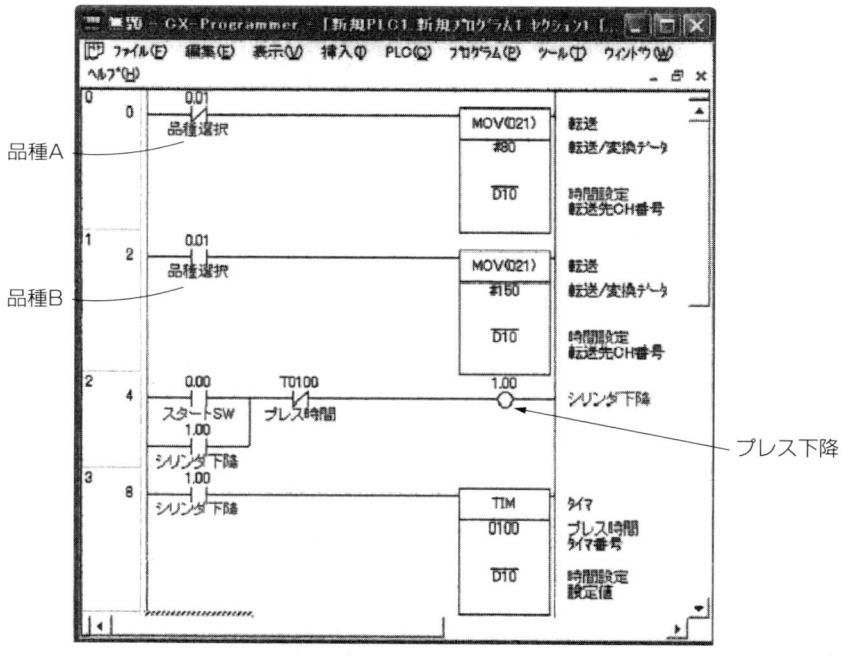

図3 プログラム1（Sysmac Cシリーズの場合）

図4は、表2のプログラム2の条件で動作するように、Melsec QシリーズのPLCを使って作ったシーケンスプログラムです。プレス時間をD10に、プレス回数をD20にMOV命令を使って代入しています。D20はプレス回数をかぞえるカウンタ（C10）の設定値にしてあります。

```
     X1
 0  ─┤/├──────────────────────────[MOV   K30    D10 ]
     │                             品種Aプレス時間
     │                            [MOV   K2     D20 ]
                                   品種Aプレス回数
     X1
 5  ─┤ ├──────────────────────────[MOV   K50    D10 ]
     │                             品種Bプレス時間
     │                            [MOV   K4     D20 ]
                                   品種Bプレス回数
     X0   M100
10  ─┤ ├──┤/├─────────────────────────────(M0    )
     │                                   プレス開始
     M0
    ─┤ ├
     M0   T2                                    K10
14  ─┤ ├──┤/├─────────────────────────────(T0    )
                                      下降時間(1秒)
     T0                                         D10
20  ─┤ ├─────────────────────────────────(T1    )
                                    プレス時間用タイマ
     T1                                         K10
25  ─┤ ├─────────────────────────────────(T2    )
                                      上昇時間(1秒)
     T2                                         D20
30  ─┤ ├─────────────────────────────────(C10   )
                                    プレス回数カウント
     M0   T1
35  ─┤ ├──┤/├─────────────────────────────(Y10   )
                                      プレス下降出力
     C10
38  ─┤ ├──────────────────────────────[PLS   M100 ]
                                     プレス完了パルス
     M100
41  ─┤ ├──────────────────────────────[RST   C10  ]
                                     カウンタリセット
46  ──────────────────────────────────────[END ]
```

図4　プログラム2（Melsec Qシリーズのプログラム例）

データメモリ 使い方4 — 経過時間のラップをとるにはデータメモリを使う

時間を測り出してから、決められた時間ごとに処理をするとか経過のラップをとるような場合にデータメモリを利用するとうまくいきます。

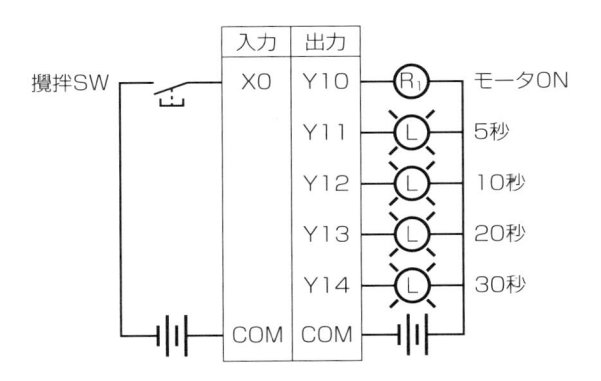

	入力	出力	
攪拌SW	X0	Y10	モータON
		Y11	5秒
		Y12	10秒
		Y13	20秒
		Y14	30秒
	COM	COM	

1章●データメモリを使ったプログラム

　図1のシステムは、撹拌スタートボタンを押すとモータによってクランクアームが回転してビーカの中の液体を撹拌するものです。途中経過がわかるように、5秒、10秒、20秒、30秒の経過を示すランプを順次点灯します。秒数を数えるのに、ここでは、0.1秒タイマを利用して基準のクロックにします。このタイマが0.1秒経過するごとにデータメモリに1を加算していき、データメモリの値が、50、100、200、300になったところで、5秒、10秒、20秒、30秒のランプを点灯していきます。

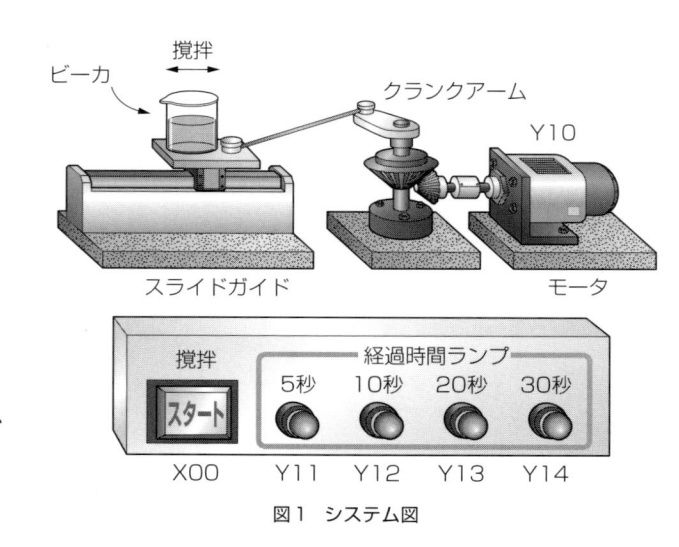

図1　システム図

　図2は、Melsec Qシリーズによる加算命令（＋）と比較演算命令（＞＝）を使ったプログラム例です。

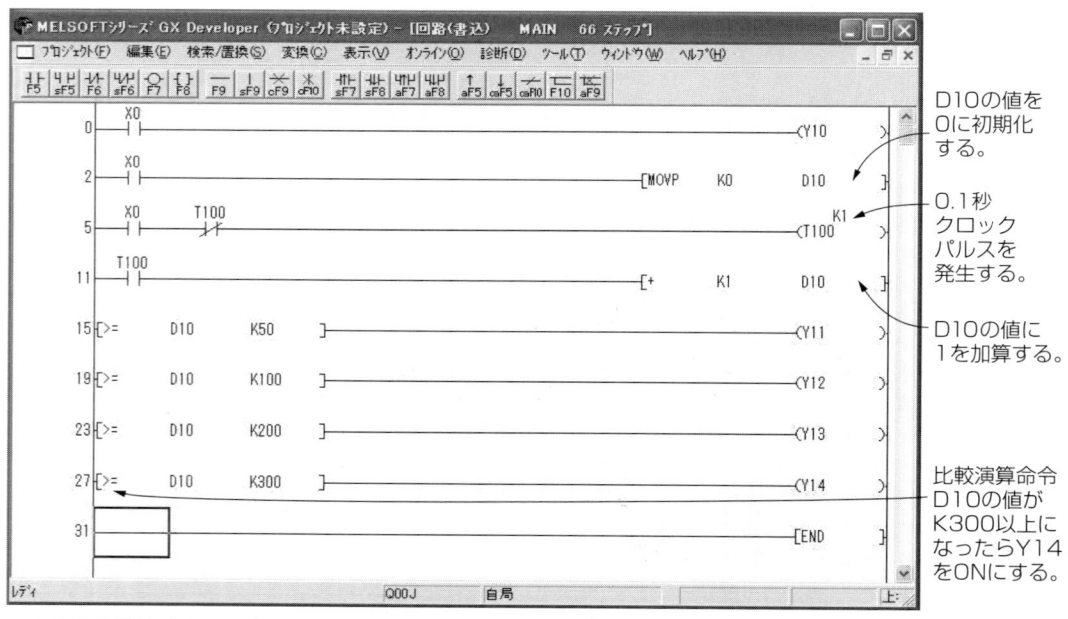

D10の値を0に初期化する。

0.1秒クロックパルスを発生する。

D10の値に1を加算する。

比較演算命令 D10の値がK300以上になったらY14をONにする。

応用命令解説（Melsec）

(1) ─[MOVP　K0　D10]
　　データメモリD10にゼロを書込む代入命令。MOVの後にPが付いている。
　　Pを付けると、立上がり時に1サイクルだけ実行するパルス実行命令になる。

(2) ─[＋　K1　D10]
　　データメモリD10に10進数の1（K1）を加算する16ビット加算命令。

(3) ─[＞＝　D10　K50]─
　　D10＞＝K50のときに導通状態になる比較演算命令。
　　比較演算子はこの他に ＝（等しい）、＜＞（等しくない）、＞（大なり）、
　　＜（小なり）、＜＝（以下）がある。

図2　Melsec Qシリーズのプログラム例

図3は、Sysmac CS1シリーズの例で、加算命令（＋）と比較命令（CMP）およびコンディションフラグ（P_On、P_GE）を使ってプログラムが作成されています。

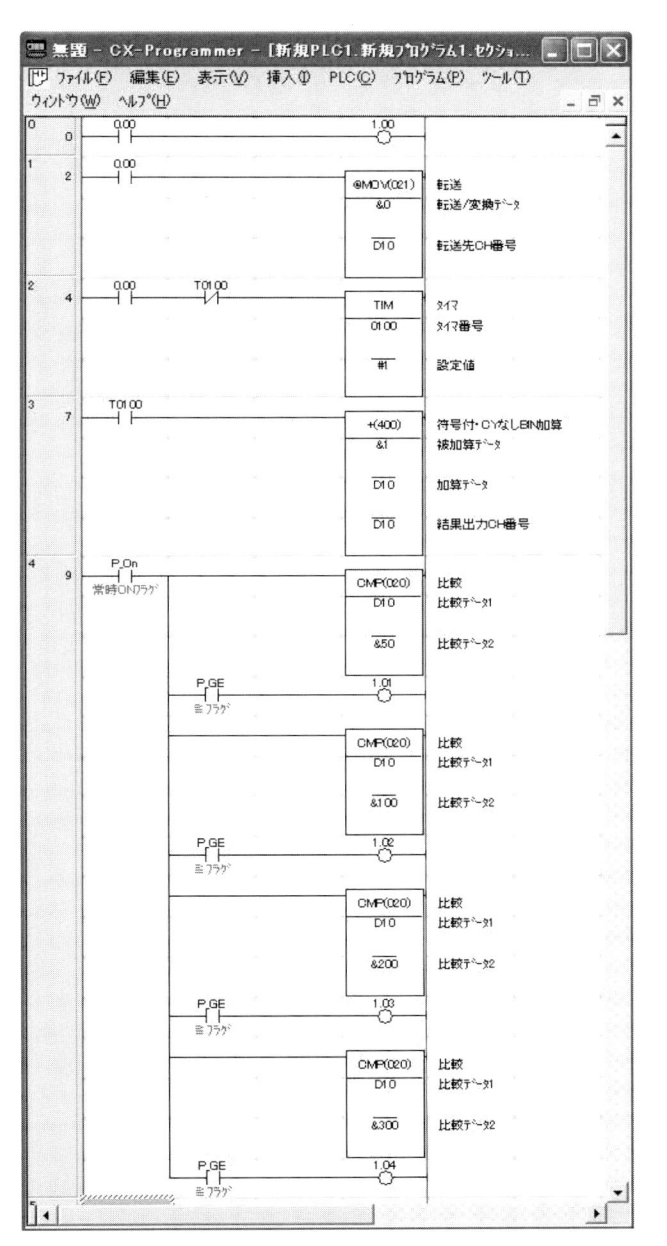

応用命令解説（Sysmac）

（1）
```
─@MOV
  &0
  D10
```
データメモリD10にBIN（バイナリ）の数値0を代入する。BINの数値は&を付けて表現する。MOV命令の前に@を付けると立上がりパルス実行命令になる。

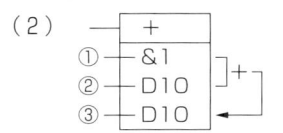

（2）
```
─ ＋
① ─&1
② ─D10
③ ─D10
```
＋はBINデータを使った加算命令で①の値と②の値を加算したものを③に代入する。この例では命令を1回実行するたびにD10に1が足されることになる。

（3）
```
─CMP
  D10 ─①
  &50 ─②
```
①と②の比較を実行して、その結果に応じてコンディションフラグのON-OFFを行う比較命令。

①と②の関係が①≧②のとき、≧フラグの $\underset{\dashv\vdash}{P\_GE}$ が導通になる。

＝のときは $\underset{\dashv\vdash}{P\_EQ}$ 、

≠のときは $\underset{\dashv\vdash}{P\_NE}$ 、

＞のときは $\underset{\dashv\vdash}{P\_GT}$ 、

＜のときは $\underset{\dashv\vdash}{P\_LT}$ 、

≧のときは $\underset{\dashv\vdash}{P\_GE}$ 、

≦のときは $\underset{\dashv\vdash}{P\_LE}$

の各接点が導通になる。

図3　Sysmac CS1シリーズのプログラム例

データメモリ 使い方5　Melsec Q シリーズの数値演算命令

データメモリを使った数値演算によく利用される命令を表1に紹介します。

ここでは、16ビットの演算命令を記載してありますが、32ビットにするには命令語の頭にDを付加します。また、立上がりパルスで実行するには命令語の後にPを付加します。

表1　Melsec Q シリーズの数値演算命令の例

	加算	減算	乗算	除算
BIN 命令	─〔＋　A　D100〕 D100の値にAを加算する。 ─〔＋　A　B　D100〕 A＋Bの結果をD100に代入する。	─〔－　A　D100〕 D100の値からAを減算する。 ─〔－　A　B　D100〕 A－Bの結果をD100に代入する。	─〔＊　A　B　D100〕 A×Bの結果の下位をD100に、上位をD101に代入する。	─〔／　A　B　D100〕 A÷Bの商をD100に代入し、余りをD101に代入する。
BCD 命令	─〔B＋　A　D200〕 D200の値にAをBCD加算して結果をD200に代入する。 ─〔B＋　A　B　D200〕 A＋BをBCDとして加算して結果をD200に代入する。	─〔B－　A　D200〕 D200の値からAをBCDとして減算して結果をD200に代入する。 ─〔B－　A　B　D200〕 BCDデータとしてA－Bの演算を行い、結果をD200に代入する。	─〔B＊　A　B　D200〕 AとBをBCD値として乗算して、結果のBCD下位4桁をD200に、上位4桁をD201に代入する。	─〔B／　A　B　D200〕 BCDデータとしてA÷Bの演算を行い、商をD200にBCDで代入し、余りをD201にBCDで代入する。
BIN⇔ BCD 変換命令	BCD→BIN 変換		BIN→BCD 変換	
	─〔BIN　D200　D100〕 D200のBCD値をBIN値に変換してD100に代入する。		─〔BCD　D100　D200〕 D100のBIN値をBCD値に変換してD200に代入する。	
備考	表中のA、Bはデータメモリまたは数値などを設定できる。 例えば、データメモリであればD0、D1、D2……などで、10進数であればK0、K1、K2……、16進数であればH1、H2……などとなる。 16進数またはBCD値で設定するには数値の頭にHを付加する。BIN値を10進数で設定するには数値の頭にKを付加する。表中のD100とD200は、データメモリを使う1つの例として記述したもので、その他のデータメモリ番号でも一向にさしつかえない。データメモリはD0、D1、D2……という任意の番号を使うことができる。			

データメモリ 使い方6　Sysmac C シリーズの数値演算命令

　データメモリを使った数値演算によく利用される命令について**表1**に紹介します。ここでは、16ビットの演算命令を記載してありますが、32ビットにするには命令語の後にLを付加します。また、立上がりパルスで実行するには命令の前に@を付けます。

表1　Sysmac C シリーズの数値演算命令の例

	インクリメント	デクリメント	加算	減算	乗算	除算
BIN命令	++ D100	-- D100	+ A B D100	- A B D100	* A B D100	/ A B D100
	D100の値に1を加算する。D100が2進数の1001(9_H)のとき、演算を実行すると1010(A_H)となる。	D100の値から1を減算する。	A＋Bの結果をD100に代入する。AとBはBINの値にする。2進数で、A＝0101 B＝0101のときD100には1010(A_H)が代入される。	A－Bの結果をD100に代入する。	A×Bを行い、D100に演算結果の下位桁が代入され、D101に上位桁が代入される。	A÷Bの演算を行い、D100に演算結果が代入され、D101に余りが代入される。
BCD命令	++B D200	--B D200	+B A B D200	-B A B D200	*B A B D200	B/ A B D200
	D200の値に1をBCDとして加算する。D200が2進数の1001(9_{BCD})のとき、この演算をすると10000(10_{BCD})になる。	D200の値から1を減算する。	A＋BをBCDとして実行してD200に代入する。2進数で、A＝0101(5) B＝0101(5)のときD200には10000(10)が代入される。	A－BをBCDとして減算して結果をD200に代入する。BCDで数値を表現するには頭に#を付ける。	A×Bの演算を行い、その結果のデータをD200にBCD下位4桁、D201にBCD上位4桁を代入する。	A÷Bの演算を行い、その結果、D200に商がBCDで、D201に余りがBCDで代入される。
BCD⇔BIN データ型式 変換	BCD→BIN変換命令			BIN→BCD変換命令		
	BIN D200 D100			BCD D100 D200		
	D200に格納されているBCDデータをBINに変換してD100に代入する。D200が10101(15_{BCD})のときD100には1111(F_H)が代入される。			D100のBINデータをBCD変換してD200に代入する。D100の値が1˜10(E_H)のときD200には10100(14_{BCD})が代入される。		
備考	表中のA、Bはデータメモリまたは数値などを利用できる。例えば、データメモリであればD0、D1、D2……となる。機種によってはDでなく、DM0、DM1、……と記述するものもある。16進数またはBCDの場合には#を付ける。10進数表現でBINの数値を代入するには&を数値の先頭に付け、10進数の57ならば&57とする。表中のD100、D200はデータメモリの記述例で任意のデータメモリ番号を使うことができる。					

2章 シリアル通信を使った外部機器とのデータ送受信

> PLCのシリアル（RS 232 C）通信ポートに計測器や画像処理装置といった外部機器を接続して、そのデータを収集することがよく行われます。
> PLCのシリアル通信ポートから外部機器にコマンドを送って外部機器とデータの受渡しをするには無手順通信と呼ばれる手法が使われます。本章では、無手順通信のシーケンスプログラムの作り方を紹介します。

A 2 A-CPU（AJ 71 UC 24）およびCQM 1-CPUを使ったPLCと計測器との無手順通信については、拙著"Visual Basicを活用した計測制御入門"（P 146～P 170）にも掲載されています。

また、パソコンからPLCにコマンドを送ってPLCの入出力を制御したりPLCのデータをパソコンに取込むときの処理方法は、下記の書籍の中で解説しているので適宜参照下さい。

書　名	Melsecシリーズ	Sysmac Cシリーズ
Visual Basicを活用した機械制御入門　（日刊工業新聞社）	A 1 S-CPU （A 1 SJ 71 UC 24-R 2） FX$_2$、FX$_{2N}$	C 200 HS-CPU CQM 1-CPU
Visual Basicを活用した計測制御入門　（日刊工業新聞社）	A 2 A-CPU （AJ 71 UC 24）	—
Visual Basic .NETではじめる計測制御入門　（日刊工業新聞社）	Q 02 H-CPU （QJ 71 UC 24-R 2） A 1 S-CPU （A 1 SJ 71 UC 24-R 2）	CS 1 H-CPU C 200 HS-CPU

シリアル通信 無手順通信1
通信コマンドを送信するプログラム（Melsec Q シリーズの無手順送信）

> PLC と外部機器を RS 232 C 通信で接続して、PLC からコマンドを外部機器へ送信するためのプログラムを作ります。

　Melsec Q シリーズのシリアルコミュニケーションユニット QJ 71 UC 24 N-R 2 を使って、図1のように外部機器と RS 232 C ケーブルで接続します。このシステムを使って無手順通信によって PLC からコマンドを外部機器に送信するための準備をします。

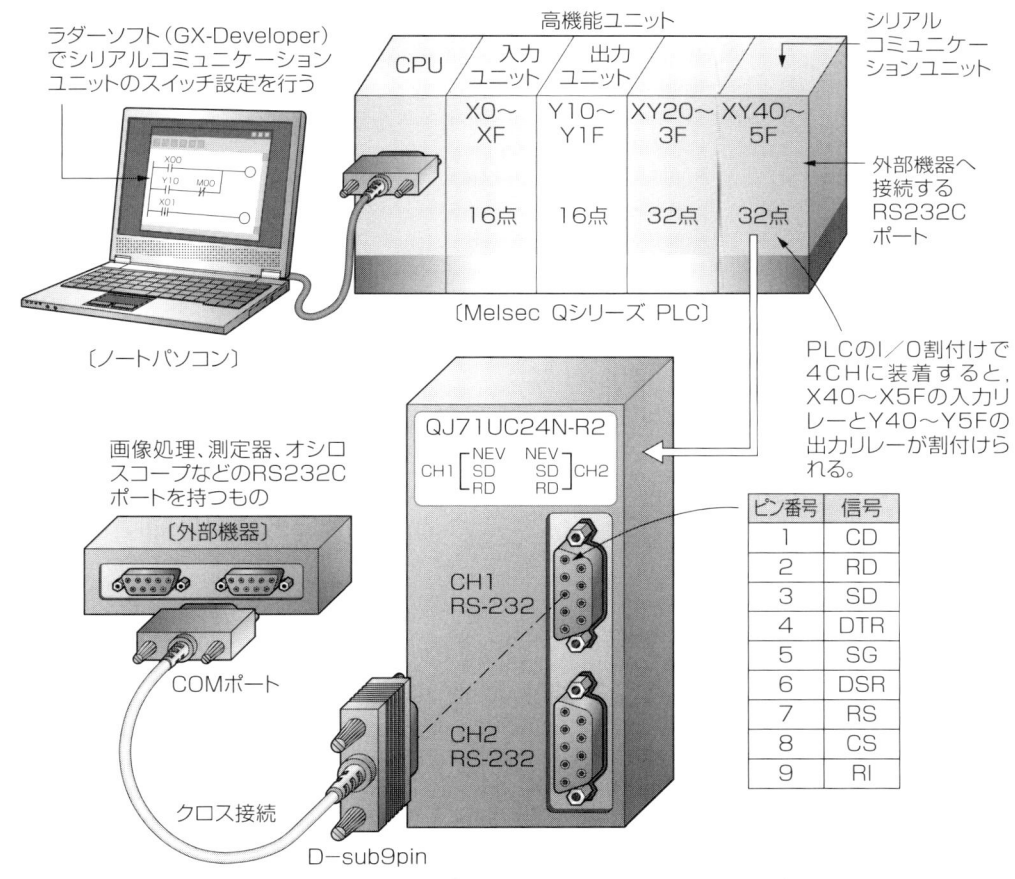

図1　Melsec Q シリーズのシリアルコミュニケーションユニット

2章●シリアル通信を使った外部機器とのデータ送受信

通信ケーブルの結線は、最低限SG（信号のグランド）同士をつなぎ、RD（データ読込用端子）とSD（データ送信用端子）をお互いに接続します。その他の線は通常図2のようにしておきます。

```
シリアルコミュニケー
ションユニット
(QJ71C24N-R2)        外部機器
1  CD              CD  データ受信キャリア検出
2  RD              RD  データ受信
3  SD              SD  データ送信
4  DTR             DTR データ端子レディ
5  SG              SG  シグナルグランド
6  DSR             DSR データセットレディ
7  RTS             RTS 送信要求信号
8  CTS             CTS 送信要求信号の受信
9  —
```

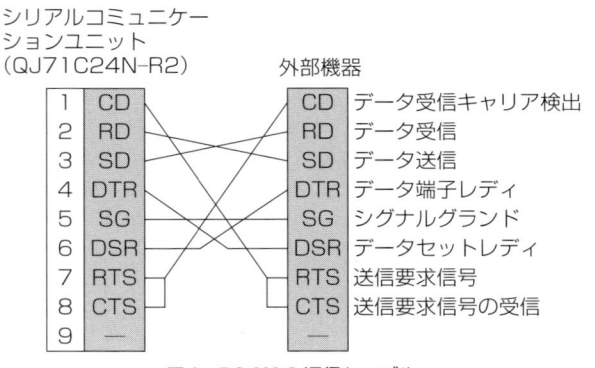

図2　RS 232 C 通信ケーブル

シリアルコミュニケーションユニットをPLCに装着したら、ラダーサポートソフトウェア（GX-Developer）を使って図3のようにI/O割付けの設定をします。割付ける点数はユニットの種類によって決まっています。16点入力ユニットなら16点で、32点ユニットなら32点を設定します。シリアルコミュニケーションユニットは32点を占有します。先頭XY番号は16点ごとに10が加算されるようになります。32点ユニットを装着したときには次のユニットの先頭XY番号には20が加算されることになります。

図3のように、先頭XYが40に割付けられたシリアルコミュニケーションユニットの入出力を行うリレー番号は、X40～X5FとY40～Y5Fになります。

スイッチ設定をクリックして、図4の画面を呼出す。

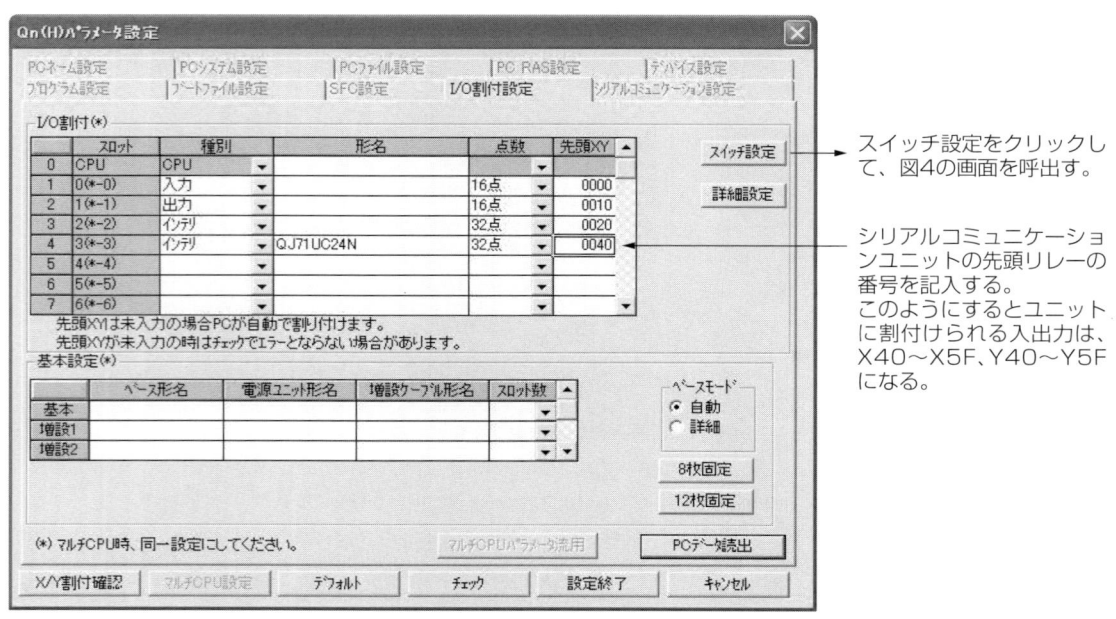

シリアルコミュニケーションユニットの先頭リレーの番号を記入する。
このようにするとユニットに割付けられる入出力は、X40～X5F、Y40～Y5Fになる。

図3　シリアルコミュニケーションユニット
　　　QJ 71 UC 24 N-R 2 のI/O 割付設定画面

無手順通信1

つづいて、図3の画面のスイッチ設定ボタンで通信手順設定のための画面を呼び出して、スイッチ1とスイッチ2に図4で示した設定値を設定します。スイッチ1の上位2桁を05に設定すると9600bpsで、下2桁を02にすると、設定変更禁止、RUN中書込み禁止、サムチェックなし、ストップビット1、パリティなし、データ長8に設定されることを表わしています。スイッチ2には無手順通信にするために06を設定します。

〔スイッチ1 上2桁〕
上位2桁は通信速度を設定する。

設定値	通信速度
05：	9600bps
06：	14400bps
07：	19200bps
08：	28800bps
09：	38400bps
0A：	57600bps

〔スイッチ1 下2桁〕
下2桁は伝送を設定する。

bit	7	6	5	4	3	2	1	0
項目	設定変更	RUN中書込み	サムチェック	ストップビット	パリティ	パリティ	データ長	—
設定値	0：禁止 1：許可	0：禁止 1：許可	0：なし 1：あり	0：1 1：2	0：奇数 　：偶数	0：なし 1：あり	0：7 1：8	0

〔スイッチ2〕
交信プロトコルの設定

設定値	通信プロトコル
0：	GX—Developer接続用
1〜5：	形式1〜5の手順ありプロトコル
6：	無手順プロトコル
7：	双方向プロトコル

(上位桁) 05　02 (下位桁)

16進数指定

シリアルコミュニケーションユニットのCH1のスイッチの設定を16進数で入力する

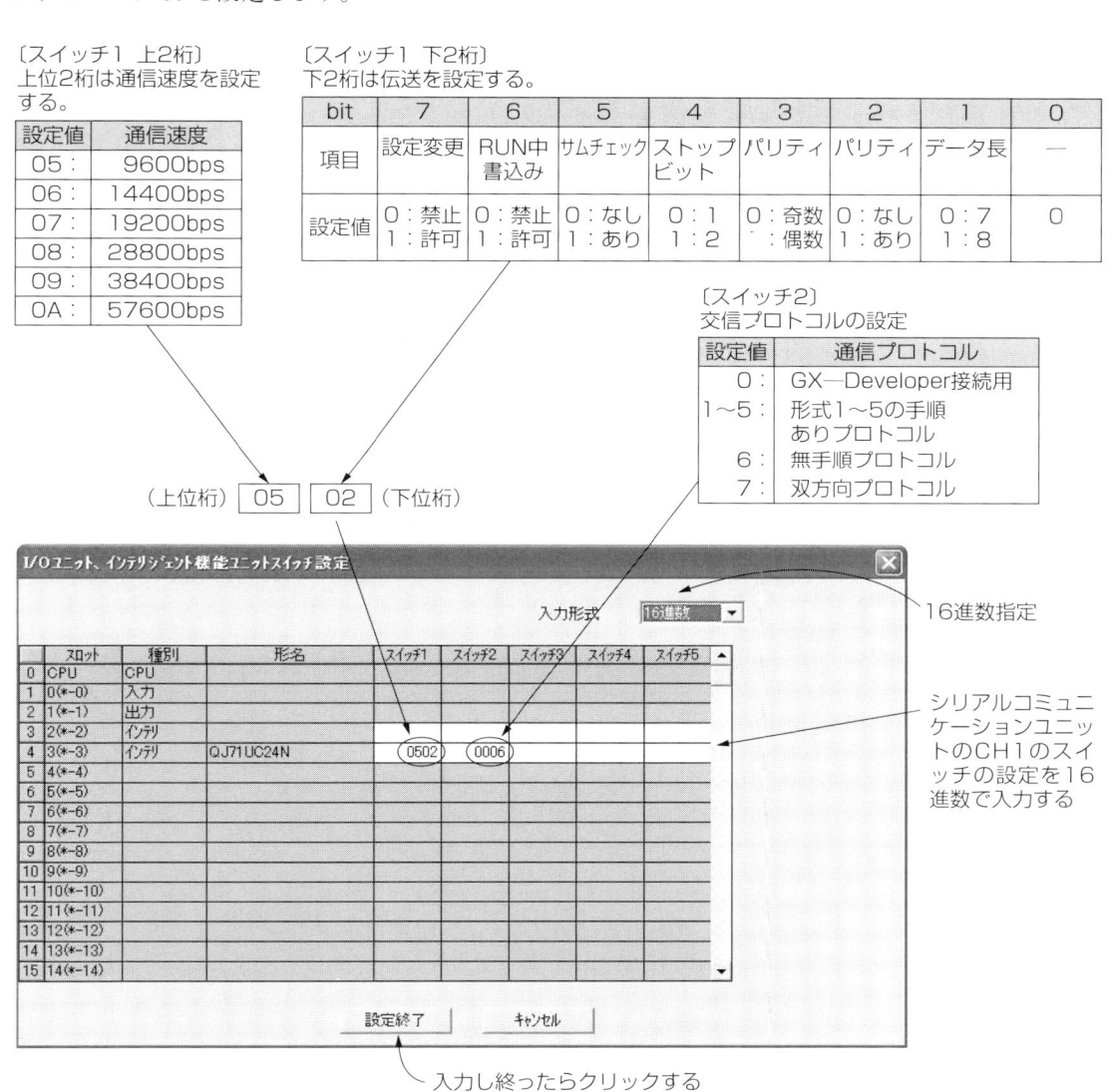

入力し終ったらクリックする

図4　通信手順設定のためのスイッチ設定

PLCのラダープログラムを使ってデータを送信するには、図5の通信データ送信命令G.OUTPUTを使います。この命令は、データメモリの内容をシリアルコミュニケーションユニットの送信バファに転送する命令です。命令を実行する前には送信するデータと送信するときのコントロールデータをあらかじめデータメモリのどこかに記述しておかなくてはなりません。

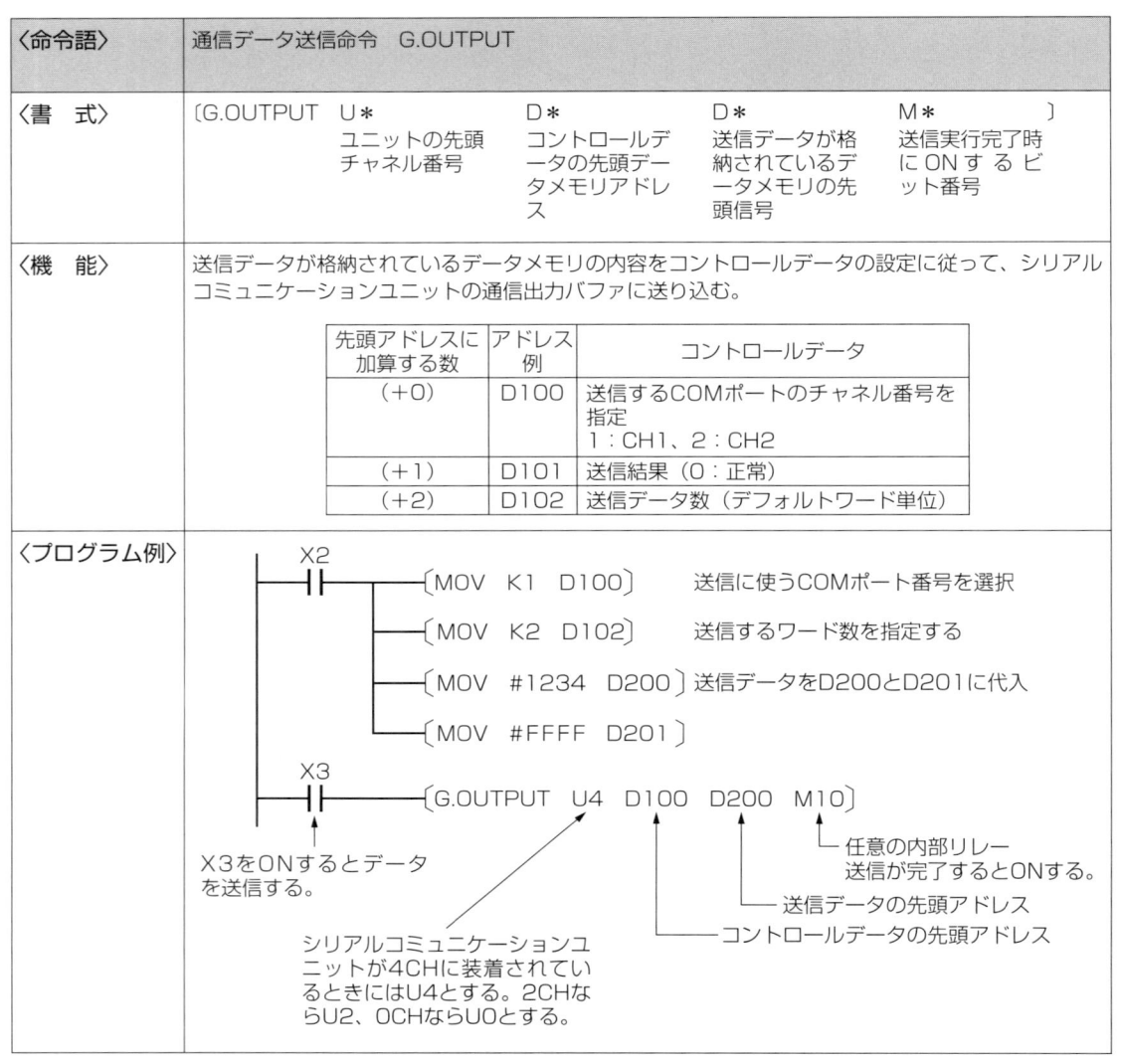

〈命令語〉	通信データ送信命令　G.OUTPUT			
〈書　式〉	〔G.OUTPUT U* ユニットの先頭 チャネル番号	D* コントロールデータの先頭データメモリアドレス	D* 送信データが格納されているデータメモリの先頭信号	M*　　　　　〕 送信実行完了時にONするビット番号
〈機　能〉	送信データが格納されているデータメモリの内容をコントロールデータの設定に従って、シリアルコミュニケーションユニットの通信出力バッファに送り込む。 	先頭アドレスに加算する数	アドレス例	コントロールデータ
---	---	---
(+0)	D100	送信するCOMポートのチャネル番号を指定 1：CH1、2：CH2
(+1)	D101	送信結果（0：正常）
(+2)	D102	送信データ数（デフォルトワード単位）				
〈プログラム例〉	（下図参照）			

```
   X2
  ─┤├───────[MOV  K1    D100]   送信に使うCOMポート番号を選択
         ├───[MOV  K2    D102]   送信するワード数を指定する
         ├───[MOV  #1234 D200]   送信データをD200とD201に代入
         └───[MOV  #FFFF D201]
   X3
  ─┤├───────[G.OUTPUT U4 D100 D200 M10]
```

X3をONするとデータを送信する。

シリアルコミュニケーションユニットが4CHに装着されているときにはU4とする。2CHならU2、0CHならU0とする。

コントロールデータの先頭アドレス
送信データの先頭アドレス
任意の内部リレー　送信が完了するとONする。

図5　通信データ送信命令　G.OUTPUT

図5のプログラム例では、送信に使うシリアルコミュニケーションユニットのCOMポートの番号をデータメモリD100に転送します。この例では、COM1から送信するように、数値の1をD100に設定しています。

次に送信するデータの文字数（ワード数）をD102に設定します。送信するデータを任意のデータメモリに連続して設定します。ここではD200を先頭にしてD200とD201にそれぞれ、16進数の1234とFFFFを転送しています。

無手順通信1

　図6のプログラムでは、データメモリのD120に格納された10進数の1234という値をCOM1ポートから1ワード分送信することができます。10進数の1234は16進数では4D2ですから、データメモリD120には0000　0100　1101　0010という値が格納されています。

押ボタンスイッチX3を押すと、データが送信される

押ボタンスイッチX2を押して、コントロールデータを設定する。

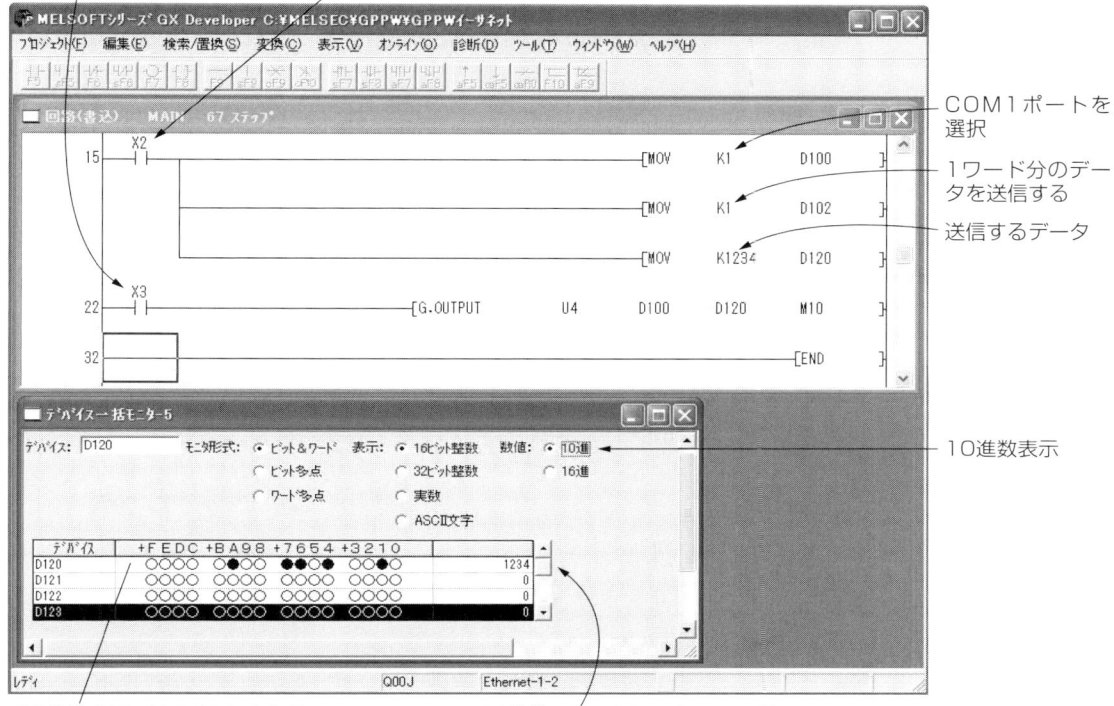

COM1ポートを選択

1ワード分のデータを送信する

送信するデータ

10進数表示

16進数表示では04D2$_H$となる。

10進数では1234になっている

図6　通信データ送信命令のプログラム例

シリアル通信データを読込むプログラム (Melsec Qシリーズの無手順受信の方法)

シリアル通信 無手順通信2

前項の無手順通信1と同じシステムにおいて、外部機器から送られてきたシリアル通信データをPLCのデータメモリに読込むプログラムを作ります。

外部機器から受信したデータは、シリアルコミュニケーションユニットの入力バファに書込まれるので、これを図1のG.INPUT命令を使ってPLCのデータメモリに取込みます。

〈命令語〉	通信入力データ取込命令　G.INPUT
〈書　式〉	〔G.INPUT　U*　　　　D*　　　　D*　　　　M*〕 ユニットの先頭チャネル番号（入出力番号から下1桁をはずした番号を*に書く） / 受信ポート番号などを設定するデータメモリ。(D*)+3のアドレスには受信可能ワード数を設定する。コントロールデータの先頭データメモリ。 / 受信データを格納するデータメモリの先頭アドレス / 実行完了でONするビット番号（内部リレーなど）
〈機　能〉	外部から送られてきた通信データをシリアルコミュニケーションユニットが受取ると、シリアルコミュニケーションユニットの通信入力バファにいったん蓄えられる。入力したデータの中にターミネータ（CRLF）があると3番目の入力リレーがONして、データメモリに格納できるようになる。

先頭アドレスに加算する数	アドレス例	コントロールデータ
+0	D0	受信ポート番号　1:CH1、2:CH2
+1	D1	受信結果が入力される（0:正常）
+2	D2	受信したデータ数（デフォルトはワード単位）
+3	D3	受信可能ワード数（1以上）

〈プログラム例〉

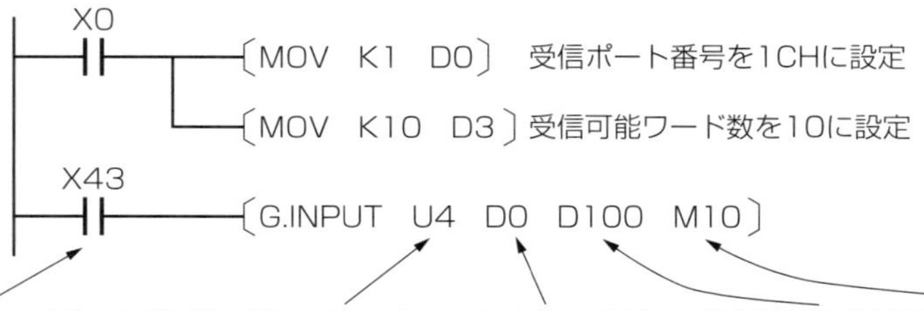

```
      X0
──┤├──────────〔MOV  K1   D0〕 受信ポート番号を1CHに設定
       │
       └────────〔MOV  K10  D3〕 受信可能ワード数を10に設定
      X43
──┤├──────────〔G.INPUT  U4  D0  D100  M10〕
```

- ターミネータコード*CRLFを受信するとONになる接点。シリアルコミュニケーションユニットのCH番号+3の入力リレー。4CHならX43になる。（3番目の入力リレーのこと）
- シリアルコミュニケーションユニットが4CHに装着されているときU4とする。
- コントロールデータのデータメモリの先頭アドレス
- D100の下位8桁から8ビットづつ入力した順にデータが格納される。
- G.INPUT命令が実行完了するとONになる。任意の内部リレー。

※受信用ターミネータコードを変更するにはシリアルコミュニケーションユニットのバファメモリNo.A5$_H$（CH1用）またはNo.145$_H$（CH2用）に0$_H$〜FF$_H$の値を入れて終了コードとする。デフォルトは0D0A$_H$（CRLF）になっている。

図1　通信データ取込命令　G.INPUT

無手順通信2

　取込むタイミングは、通常入力バファにターミネータコードを受信したときにONするリレー X□3 を利用します。□には、シリアルコミュニケーションユニットが装着されているチャネル番号が入ります。この例の場合には、X 43 が ON したときに G. INPUT 命令を実行してデータを取込んでいます。
　図2に受信データを入力するプログラム例を示します。
　画面下側には取込んだデータを GX-Developer のモニタ機能を使って表示したところを示してあります。

ターミネータコードCRLF（0A0D_H）を受信すると自動的にONする接点。
（この例ではシリアルコミュニケーションユニットが4CHに接続されているのでX43となっている。2CHならばX23となる。）

D10に通信ポート番号1（CH1）を設定

D13に受信可能ワード数16を設定。
（16進数の10）

ターミネータコードCR+LF
（ASCIIコードでCRは0D_H、LFは0A_H）

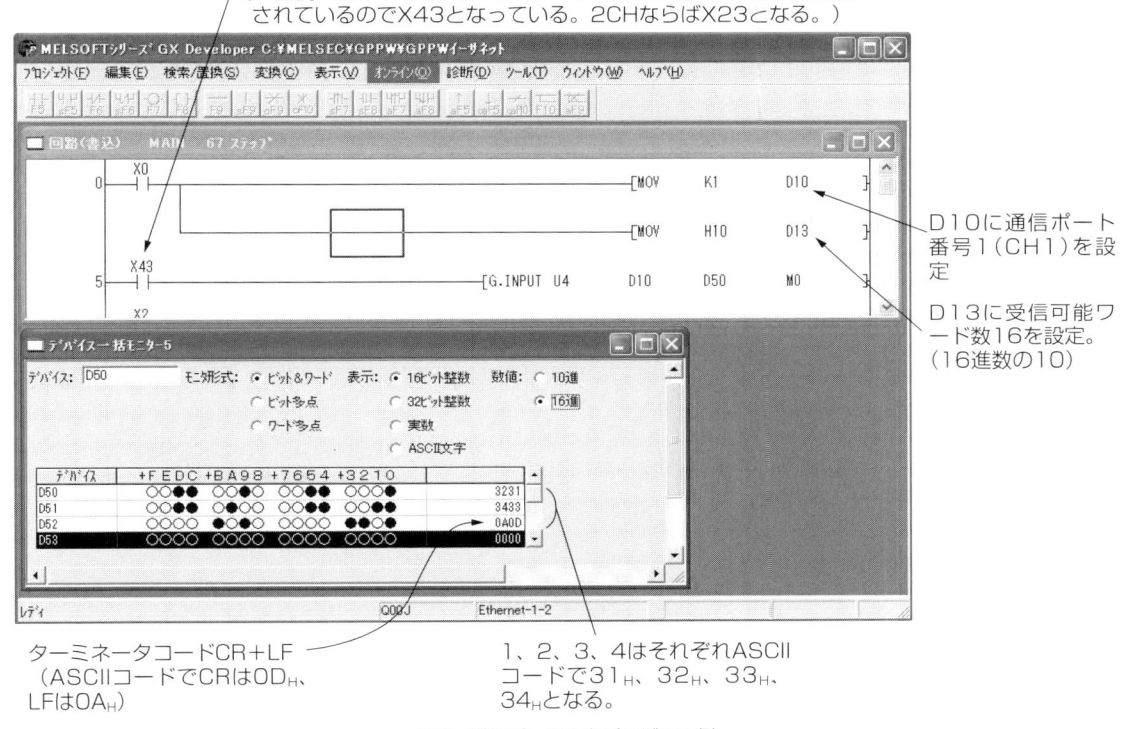

1、2、3、4はそれぞれASCIIコードで31_H、32_H、33_H、34_Hとなる。

図2　受信データ入力プログラム例

2章●シリアル通信を使った外部機器とのデータ送受信

シリアル 通信	COMポートを使ったデータ送信プログラム
無手順通信3	（Sysmac CS1シリーズの無手順送信）

Sysmac CS1シリーズの無手順通信の設定とデータ送信プログラムの作り方を紹介します。

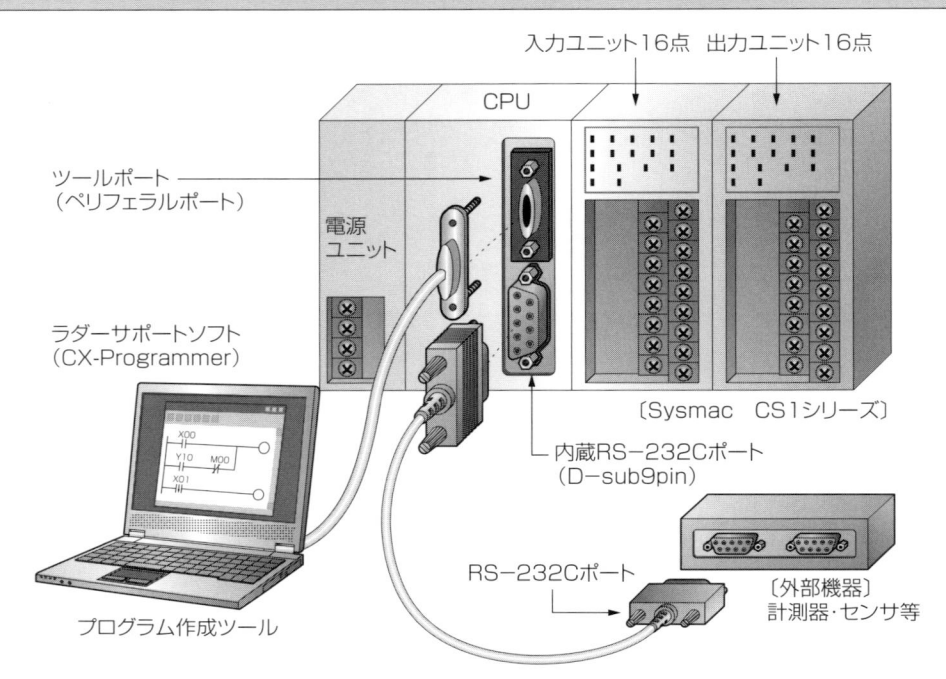

図1　Sysmac CS1シリーズの内蔵 RS 232 C

　Sysmac CS1シリーズのCPUに、COMポート（RS 232 C）が内蔵されているタイプを使って外部機器と通信します。図1のようなシステム構成で、PLCから外部機器へデータを送信するプログラムを作ります。

　Sysmac CS1のCOMポートのピン配列と一般的な通信ケーブルの接続を図2に示します。このケーブルで外部機器を接続したら、ラダーサポートソフトウェアCX-Programmerを使ってCOMポートの設定を行います。CX-Programmerを立上げて、メニューの「PLC」→「PLC情報」→「PLCシステム設定」を呼び出して、「上位リンクポート」タブをクリックします。すると、

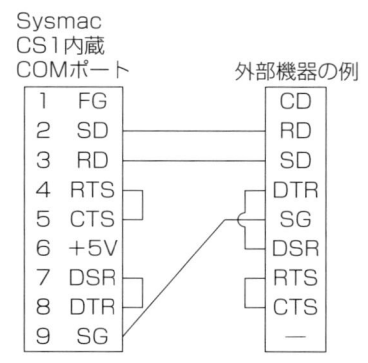

Sysmac CS1内蔵 COMポート		外部機器の例
1	FG	CD
2	SD	RD
3	RD	SD
4	RTS	DTR
5	CTS	SG
6	+5V	DSR
7	DSR	RTS
8	DTR	CTS
9	SG	－

図2　RS 232 C 通信ケーブルの結線例

図3の画面が表示されるので、通信設定を行います。通信設定をユーザ設定にしたときには、通信速度と通信パラメータの設定が自由にできます。さらに、スタートコード、エンドコード（ターミネータ）の選択または設定ができます。スタートコード、エンドコードはそれぞれ送信するデータの前と

無手順通信 3

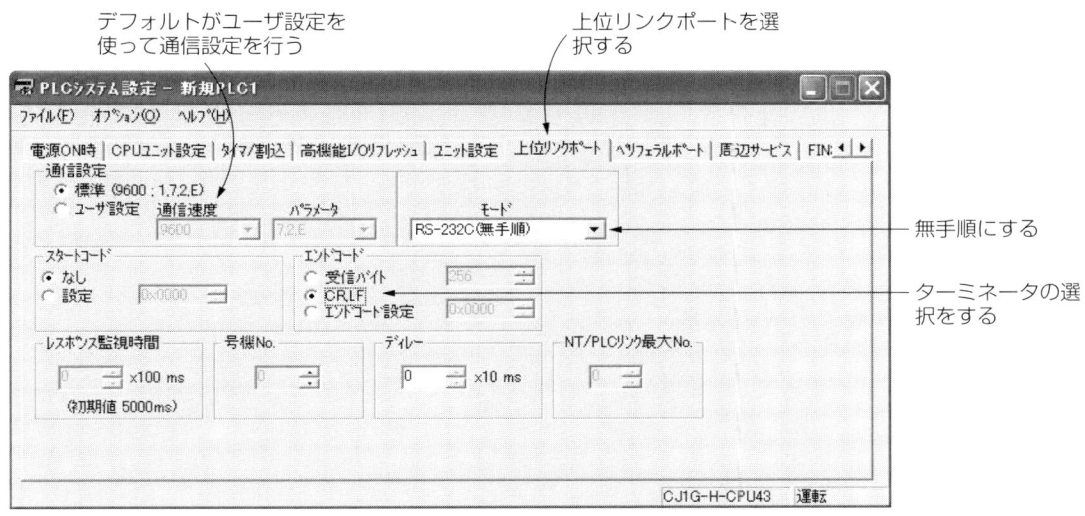

図3 CPU 内蔵 COM ポートの設定

〈命令語〉	通信ポート出力命令 TXD
〈書　式〉	TXD / D* / D☆ / #4　　送信データの先頭CH番号 コントロールデータ設定用データメモリD☆に#1を代入するとデータを下位バイト→上位バイトの順に、また#0を代入すると上位バイト→下位バイトの順に送信する。 （例）送信データの先頭がD0の場合 　　　（上位8bit）（下位8bit） 　　D0　①　　② 　　D1　③　　④ #1だと②→①→④→③の順に、 #0だと①→②→③→④の順に送信される。 4バイト(2ワード)分送信する。(1バイトは8ビット)
〈機　能〉	PLC システム設定の上位リンクポートタブ（図3）の設定に従って、CPU 内蔵の RS-232C ポートからデータメモリの内容を送信する。PLC システム設定でエンコードを CRLF にしておくと、データの最後に CRLF が自動的に送信される。
〈例〉	0.00 ─┤├─ MOV #1234 D100　　D100に送信データ1234$_H$を設定する 　　　　　　 MOV #0 D200　　D200にコントロールデータ0$_H$を設定する 　　　　　　 TXD D100 D200 #2　　D100から2バイト分のデータをCPU内蔵のRS-232Cポートに出力する。

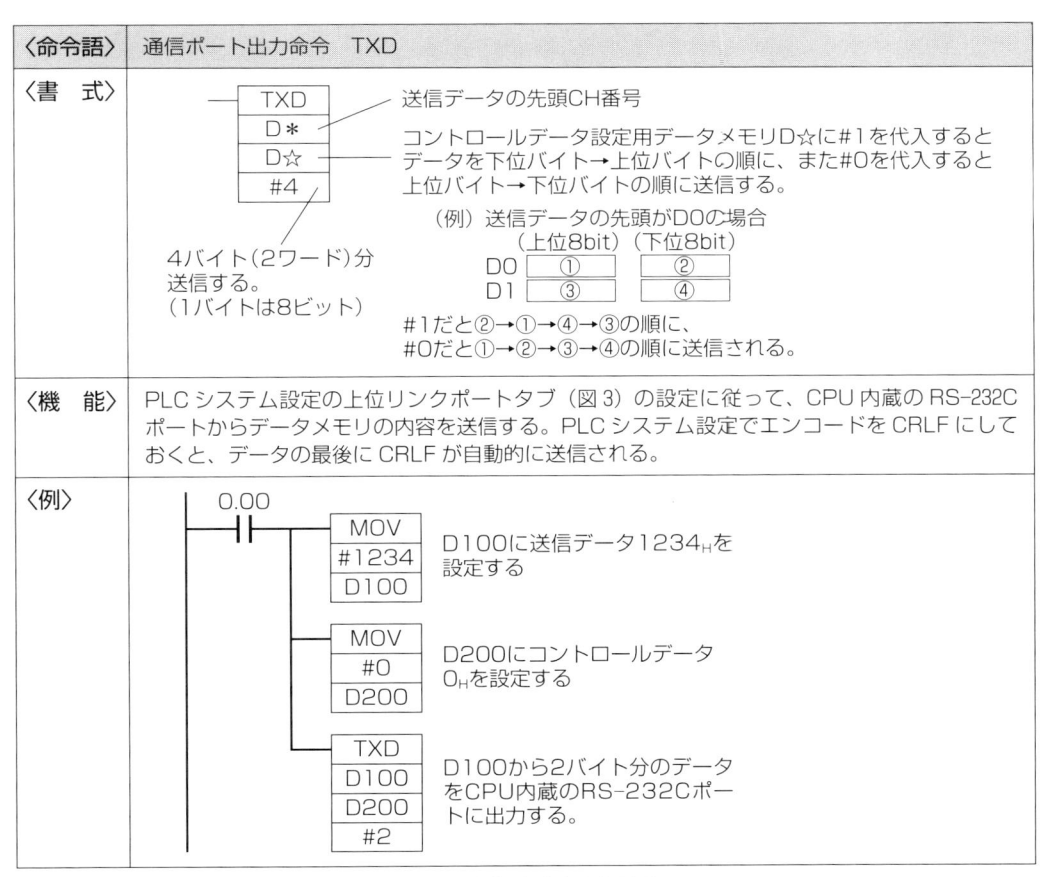

図4 通信ポート出力命令 TXD

2章●シリアル通信を使った外部機器とのデータ送受信

後ろに自動的に追加されるコードで、計測器などではスタートコードはなしで、エンドコードとしてCR＋LFのターミネータが付けられるものが多くあります。

設定できる通信速度と通信パラメータ

通信速度：300～115200 bps
パラメータ：データ長（7か8）、
　　　　　　ストップビット長（1か2）、
　　　　　　パリティ（Nなし、E偶数、O奇数）

　COMポートから外部機器にデータを送信するにはTXD命令を使います。TXD命令は図4の機能を持つ応用命令で、データメモリに格納されているデータを内蔵COMポートから送信します。

　図5は、CX-Programmerで作ったデータ送信のプログラム例です。データメモリD0に入っている3132という16進のデータをTXD命令で送信しています。

　TXD命令は送信Readyの特殊リレーがONしていないと送信できないので、図5のプログラムのようにTXD命令の前にA392.05のリレー接点が入っています。また、TXD命令はパルスで実行するようにしておかないと何度も送信してしまうので、図5のように入力をパルスにするか、@TXDとしてパルス命令にして使います。

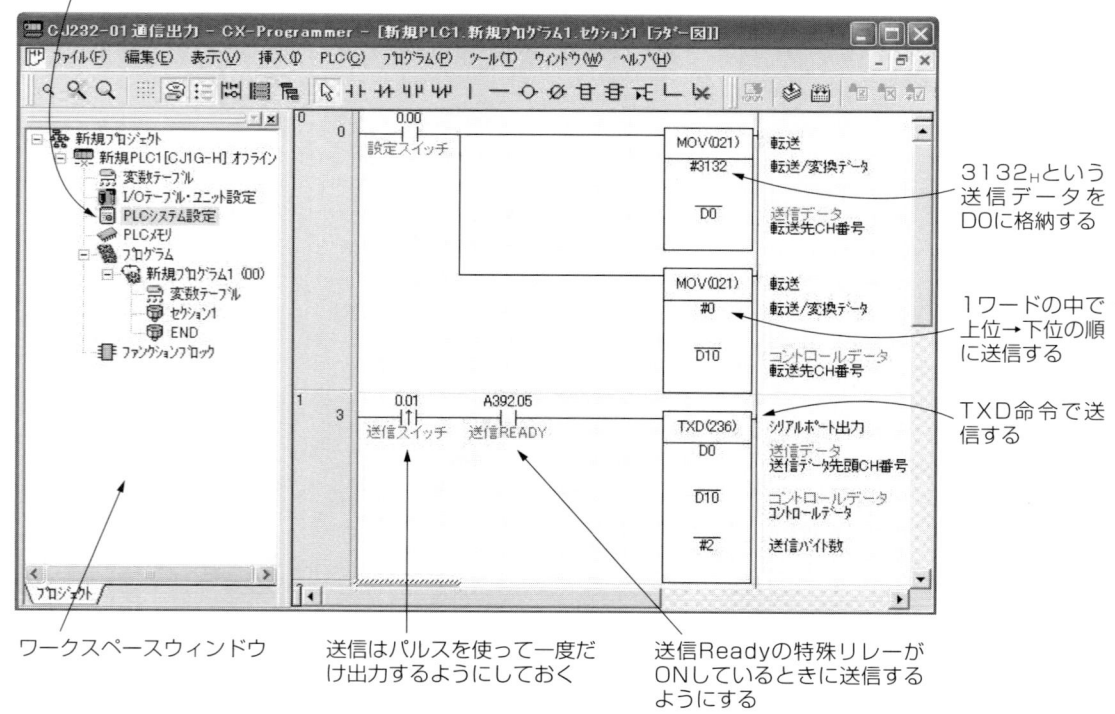

図5　TXD命令による送信プログラム

シリアル通信 無手順通信4

COMポートでデータ受信するプログラム（Sysmac CS1シリーズの無手順受信）

> 前項の無手順通信3と同じシステムを使って、外部機器から送られてきたシリアル通信データをPLCのデータメモリに転送するプログラムを作ります。

内蔵COMポートの受信バッファで受信したデータは、図1の通信ポート入力命令RXDを使ってデータメモリに格納することができます。

受信バッファにCRLFなどのターミネータコードが入力されると、受信完了リレー A 392.06 が ON するので、このリレーが ON しているときにRXD命令を実行するようにします。

受信データをデータメモリのD400に取込むプログラムを図2に示します。

〈命令語〉	通信ポート入力命令　RXD
〈書式〉	RXD / D* ← 受信データを格納するデータメモリの先頭アドレス D☆ ← コントロールデータを格納するデータメモリの番号。0：上位バイト→下位バイト、1：下位バイト→上位バイトの順に格納する。 #8 ← 受信データを格納するバイト数。#8なら8バイト（4ワード）を受信バッファからデータメモリに格納する。
〈機能〉	PLC内蔵のRS-232Cポートの受信バッファのデータをデータメモリに格納する。受信バッファが受信を開始して、ターミネータコードを入力すると、特殊リレーA392.06がONするので、そのときにRXD命令を使って受信バッファのデータを設定したバイト数ずつデータメモリに格納していく。1回でデータを読み切れないときには、再度RXD命令を実行するようにする。ターミネータを設定していないときは受信バイト数が設定値になるとA392.06がONになる。

図1　通信ポート命令　RXD

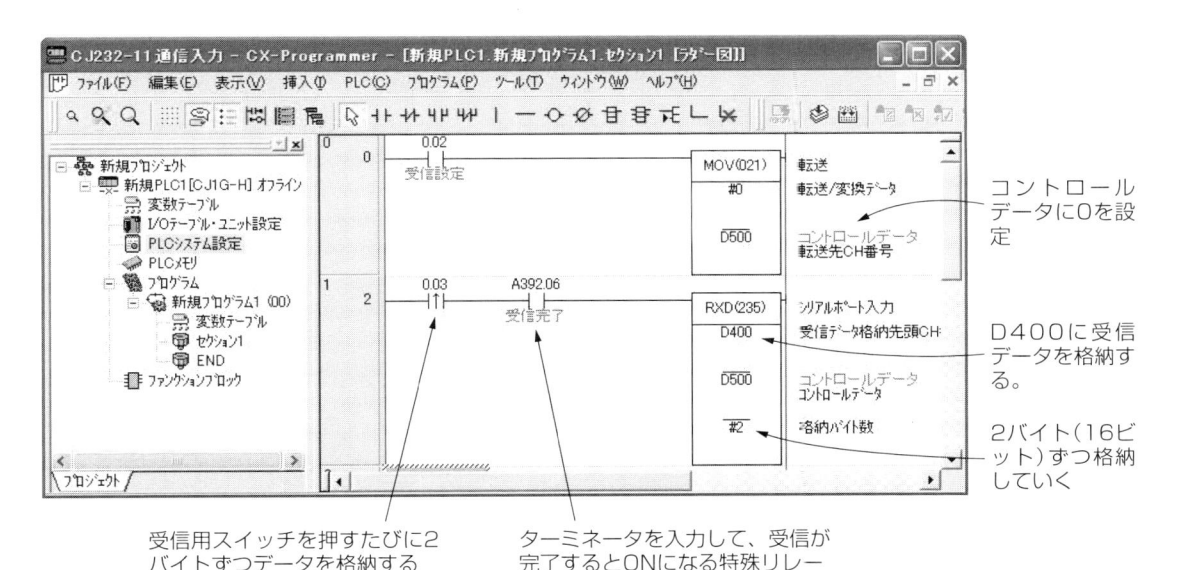

図2　受信データのプログラム例

3章 PLCを使ったネットワーク

1つのシステムを複数のPLCで制御するような場合にPLC間でデータを共有するにはPLCリンクがよく利用されます。PLCリンクより小規模なデータやI/Oの受渡しであれば、リモートI/Oと呼ばれるネットワークを利用するのが便利です。PLCリンクにはMelsec NetやController Link、リモートI/OにはCC LinkやDevice Netなどがあります。
本編ではこれらのネットワークの機能について解説します。

PLCネットワーク / PLCリンク
PLCリンクを利用してデータを共有する

PLCのCPU同士を接続してデータを共有するにはPLCリンクユニットがよく利用されます。Sysmac CシリーズではSysmac Link、Controller LinkなどがあZZり、MelsecシリーズではMelsec Netなどが用意されています。

PLCリンクユニットは、高機能ユニットとしてPLCのスロットに装着して、光ケーブルやツイストペアケーブル、同軸ケーブルなどで接続するのが一般的です。

図1には、Melsec NET/Hを使ったPLCリンクの例を示します。PLCリンクはネットワーク上でリレーエリアとデータメモリのエリアを共有するもので、各局で共通のデータエリアを読み出すことができます。

一方、書込みができるエリアは局ごとに重複しないように割付けます。

図1の例では、管理局を局番1として、局番1にはリンクリレーB0〜B1Fとリンクレジスタ W0〜W3Fが割付けられているので、そのエリアについては局番1のPLCによってデータを書き換えることができるようになります。その他のエリアは読込みだけができるエリアになります。

図2はGX-Developerを使った管理局の設定画面です。

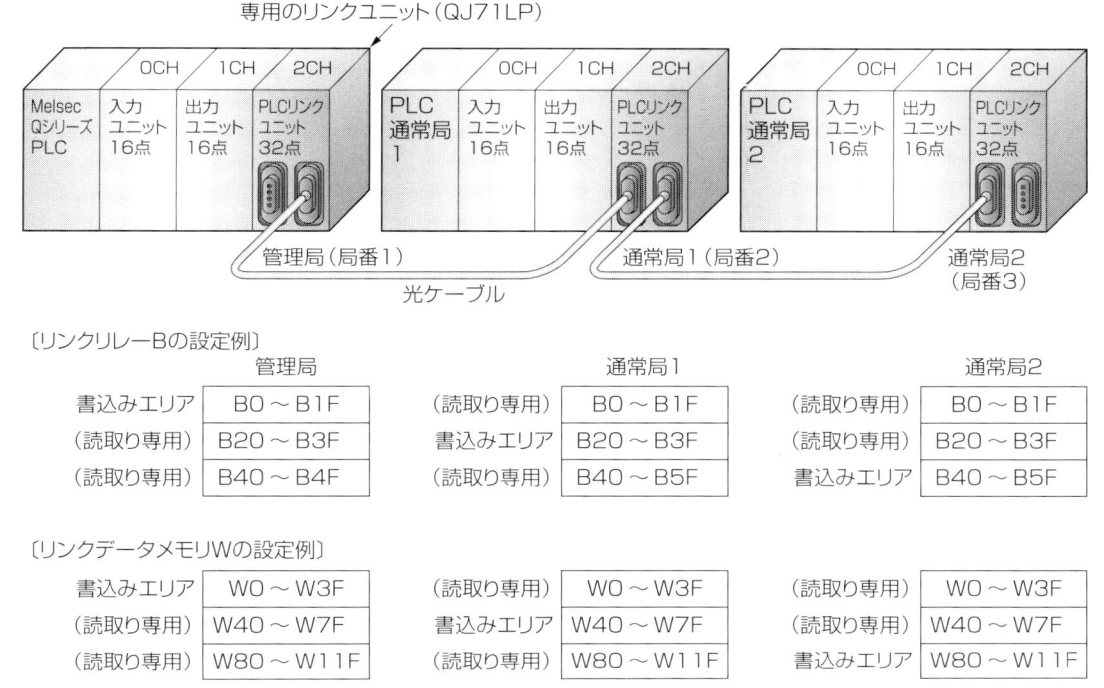

図1 PLCリンクユニットの接続（Melsec NET/Hの例）

〔リンクリレーBの設定例〕

	管理局		通常局1		通常局2	
書込みエリア	B0～B1F	（読取り専用）	B0～B1F	（読取り専用）	B0～B1F	
（読取り専用）	B20～B3F	書込みエリア	B20～B3F	（読取り専用）	B20～B3F	
（読取り専用）	B40～B4F	（読取り専用）	B40～B5F	書込みエリア	B40～B5F	

〔リンクデータメモリWの設定例〕

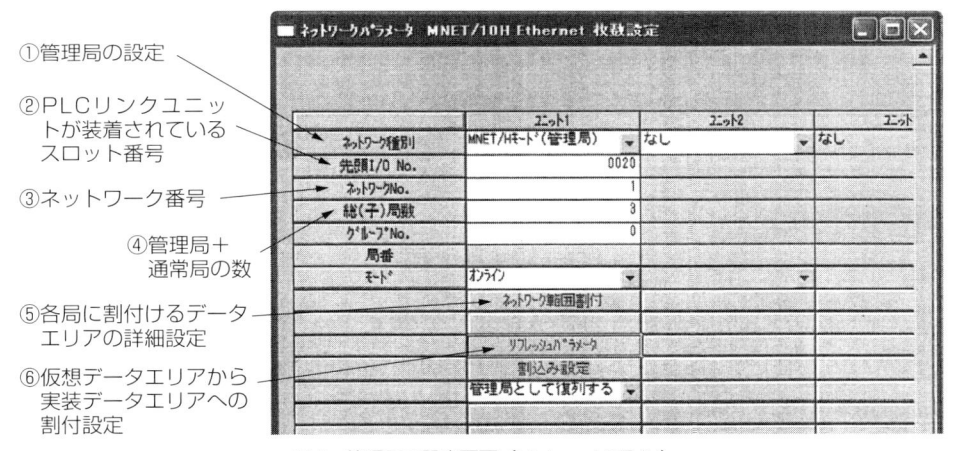

	管理局		通常局1		通常局2	
書込みエリア	W0～W3F	（読取り専用）	W0～W3F	（読取り専用）	W0～W3F	
（読取り専用）	W40～W7F	書込みエリア	W40～W7F	（読取り専用）	W40～W7F	
（読取り専用）	W80～W11F	（読取り専用）	W80～W11F	書込みエリア	W80～W11F	

①管理局の設定
②PLCリンクユニットが装着されているスロット番号
③ネットワーク番号
④管理局＋通常局の数
⑤各局に割付けるデータエリアの詳細設定
⑥仮想データエリアから実装データエリアへの割付設定

図2 管理局の設定画面（Melsec NET/H）

ここに必要データを設定して、⑤のネットワーク範囲割付けボタンで図3の画面を呼び出します。割付設定画面を使って各局からの書込み可能なエリアの設定をします。

ここでは各局に割付る仮想的なリンクリレー（LB）とリンクデータメモリ（LW）の範囲を図3の例のように設定しました。設定終了ボタンをクリックすると確定します。

続いて図2のリフレッシュパラメータのボタンをクリックすると、図4の画面が開きます。ここで、ネットワーク上の仮想的なネットワークデバイスLB、LWと実装されているリンクリレーBおよびデータレジスタWとを結び付ける設定をします。通常はLBとB及びLWとWの範囲は同じ値に設定しておけばよいでしょう。この設定は、管理局と通常局の両方に必要です。

3章●PLCを使ったネットワーク

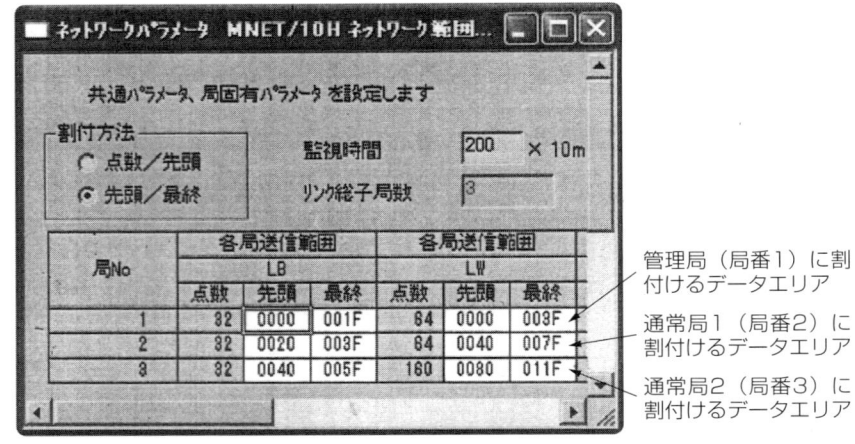

図3 管理局による各局の書込み範囲の割付設定（Melsec NET/H）

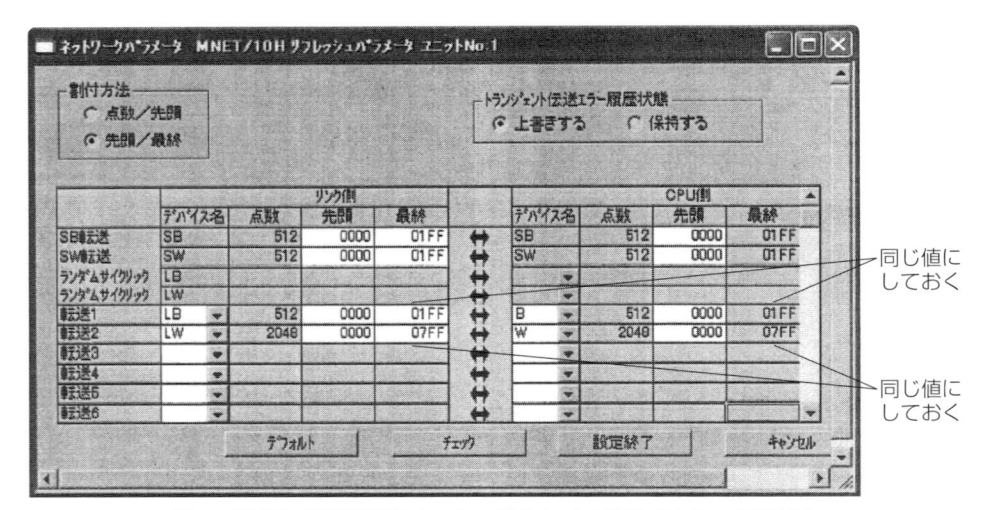

図4 管理局・通常局のリフレッシュパラメータの設定（Melsec NET/H）

図5は、通常局の設定画面です。通常局にはネットワーク範囲割付けはありません。

図5 通常局の設定画面（Melsec NET/H）

PLC ネットワーク CC リンク
CC リンクの設定とプログラム

> CC リンクは、Melsec シリーズの PLC で利用できるオープンフィールドネットワークです。

　CC リンクのマスタユニットを装着した PLC をホストとして、複数のリモート I/O ユニットやローカルユニットを装着した PLC などとの間でリモート入出力ビットやリモートレジスタデータの送受信を行います。CC リンクのマスタユニットの外観を図 1 に示します。ローカルユニットとはツイストペアケーブルで接続して端末に終端抵抗を付けます。マスタ局の局番は 0 にします。データの交信は高速にサイクリックに行われ、常時新しいデータに書換えられます。交信速度はモード番号で変更できます。

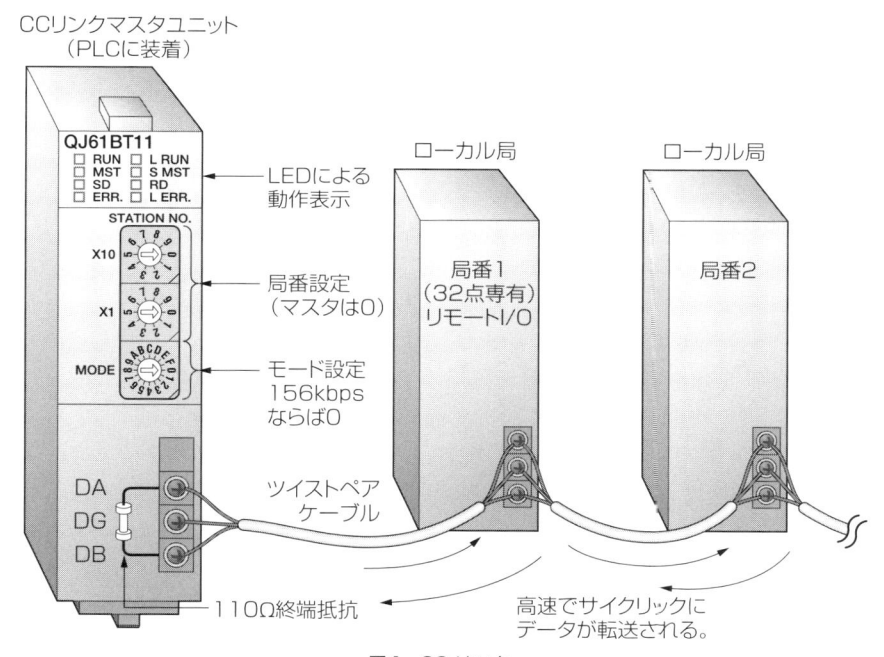

図 1　CC リンク

　CC リンクでビットデバイスの交信を行うときには、リモート入力リレー RX、リモート出力リレー RY が使われますが、そのリレーのデータをリフレッシュデバイスの設定で PLC のプログラムで利用できるリレー番号に置き換えて利用します。
　このリレー番号を置き換える割付けは、マスタユニットを装着している PLC のパラメータ設定で行います。
　図 2 はマスタユニットのネットワークパラメータの設定画面です。ここでは、リモート入出力リレ

3章●PLCを使ったネットワーク

－RX 0～をX 200～、RY 0～をY 200～に置き換えています。

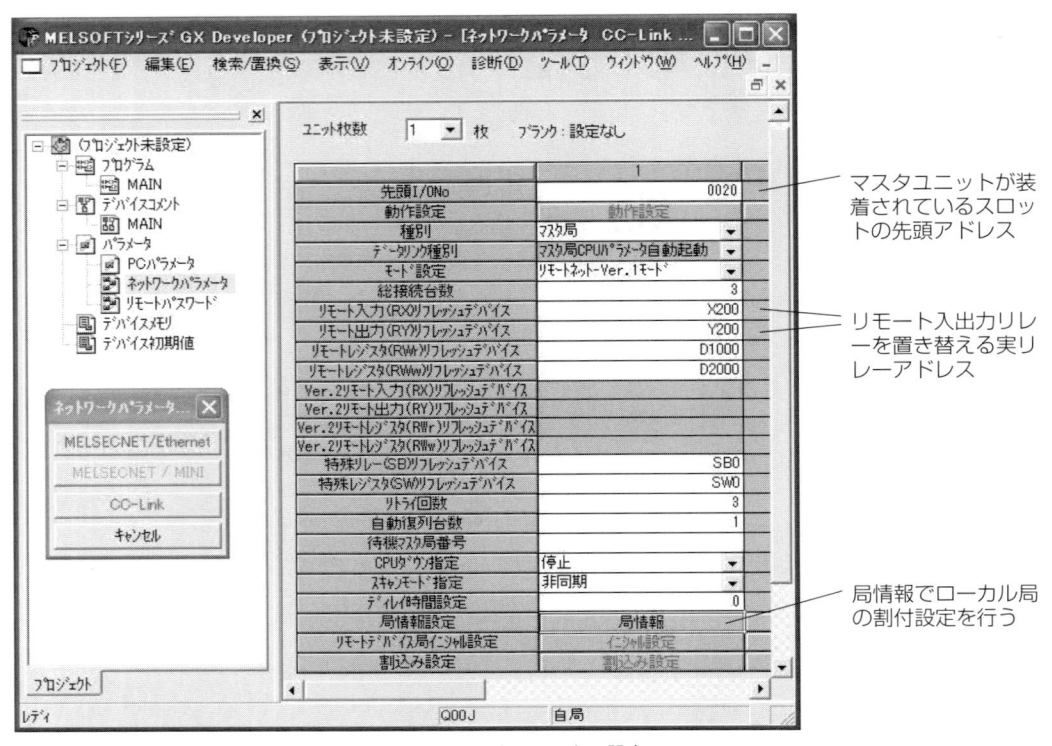

図2　マスタユニットの設定
（GX-Developerによる設定）

右側注釈：
- マスタユニットが装着されているスロットの先頭アドレス
- リモート入出力リレーを置き換える実リレーアドレス
- 局情報でローカル局の割付設定を行う

さらに、局情報の項目をクリックして、図3の設定画面を呼出します。この画面では局番1と2が32点のリモートI/O局、局番3が32点のCCリンクのローカルユニットを使う設定になっています。このように設定すると、各局番には次のようにI/O番号が割付けられます。

	リモート入出力リレー	マスタ局での割付	割付点数
局番1 （リモートI/O）	RX 0～RX 1F RY 0～RY 1F	X 200～X 21F Y 200～Y 21F	32点
局番2 （リモートI/O）	RX 20～RX 3F RY 20～RY 3F	X 220～X 23F Y 220～Y 23F	32点
局番3 （ローカル局）	RX 40～RX 5F RY 40～RY 5F	X 240～X 25F Y 240～Y 25F	32点

次にローカル局のPLCの設定をします。ローカル局のPLCにも図1のマスタユニットと同じCCリンクユニット（QJ 61 BT 11）を装着して、パラメータでローカルユニットとして設定します。図4は局番3のPLCのCCリンクパラメータをGX-Developerで設定した例です。ここでは、マスタユニットと同じリモート入出力リレーを割付けておくとよいでしょう。

CCリンク

リモート入出力リレーの
各局への割付

局番1
RX0～RX1F
RY0～RY1F

局番2
RX20～RX3F
RY20～RY3F

局番3
RX40～RX5F
RY40～RY5F

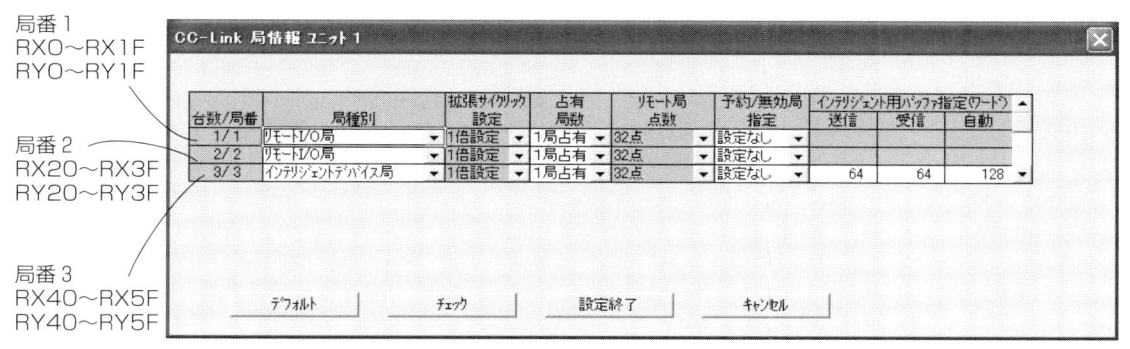

図3　マスタユニットによる局情報の設定

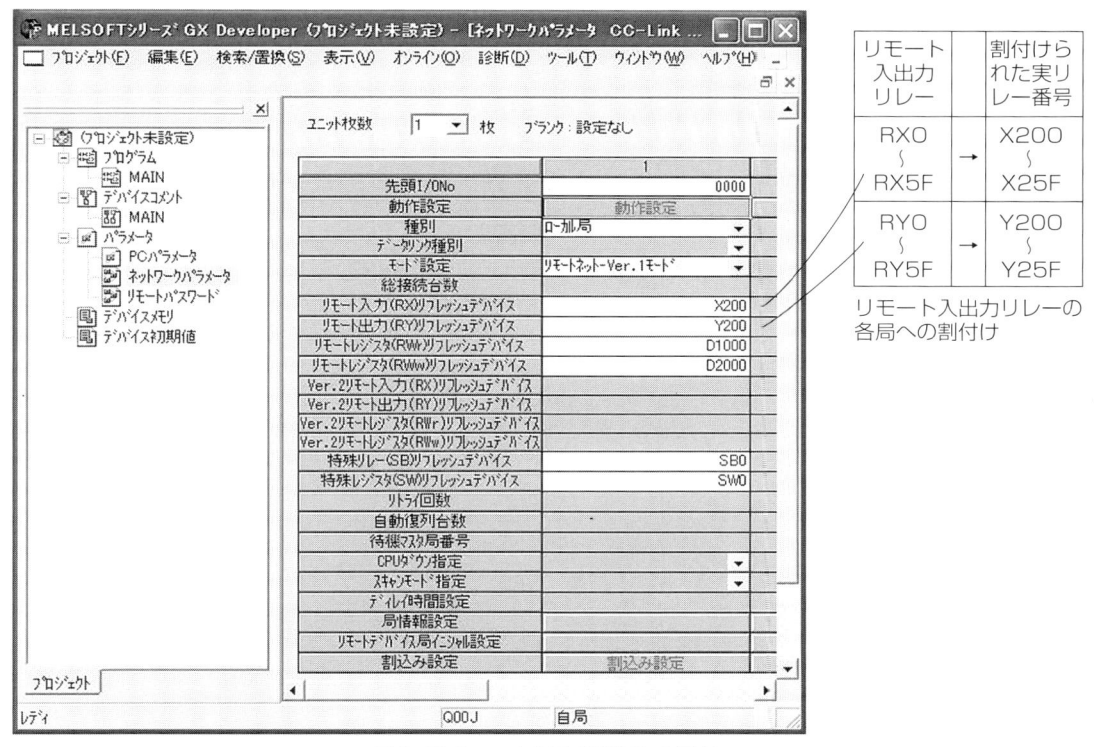

図4　PLCローカル局（局番3）の設定

リモート入出力リレー	割付けられた実リレー番号
RX0 ～ RX5F	→ X200 ～ X25F
RY0 ～ RY5F	→ Y200 ～ Y25F

リモート入出力リレーの
各局への割付け

　この設定が完了すると、図5のように各ユニット間でデータの受け渡しができるようになります。ホストPLCから見ると、ローカルユニットはホストPLCの入出力リレーのアドレス200番に割付られたI/Oユニットとみなしてプログラムすることができます。

3章●PLCを使ったネットワーク

マスターPLCのプログラム例

```
X0 ───┤├─────────────────( Y240 )
X250 ──┤├─────────────────( Y10 )
X220   X221
──┤├────┤/├──────────────( Y12 )
Y12 ─┤├─┘
X1 ───┤├─────────────────( Y200 )
```

（ローカル局番3でY250をONにするとマスタのX250がONになる）

（マスタCPUの入力X1がONすると、リモートI/O局番1の出力0（Y200）がONする。）

（リモートI/Oの入力（X220）がONするとマスタPLCのY12が自己保持になる。リモートI/Oの入力1（X221）がONすると自己保持は解除する。）

左側の構成：

- PLC CPU（マスター）／16点入力（X0〜XF）／16点出力（Y10〜Y1F）／CCリンクマスタ 局番0 モード0（156kbps）
- 終端抵抗

16点リモート出力局
Y200〜Y20F ← RY0〜RYF
出力 0 1 2 3 4 5 6 7   8 9 A B C D E F
↑Y200
局番1 モード0
リモートI/Oは1局で32点専有する。

16点リモート入力局
X220〜X22F ← RX20〜RX2F
入力 0 1 2 3 4 5 6 7   8 9 A B C D E F
↑X221 ↑X220
局番2 モード0
リモートI/O 32点専有

X240〜X25F ← RX40〜RX5F
Y240〜Y25F ← RY40〜RY5F

- PLC CPU（ローカル）／CCリンクローカル 局番3 モード0／16点入力／16点出力
- 終端抵抗

ローカルPLC（局番3）のプログラム例

```
X10 ──┤├─────────────────( Y250 )
X240 ─┤├─────────────────( Y30 )
```

（マスタ局でY240をONにするとローカル局番3のX240がONになる）

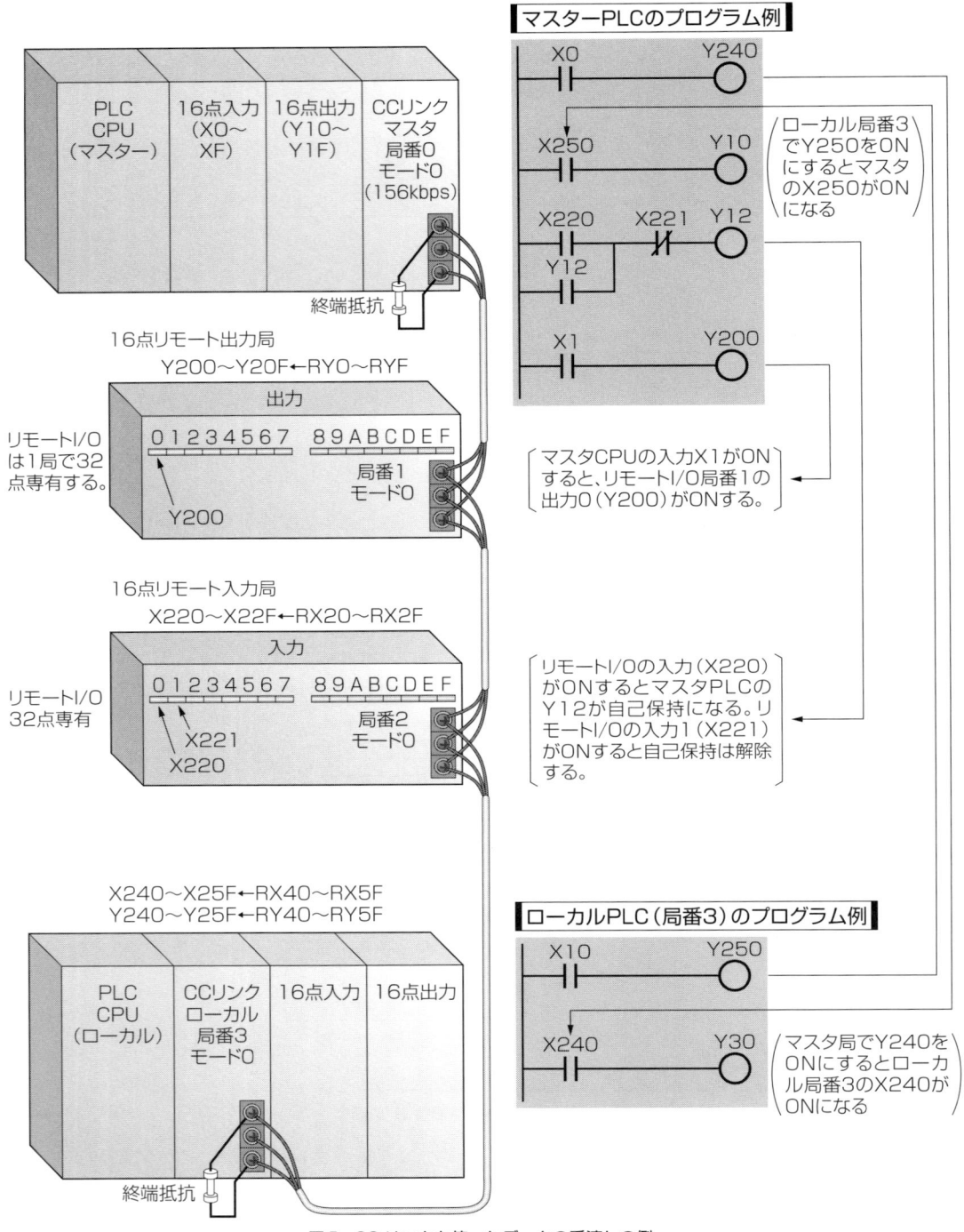

図5　CCリンクを使ったデータの受渡しの例

　データメモリは、リモートレジスタを使って送受信ができます。ローカル局で書込用リモートレジスタ RW_w に書き込んだデータはマスタ局では RW_r の値として見ることができるようになります。

デバイスネットの設定とプログラム

PLC ネットワーク / デバイスネット

> デバイスネットは、PLC 本体から離れた場所にある機器の入出力をシリアル通信を使って制御するオープンフィールドネットワークの1つです。

図1は、Sysmac CS1/CJ1シリーズに対応したデバイスネットのマスタ局のユニットです。デバイスネットユニットはPLC本体に装着して利用する高機能ユニットの1つです。

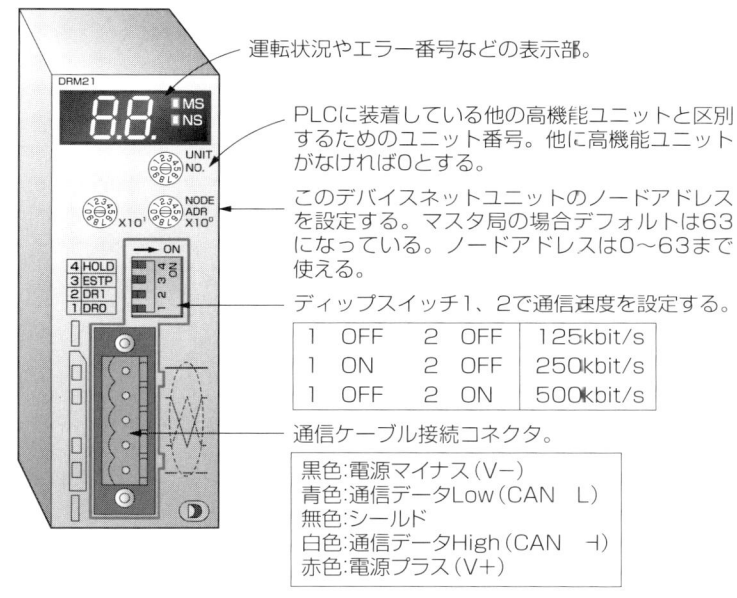

- 運転状況やエラー番号などの表示部。
- PLCに装着している他の高機能ユニットと区別するためのユニット番号。他に高機能ユニットがなければ0とする。
- このデバイスネットユニットのノードアドレスを設定する。マスタ局の場合デフォルトは63になっている。ノードアドレスは0～63まで使える。
- ディップスイッチ1、2で通信速度を設定する。

1	2	速度
OFF	OFF	125kbit/s
ON	OFF	250kbit/s
OFF	ON	500kbit/s

- 通信ケーブル接続コネクタ。

黒色：電源マイナス（V−）
青色：通信データLow（CAN L）
無色：シールド
白色：通信データHigh（CAN H）
赤色：電源プラス（V+）

図1 デバイスネットユニット（OMRON製 CJ1W-DRM21の例）

デバイスネットのノード管理を固定割付けで行った場合は、0 ch～63 chまでの64 ch分の入出力を管理できます。1 chは16ビットの入出力点数を持つことができるので、2,048点までの入出力ビットを制御できることになります。

通信速度はユニットのディップスイッチで設定し、125 kbit/s、250 kbit/s、500 kbit/sの3種類から選択できます。同一ネット上のすべてのユニットを同じ通信速度に設定しておかなくてはなりません。

図2は、デバイスネットをデフォルトの固定割付設定1を利用して設定したときのネットワーク構成図です。リモートI/O通信を行う固定割付設定1では、デバイスネットのノード番号0に、出力3200 ch、入力3300 chが自動的に割付けられて、順次ノード番号1には出力3201 chと入力3301 chが割付けられるというように、入出力のI/O番号が自動的に決められていきます。

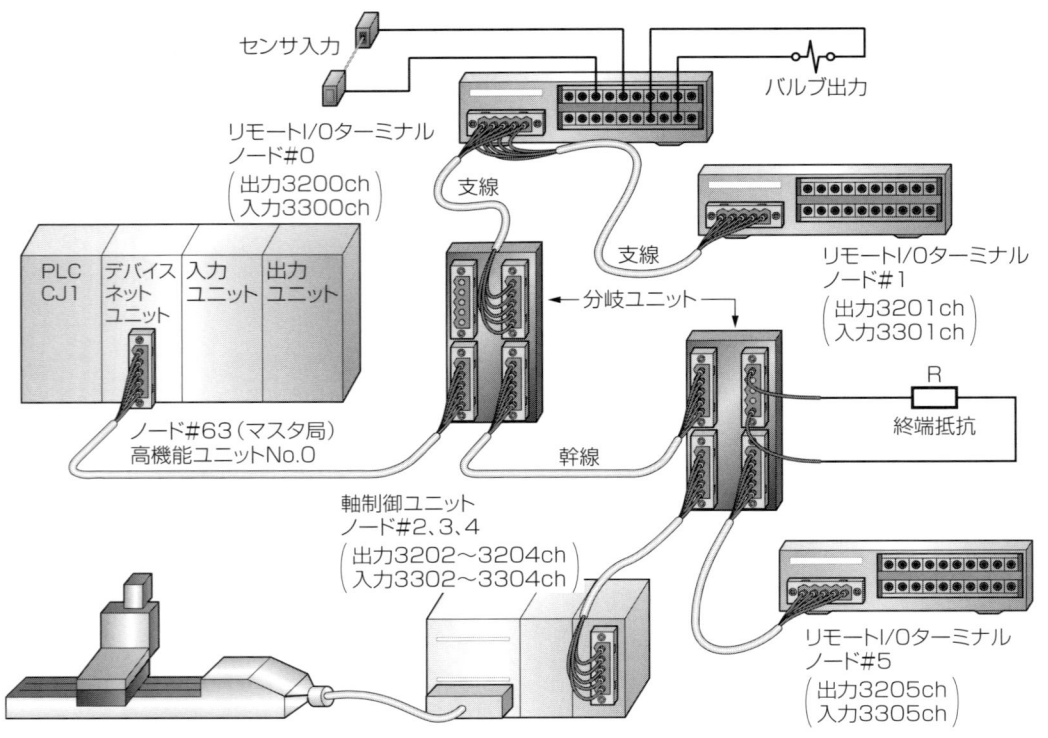

図2　デバイスユニットの構成例（デフォルト固定割付）

　1つのユニットで複数のノードを専有するものは、その分のチャネル数が割付けられていくので、次のユニットはその分だけノード番号を繰り上げて設定します。

　ノード番号が重複するとエラーを起こします。

　PLC本体の入力リレー0.00がONしたときにノード#0のリモートI/Oターミナルの出力ビットNo.3をONするプログラムは図3のようになります。

図3　ノード#0の3ビット目をONするプログラム

　また、ノード#1のリモートI/Oターミナルの入力ビットNo.2がONしたときにPLC本体の出力リレー1.15をONするには、図4のようなプログラムを記述すればよいことになります。

図4　ノード#1の2ビット目の入力がONしたときに
出力リレー1.15をONするプログラム

　このように、デバイスネットでリモートI/O通信の設定ができると、遠隔にあるユニットを通常の入出力リレーと同じようなプログラムで制御できるようになります。

V シーケンスプログラムの作り方と実用構築例

1章 順序制御プログラムの作り方

　機械装置などを決められた順序で動作させるプログラムを作るには順序制御の考え方が必要です。順序制御プログラムをシステマチックに作るためには、順序制御ブロック図を使ったプログラミング方法が有効です。

　本章では、順序制御ブロック図の考え方とそれを使ったプログラミングの具体的な手順について述べていきます。

順序制御プログラム 作り方1　往復運動の順序制御プログラム

自動生産装置のように、決められた順序で繰り返し動作をするためのプログラムを上手に作るための考え方を紹介します。

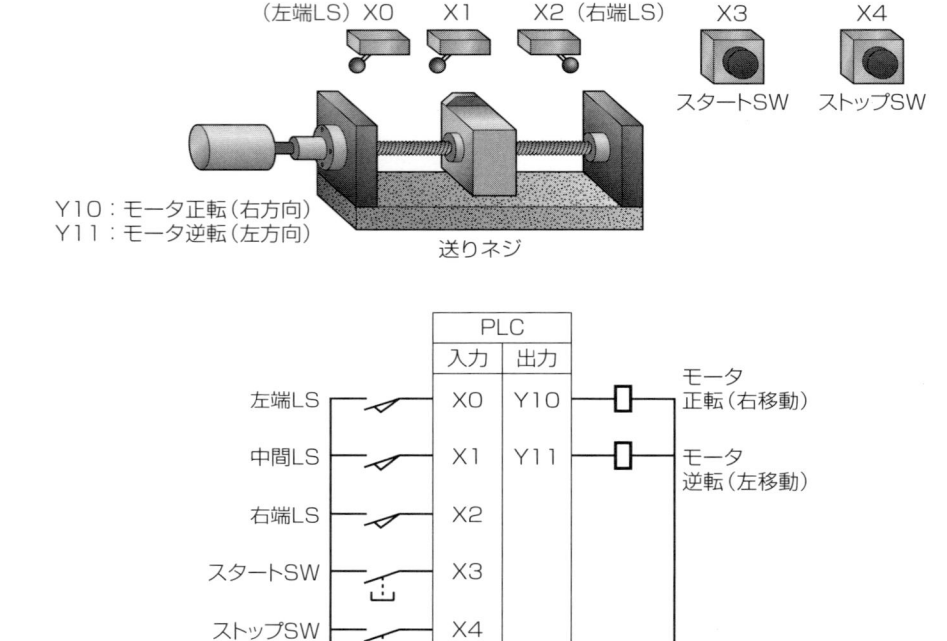

図1　3つの停止位置を持つ送りネジ機構のシステム図

（1）　簡単な1往復のプログラム

図1のシステムにおいて、スタートスイッチ（X3）を押したら送りネジの移動ブロックが、右方向に移動して右端LS（X2）の位置で逆転して左端LS（X0）で停止するものとします。

この制御を行うプログラムの1つの作り方は、表1のようにX3がONしたら右移動出力Y10をONして、X2がONしたらY10をOFFして、Y11をONし、X0がONしたらY11をOFFにするという考え方です。図2は、表1の動作を自己保持回路とセット・リセット命令による2通りのプログラムで実現したものです。

表1 簡単な往復制御の動作順序

	入力の変化　出力の変化	動　作
① 右移動部	X3:ON → Y10:ON	右移動
	X2:ON → Y10:OFF	右移動停止
② 左移動部	X2:ON → Y11:ON	左移動
	X0:ON → Y11:OFF	左移動停止

(a) 出力リレーの自己保持を使った往復プログラム

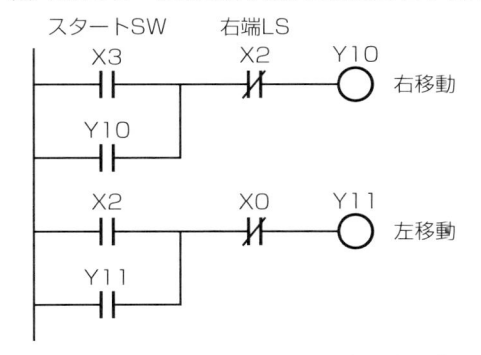

```
 スタートSW    右端LS
    X3         X2        Y10
 ──┤├────────┤/├────────○──  右移動
    Y10
 ──┤├──

    X2         X0        Y11
 ──┤├────────┤/├────────○──  左移動
    Y11
 ──┤├──
```

(b) セット・リセット命令を使った往復プログラム

```
 スタートSW
    X3
 ──┤├──────────────────[SET  Y10] 右移動
  右端LS
    X2
 ──┤├──────────────────[RST  Y10] 右移動停止
  右端LS
    X2
 ──┤├──────────────────[SET  Y11] 左移動
  左端LS
    X0
 ──┤├──────────────────[RST  Y11] 左移動停止
```

図2　入力の変化を利用した1往復プログラム

　(a) のプログラムは、Y10とY11を使った2つの自己保持回路で表現したものです。(b) はセット (SET)、リセット (RST) 命令を使ったプログラムで表現したものです。

　図2を見るとわかるように、このプログラムは何らかの入力が入ったらすぐに出力リレーがONに動作するようになっているので、スタートSW (X3) を押さなくても、不意に右端LS (X2) をONしてしまうとY11がONして左側に移動を始めてしまいます。

　このようなことを起こさないためには、スタートスイッチを押すことからはじまって、必ず図3の順序で動作するようになっていなくてはなりません。これが本来の正しい順序制御です。

　この順序制御を図3の①の右移動部と②の左移動部に分割して①と②を独立した形のプログラムにしてしまうと必ずしも①の次に②が実行される保証がなくなります。

　図2で作ったプログラムはまさにそうしたプログラムなのです。

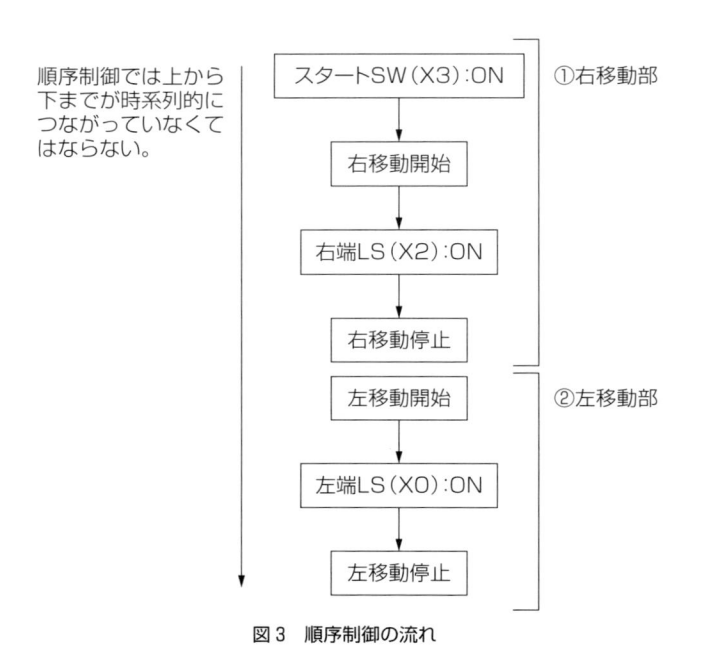

順序制御では上から下までが時系列的につながっていなくてはならない。

スタートSW(X3):ON — ①右移動部
↓
右移動開始
↓
右端LS(X2):ON
↓
右移動停止
↓
左移動開始 — ②左移動部
↓
左端LS(X0):ON
↓
左移動停止

図3　順序制御の流れ

（2）　確実な順序制御プログラム

それでは、図3の順序制御の流れの通りに上から順に確実に実行されるようにするためにはどうすればよいのでしょうか。

図3をよく見てみると、この順序制御の流れは、入力の変化が起こったところで、モータ出力を切り換えているという形になっています。これは出力を変化させるきっかけ（トリガ）が入力の変化したタイミングになっていると言えます。

そこで入力の変化を順番に記憶していって、その変化の順に出力を切換えるようなプログラム構造を作ってみます。

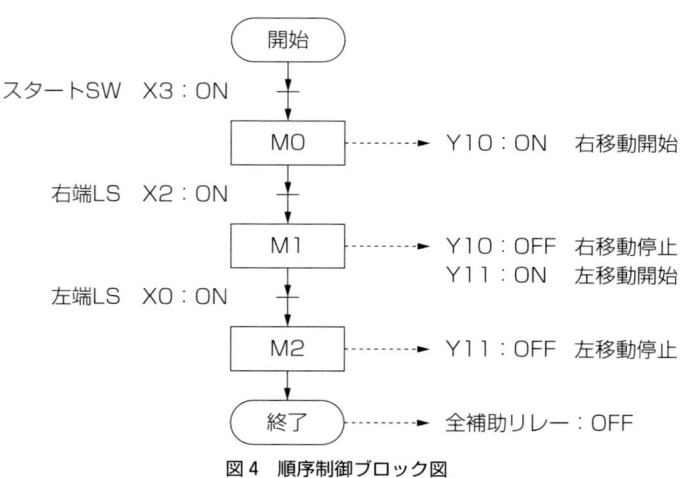

```
              開始
                │
スタートSW X3:ON ─┤
                │
               M0 ┄┄► Y10:ON    右移動開始
                │
右端LS   X2:ON  ─┤
                │
               M1 ┄┄► Y10:OFF   右移動停止
                │       Y11:ON    左移動開始
左端LS   X0:ON  ─┤
                │
               M2 ┄┄► Y11:OFF   左移動停止
                │
              終了 ┄┄► 全補助リレー:OFF
```

図4　順序制御ブロック図

図4は、模式的にその流れを記述した順序制御のブロック図です。入力の変化を補助リレー（M□□）を使って順番にM0、M1、M2……と記憶していきます。すると、Mの変化は出力を切換えるタイミングになるので、MのON-OFFによって出力リレーを切換えるようにします。

図4の中で、X□□：ONとなっている部分はトランジェットと呼ばれ、X□□の条件が整ったときに矢印の方向に進むことを意味しています。X0：ONという表現はX0がOFFならば、その場に留まり、ONになったら制御が下に進むということを表わしています。

四角い枠で囲まれている M□□ は、この場所に制御が到達したら、補助リレーM□□をONにすることを意味しています。

M□□ ┄┄→ Y□□：ON は、補助リレーM□□がONになったとき出力Y□□をONにすることを意味します。

ここでいう M□□ は、プレースと呼ばれ、入力のトリガによって変化した状態を表わします。

（3） 順序制御のプログラム

図4で作った順序制御ブロック図を使ってシーケンスプログラム（ラダー図）を作ります。

(a) 状態の変化部

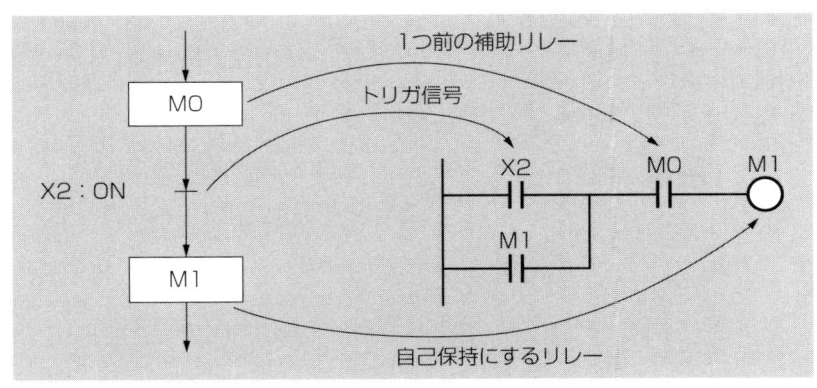

(b) 出力部の変換

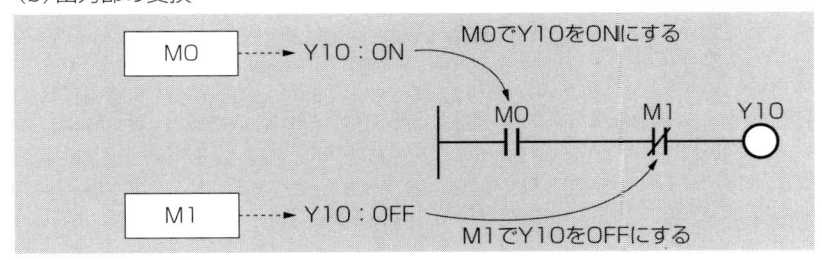

図5　順序制御ブロック図とラダー図の関係

図5には、順序制御ブロック図をラダー図のプログラムに変換する例を示します。(a)の状態変化部では、トリガ信号によって次のプレースにある補助リレーが自己保持になるようにプログラムします。この自己保持は前のプレースがONになっていることが前提条件になるので1つ前の補助リレーの接点をリレーコイルの前に挿入しておきます。

(b)の出力部は、プレースに記述された出力の変化をプレースの補助リレーの接点を使って、出力リレーをON-OFFするように記述します。

このような変換手法を使って図4の順序制御ブロック図をPLCのシーケンスプログラムに変換したものを図6に示します。

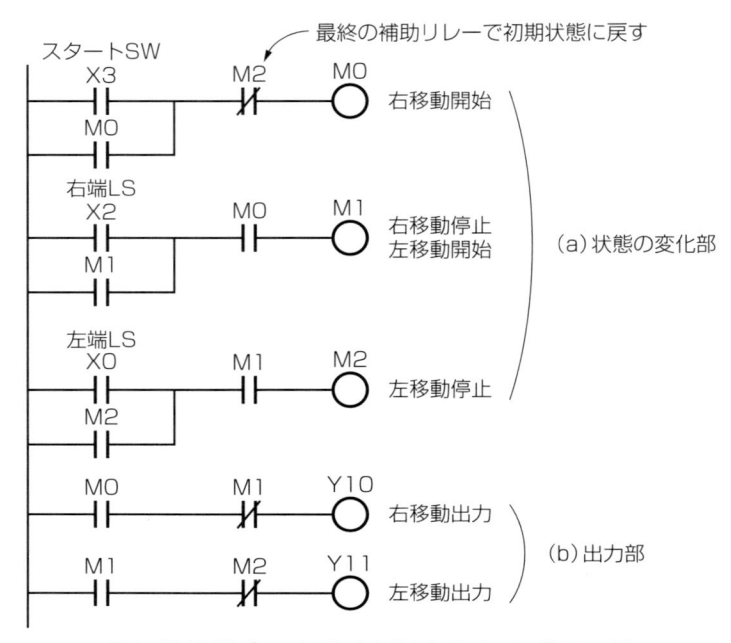

図6 順序制御ブロック図から変換したPLCプログラムの例

図6のプログラムを実行すると、スタートSW（X3）がONするとM0がONになり、右端LS（X2）がONするとM1がONになり、左端LS（X0）がONするとM2がONになります。このように、入力の変化があるたびに1つづつ補助リレーがONしていき、最終的にはすべての補助リレーがONするようになります。

ただし、最後の補助リレーがONしたときは初期状態（すべての補助リレーがOFFの状態）に戻す必要があるので、このプログラムでは最終の補助リレーM2がONしたところで、はじめの補助リレーM0をOFFさせています。

一方、出力部は状態を表わす補助リレーの接点を使って制御しています。

順序制御プログラム 作り方2
順序制御ブロック図を使ったプログラミング

前項（作り方1）の送りネジ機構のシステムを使って、図1のような順序で2往復動作するPLCプログラムを作ってみます。

図1の動作を順序制御ブロック図にすると、図2のようになります。図2の順序制御ブロック図をもとにしてPLCプログラムを作ると図3のように書くことができます。

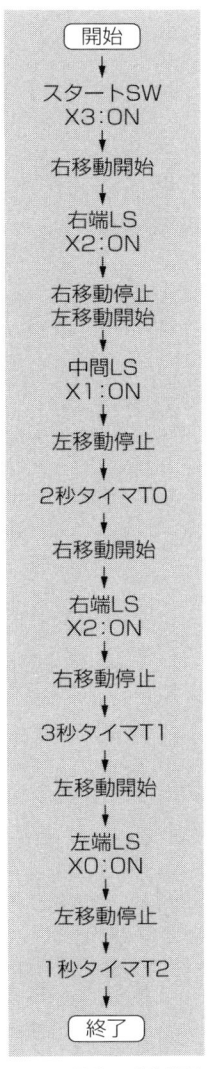

図1 2往復の動作順序

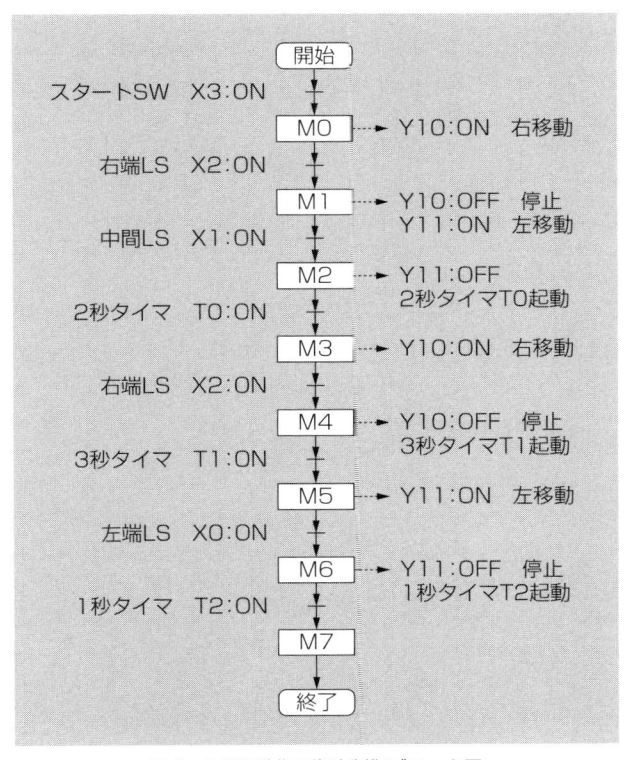

図2 2往復動作の順序制御ブロック図

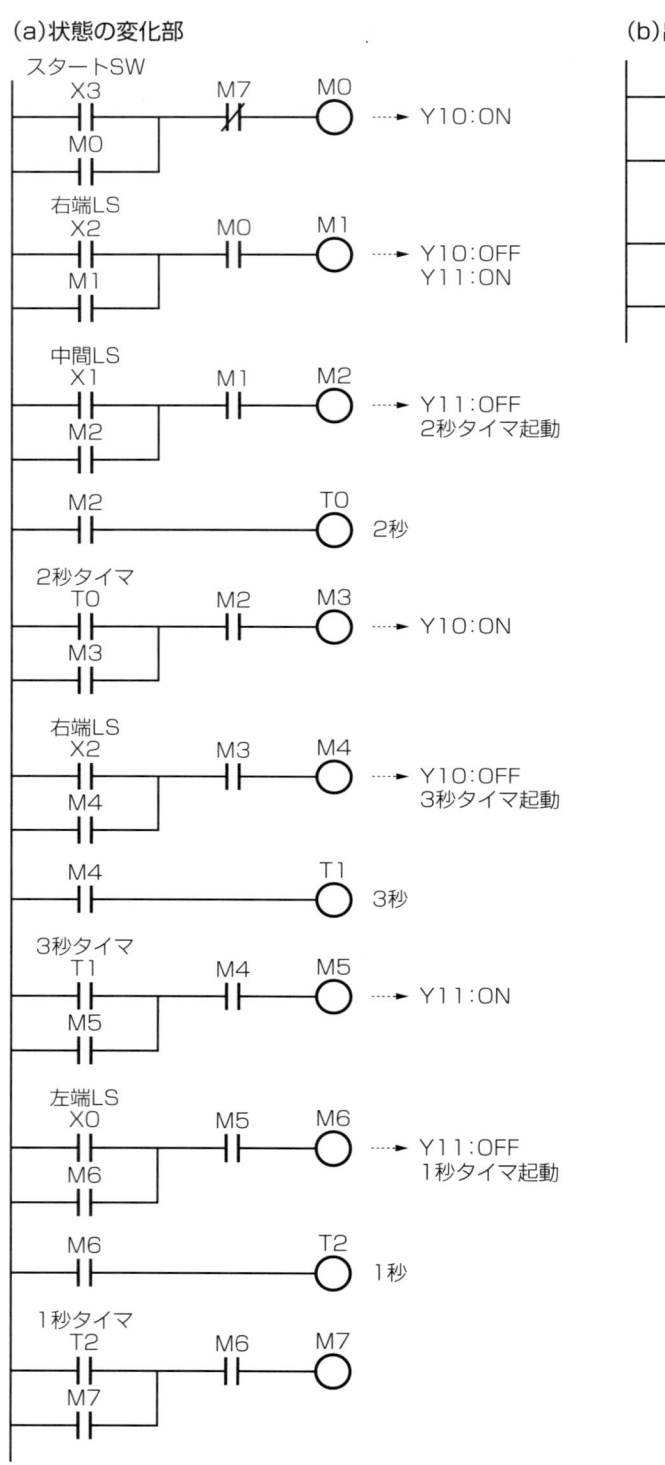

1章●順序制御プログラムの作り方

(a) 状態の変化部

```
スタートSW
   X3        M7      M0
   ─┤├──┬──┤/├────( )────  ····→ Y10:ON
   M0   │
   ─┤├──┘

右端LS
   X2        M0      M1
   ─┤├──┬──┤├────( )────   ····→ Y10:OFF
   M1   │                         Y11:ON
   ─┤├──┘

中間LS
   X1        M1      M2
   ─┤├──┬──┤├────( )────   ····→ Y11:OFF
   M2   │                         2秒タイマ起動
   ─┤├──┘

   M2                T0
   ─┤├──────────────( )──  2秒

2秒タイマ
   T0        M2      M3
   ─┤├──┬──┤├────( )────   ····→ Y10:ON
   M3   │
   ─┤├──┘

右端LS
   X2        M3      M4
   ─┤├──┬──┤├────( )────   ····→ Y10:OFF
   M4   │                         3秒タイマ起動
   ─┤├──┘

   M4                T1
   ─┤├──────────────( )──  3秒

3秒タイマ
   T1        M4      M5
   ─┤├──┬──┤├────( )────   ····→ Y11:ON
   M5   │
   ─┤├──┘

左端LS
   X0        M5      M6
   ─┤├──┬──┤├────( )────   ····→ Y11:OFF
   M6   │                         1秒タイマ起動
   ─┤├──┘

   M6                T2
   ─┤├──────────────( )──  1秒

1秒タイマ
   T2        M6      M7
   ─┤├──┬──┤├────( )────
   M7   │
   ─┤├──┘
```

(b) 出力部

```
   M0      M1      Y10
   ─┤├──┬─┤/├─────( )──
        │
   M3   │ M4
   ─┤├──┴─┤/├─

   M1      M2      Y11
   ─┤├──┬─┤/├─────( )──
        │
   M5   │ M6
   ─┤├──┴─┤/├─
```

図3　図2のPLCプログラム

2章 シーケンスプログラム実用構築例

モータやシリンダ、センサなどを使って作られた機械装置を制御するシーケンスプログラムの構築例を紹介します。
この中で使われている順序制御プログラム部は、順序制御ブロック図を使ってプログラミングされています。

シーケンスプログラム 実用構築例 1　ベルトコンベアのワークを回転テーブルに配列するシステム

水平回転型
ピック＆プレイス(P&P)
- 下降端 X3
- 上昇端 X4
- 下降出力 Y11
- 吸収出力 Y12

変速ACモータ
(回転出力 Y10)

揺動空気圧モータ
- 回転端 X5
- 戻り端 X6
- 回転 Y13:ON
- 回転戻り Y13:OFF

透過型
光電センサ
(X2)

回転テーブル

ダブルピンゼネバ(停止位置 X7)

単相誘導モータ
(回転 Y14)

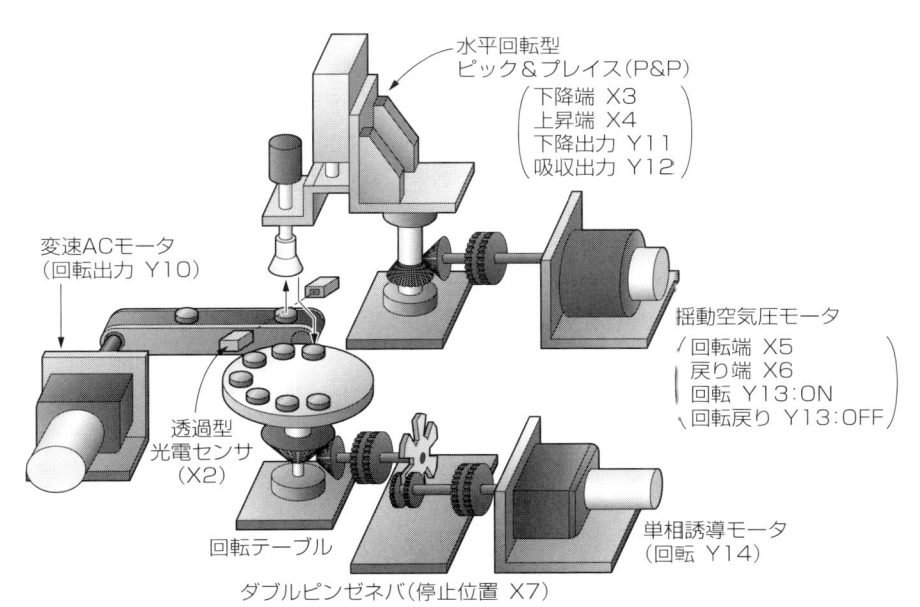

図1　システム図

2章●シーケンスプログラム実用構築例

図1のようなシステムを使ってベルトコンベアに流れてくるワークを1つづつ取り出して、角度分割送りされる回転テーブルの円周上に順番に整列するシステムを制御してみましょう。

図1のシステムの入出力をPLCに割付けしたものが**図2**です。このI/O割付けを使ってプログラムを作成します。**写真1**は、実験を行ったシステムのレイアウト例です。

操作スイッチ		入力	出力	
操作スイッチ	スタートSW	X0	Y10	コンベア回転用変速ACモータ
	ストップSW	X1	Y11	下降用バルブ
コンベア先端	光電センサ	X2	Y12	吸引用バルブ
ピック&プレイス	下降端	X3	Y13	揺動空気圧モータ 回転：ON、回転戻り：OFF
	上昇端	X4	Y14	ダブルピンゼネバ回転
	回転端	X5		
	回転戻り端	X6		
ダブルピンゼネバ	ゼネバ停止位置	X7		
		COM	COM	

図2　PLC I/O割付け

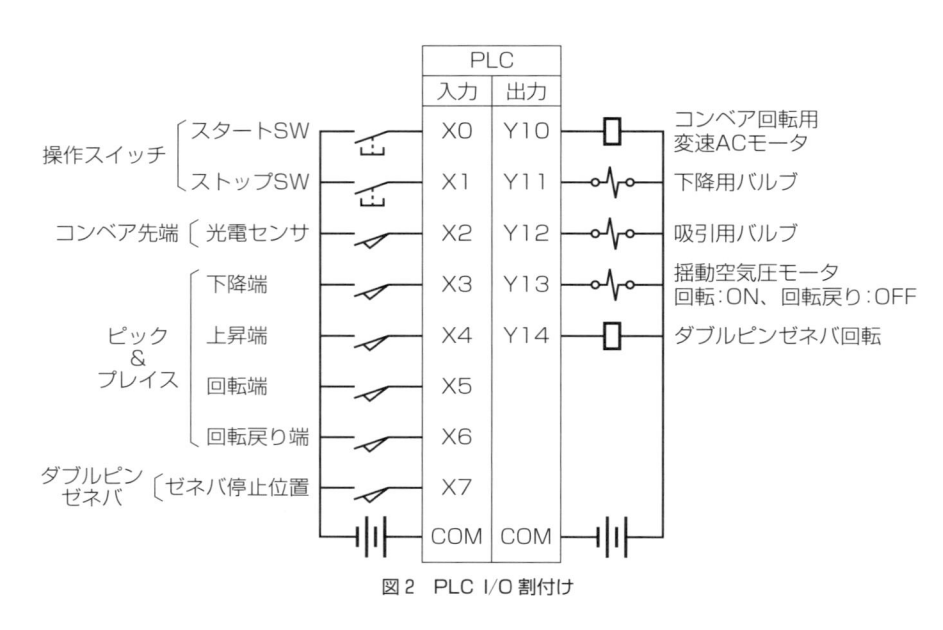

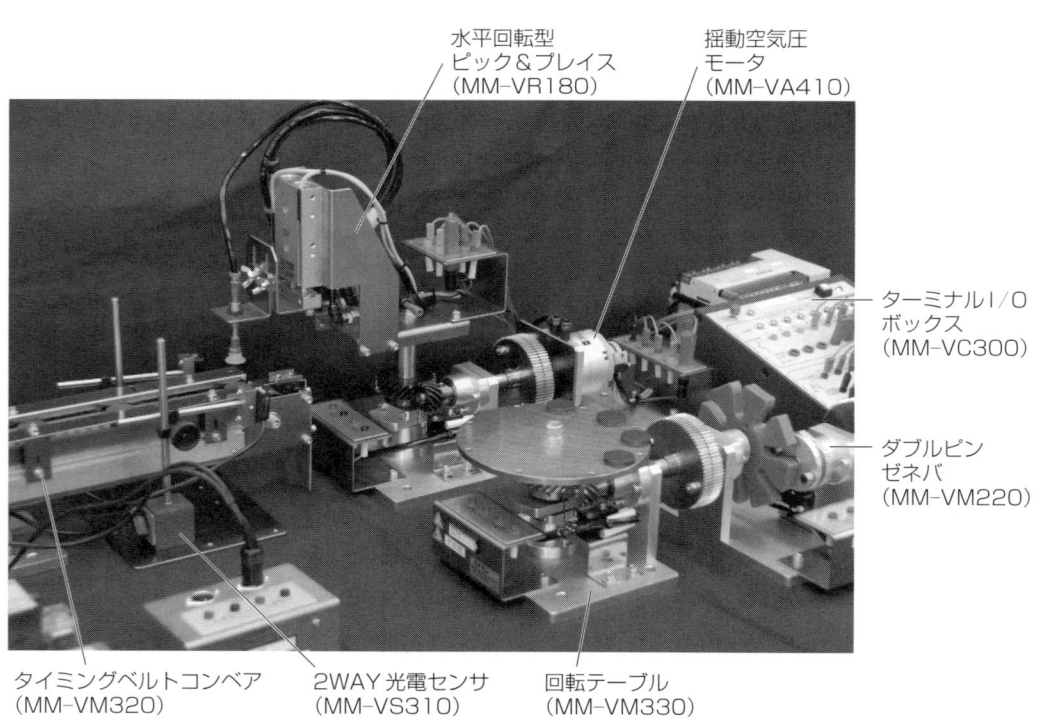

写真1　実験システムレイアウト

- 水平回転型ピック&プレイス（MM-VR180）
- 揺動空気圧モータ（MM-VA410）
- ターミナルI/Oボックス（MM-VC300）
- ダブルピンゼネバ（MM-VM220）
- タイミングベルトコンベア（MM-VM320）
- 2WAY光電センサ（MM-VS310）
- 回転テーブル（MM-VM330）

（1） 運転／停止のプログラムは自己保持で作る

回転／停止の信号は、スタートSWとストップSWで自己保持回路を使って作ります。

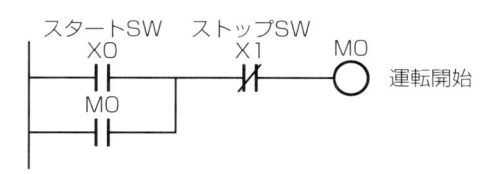

図2　運転／停止部のプログラム

M0がONしている間は起動がかかっているということになります。

（2） ワーク供給用コンベアは自己保持回路で制御する

変速ACモータ（Y10）で駆動しているコンベアは、コンベア先端のワーク検出センサ（X2）がONしていないときに回転するようにします。

回転を停止するタイミングは、ワークを検出してから1秒後に設定し、再起動するのはワークがなくなってから（X2がOFFしてから）2秒後に設定します。

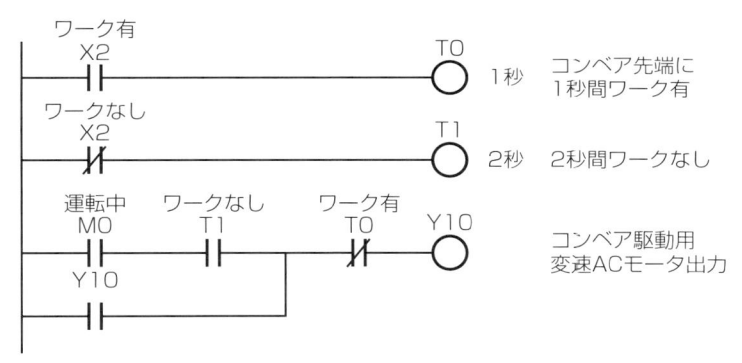

図3　ワーク供給コンベア部のプログラム

（3） ワーク移動プログラムは順序制御ブロック図で作る

ワークの移動を行う水平回転型ピック＆プレイス部の制御プログラムは、順序制御ブロック図を作って記述します。

順序制御ブロック図は図4のようになります。これをラダープログラムにしたものが図5です。

2章●シーケンスプログラム実用構築例

(a) 状態変化部

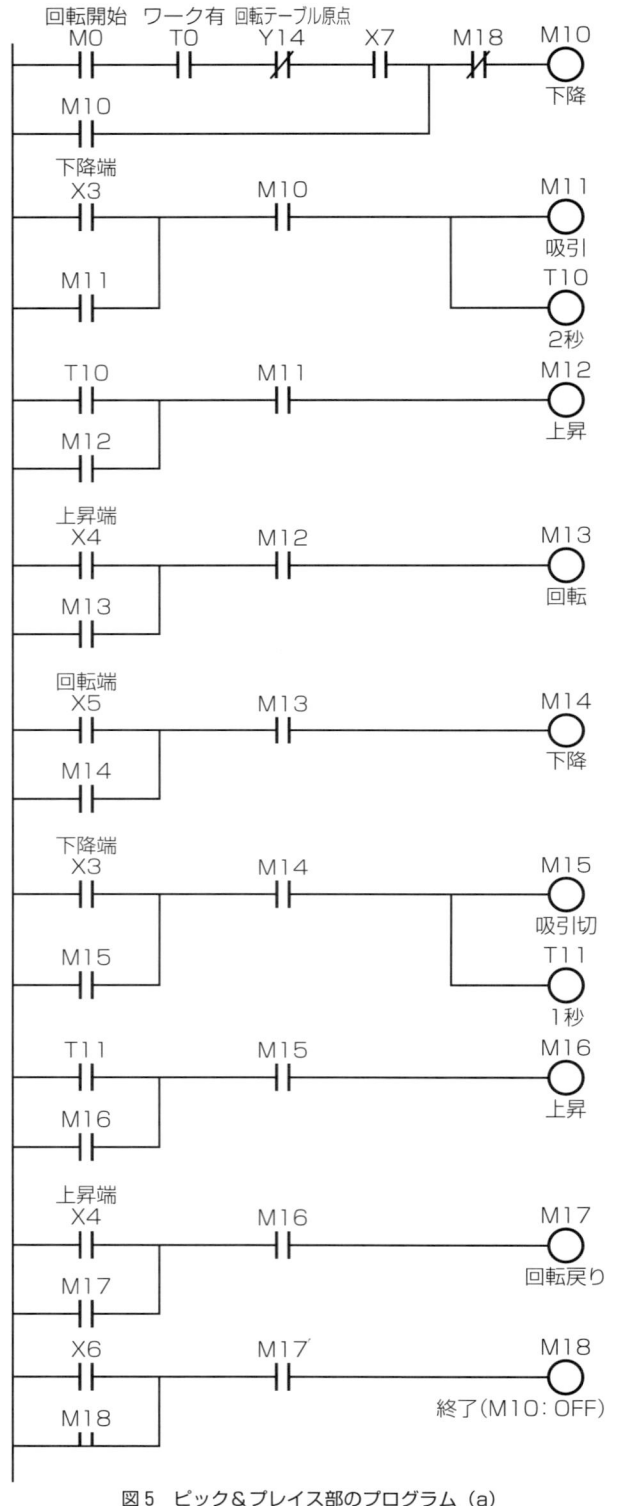

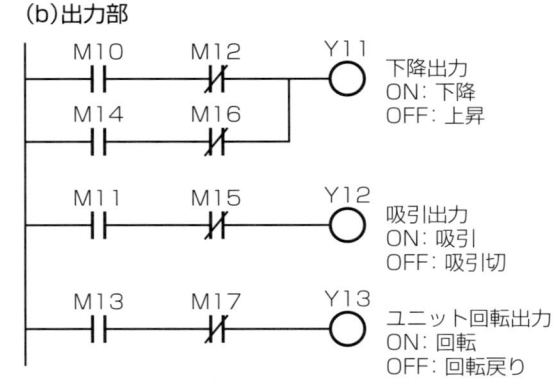

(b) 出力部

図5 ピック＆プレイス部のプログラム（b）

・運転開始（M0:ON）
・コンベア先端 ワーク有り（T0:ON）
・回転テーブル原点 （Y14:OFF、X7:ON）

開始
↓
M10 → 下降　Y11:ON
下降端　X3:ON
↓
M11 → 吸引　Y12:ON
　　　　2秒タイマT10起動
T10:ON
↓
M12 → 上昇　Y12:OFF
上昇端　X4:ON
↓
M13 → 回転　Y13:ON
回転端　X5:ON
↓
M14 → 下降　Y11:ON
下降端　X3:ON
↓
M15 → 吸引切　Y12:OFF
　　　　1秒タイマT11起動
T11:ON
↓
M16 → 上昇
上昇端　X4:ON
↓
M17 → 回転戻り
回転戻り端　X6:ON
↓
M18 → M10:OFF
↓
終了

図5 ピック＆プレイス部のプログラム（a）

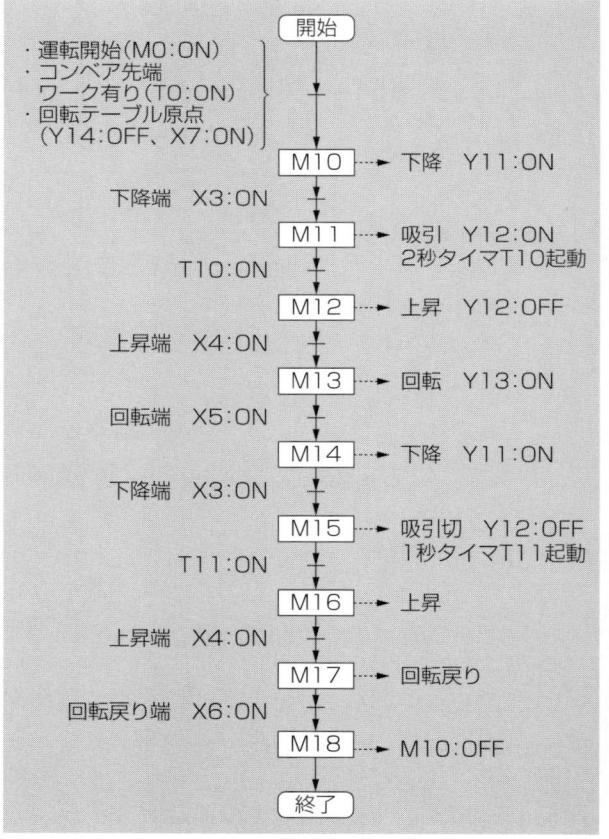

図4 順序制御ブロック図

（4） 回転テーブルの位置検出はパルス命令を使う

回転テーブルを1ピッチ分送るには、ダブルピンゼネバの入力軸を1回転まわして停止します。ダブルピンゼネバの入力軸が1回転したときに、停止位置センサ（X7）の入力は、OFFからONに変化します。この変化をとらえて単相誘導モータの出力（Y14）を切ると、簡単にダブルピンゼネバのX軸の1回転停止制御ができるようになります。

ダブルピンゼネバの起動は、ピック＆プレイスユニットが、回転テーブル上にワークを置き終って上昇した後、すなわちM17がONしたときの立上がり信号を利用するようにします。

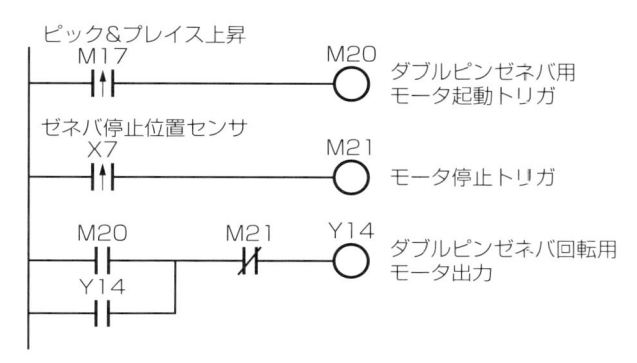

図6　回転テーブル駆動部のプログラム

ダブルピンゼネバを毎回2ピッチ送って回転テーブル上に並べる間隔を広くするには、カウンタを使って図6を図7のように修正します。

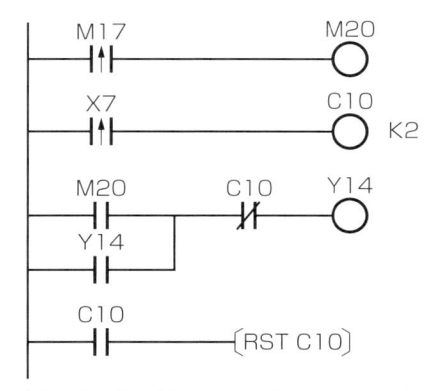

図7　ダブルピンゼネバを2回インデックスさせるプログラム

シーケンスプログラム実用構築例2　シュート上のワークを排出位置に自動移動するシステム

　図1のようなワーク供給ユニット、ワーク搬送ユニット、ワーク排出ユニットの3つのユニットを組合わせたシステムの制御プログラムを作ってみます。

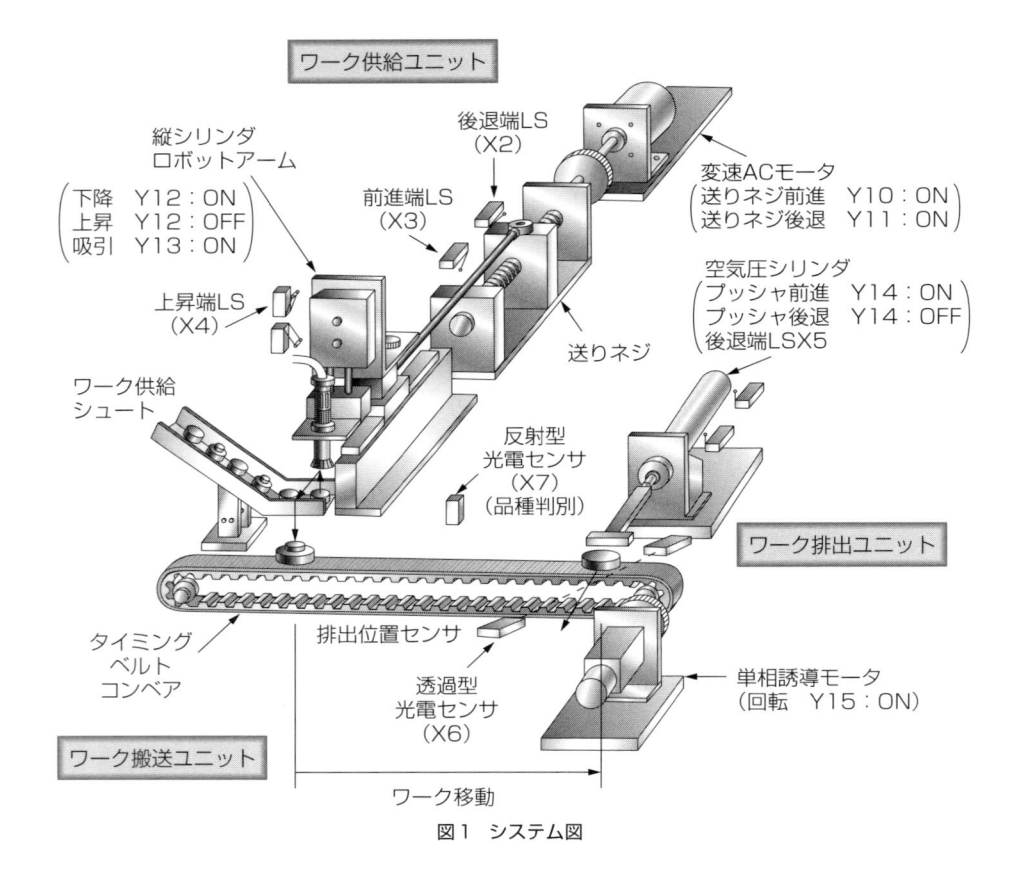

図1　システム図

実用構築例2

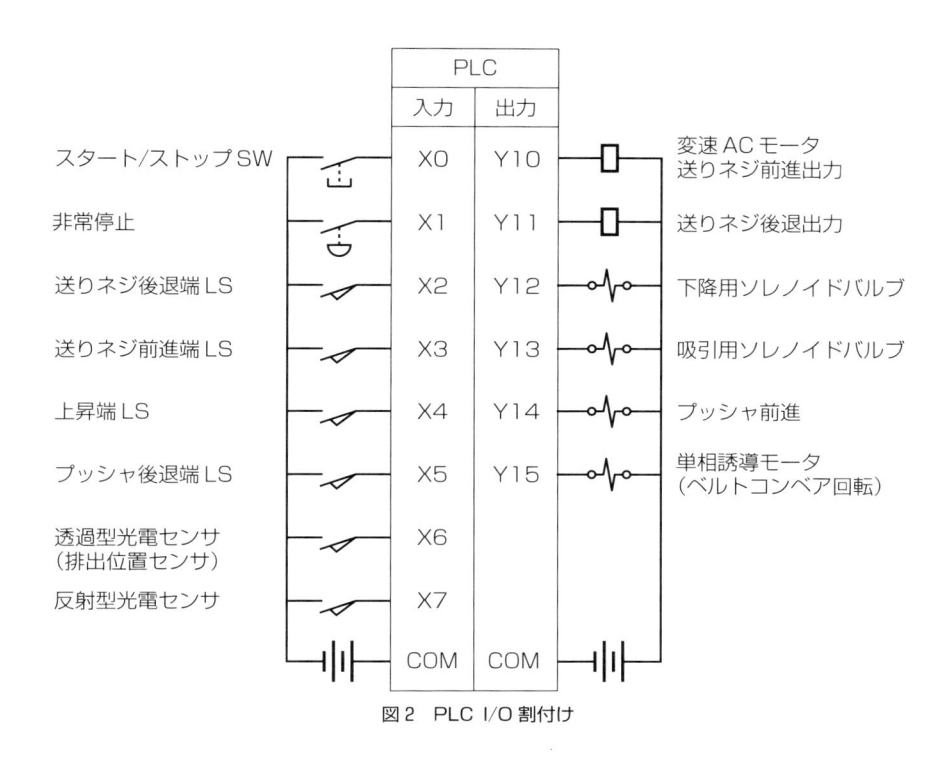

```
                           PLC
                        入力  出力
スタート/ストップSW  ──/──  X0   Y10 ──[ ]── 変速ACモータ
                                             送りネジ前進出力
非常停止          ──/──  X1   Y11 ──[ ]── 送りネジ後退出力
送りネジ後退端LS  ──/──  X2   Y12 ──◯/── 下降用ソレノイドバルブ
送りネジ前進端LS  ──/──  X3   Y13 ──◯/── 吸引用ソレノイドバルブ
上昇端LS         ──/──  X4   Y14 ──◯/── プッシャ前進
プッシャ後退端LS  ──/──  X5   Y15 ──◯/── 単相誘導モータ
                                             （ベルトコンベア回転）
透過型光電センサ  ──/──  X6
（排出位置センサ）
反射型光電センサ  ──/──  X7
                 ──┤├── COM  COM ──┤├──
```
図2　PLC I/O 割付け

（1）　1つの押ボタンスイッチでスタート／ストップを切換えるには入力をパルス化する

　図3のプログラムでは1つの押ボタンスイッチX0を押すたびにM0がON-OFFします。

　パルス命令を組合わせて使うときには、プログラムに記述する順番によって動作が異なってきますので注意が必要です。図3のプログラムにはM0とM1の2つの回路がありますが、記述する順番を変えると、うまく動作しません。

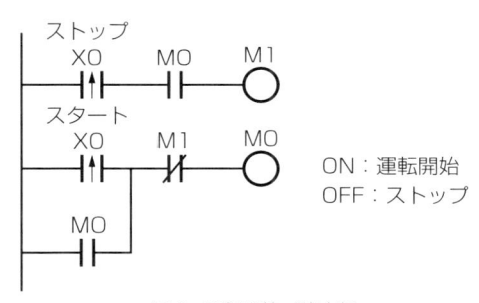

```
      ストップ
       X0   M0   M1
      ─┤↑├─┤├──◯
      スタート
       X0   M1   M0
      ─┤↑├─┤/├──◯    ON：運転開始
                       OFF：ストップ
       M0
      ─┤├─
```
図3　運転開始／停止部

（2）　ワーク供給ユニットの動作を順序制御ブロック図で作る

　タイマは、一定時間が経過した状態という意味で、M□□で作ったプレースと同様に状態を表わすことができます。

　ここでは、状態変化を表わす変数としてM□□だけでなく、T□□もプレースとして利用し、プログラムが簡潔になるようにしてあります。図4には、ワーク供給ユニット部の順序制御ブロック図を示します。プレースの中にタイマコイルが入っています。この順序制御ブロック図をもとにして状態変化部をプログラミングしたものが図5（a）で、図5（b）は出力リレー部のプログラムです。

2章●シーケンスプログラム実用構築例

(a) 状態変化部

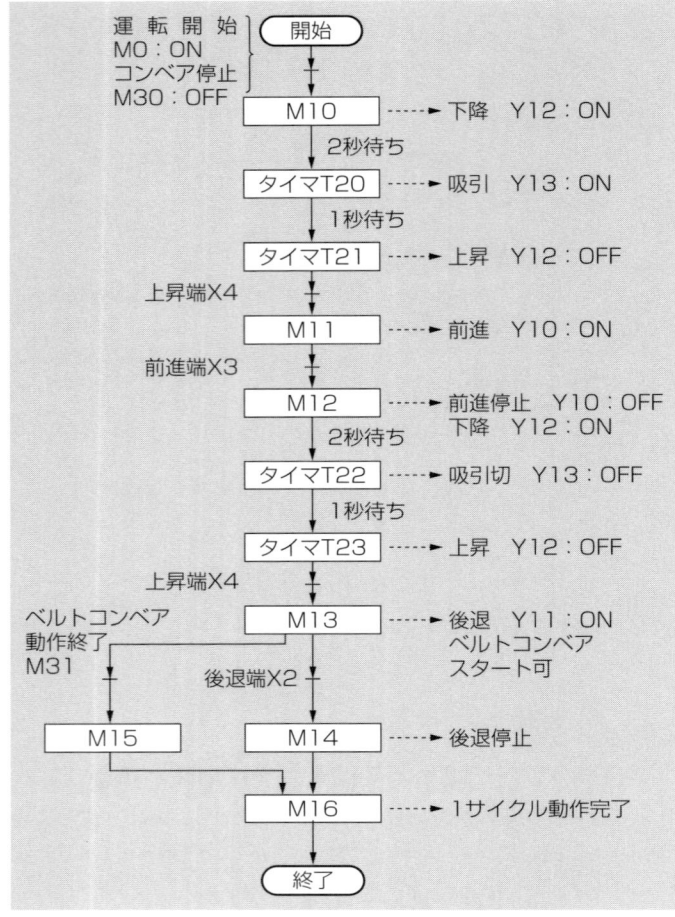

図4 ワーク供給ユニットの順序制御ブロック図

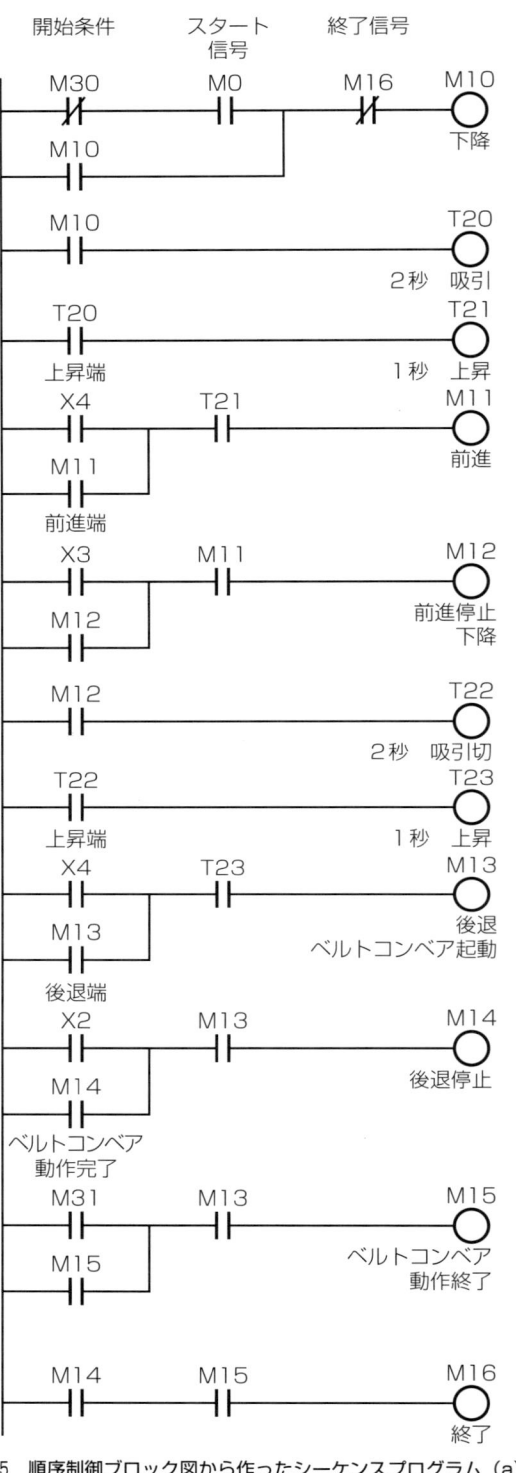

図5 順序制御ブロック図から作ったシーケンスプログラム (a)

(b) 出力部

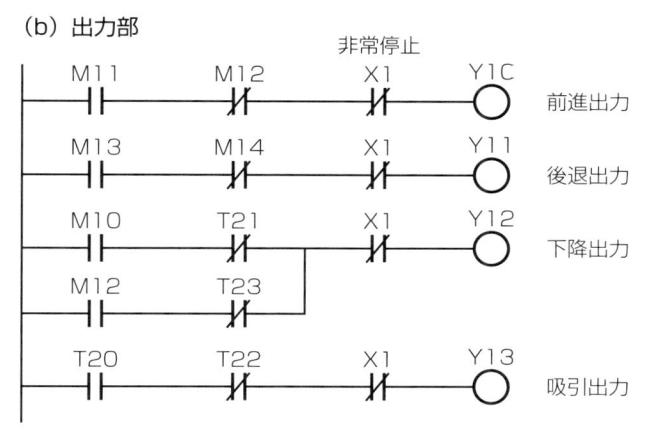

図5 順序制御ブロック図から作ったシーケンスプログラム（b）

（3） ワーク搬送ユニットは2つのユニットの動作が完了してから動かす

ワーク供給ユニットは、M13がONしたときにコンベアを動かしてもよい状態になります。M13はワーク供給ユニットによってワークがコンベア上に置かれたときにONになるリレーです。

一方、ワーク排出ユニットの動作はシリンダが一往復して元に戻ったところで動作が完了します。この2つの条件がベルトコンベアのスタート条件になります。

コンベアは光電センサX6で停止します。

この条件を使ってワーク搬送ユニットの動作をプログラムしたものが図6です。

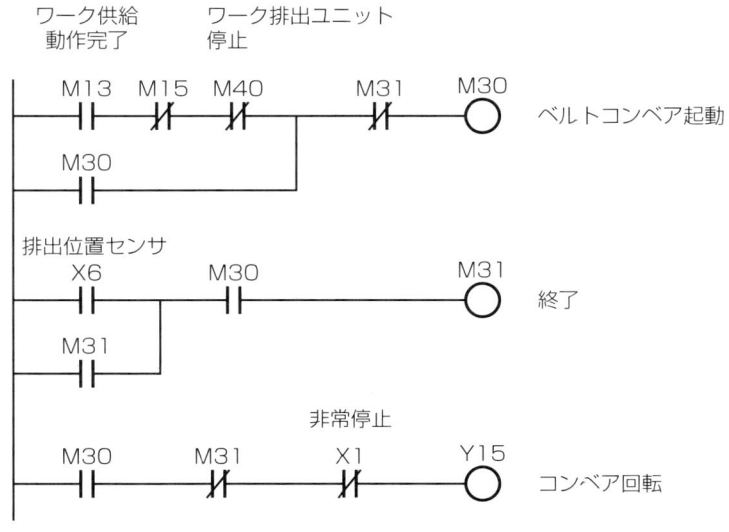

図6 ベルトコンベアのプログラム

（4） ワーク排出ユニットのプログラム

ベルトコンベアがワークの搬送を完了した瞬間にM31がONになるのでM31をワーク排出のスタート信号（起動トリガ）として利用します。起動するとシリンダが前進して、3秒間経過したら後退します。

ワーク排出ユニットのプログラムを図7に示します。

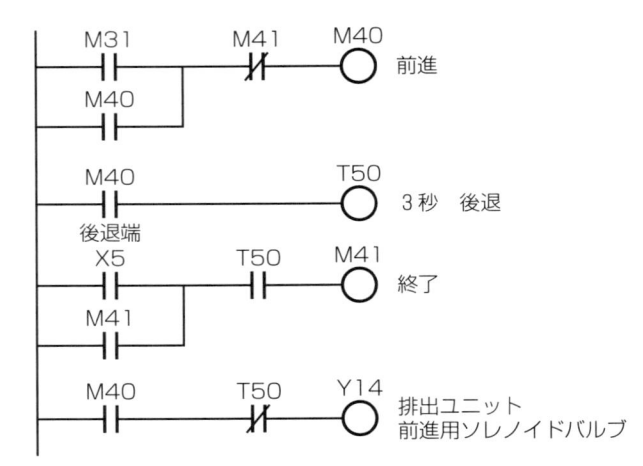

図7　ワーク排出ユニットのプログラム

写真1には実験に使ったシステム構成例を掲載します。

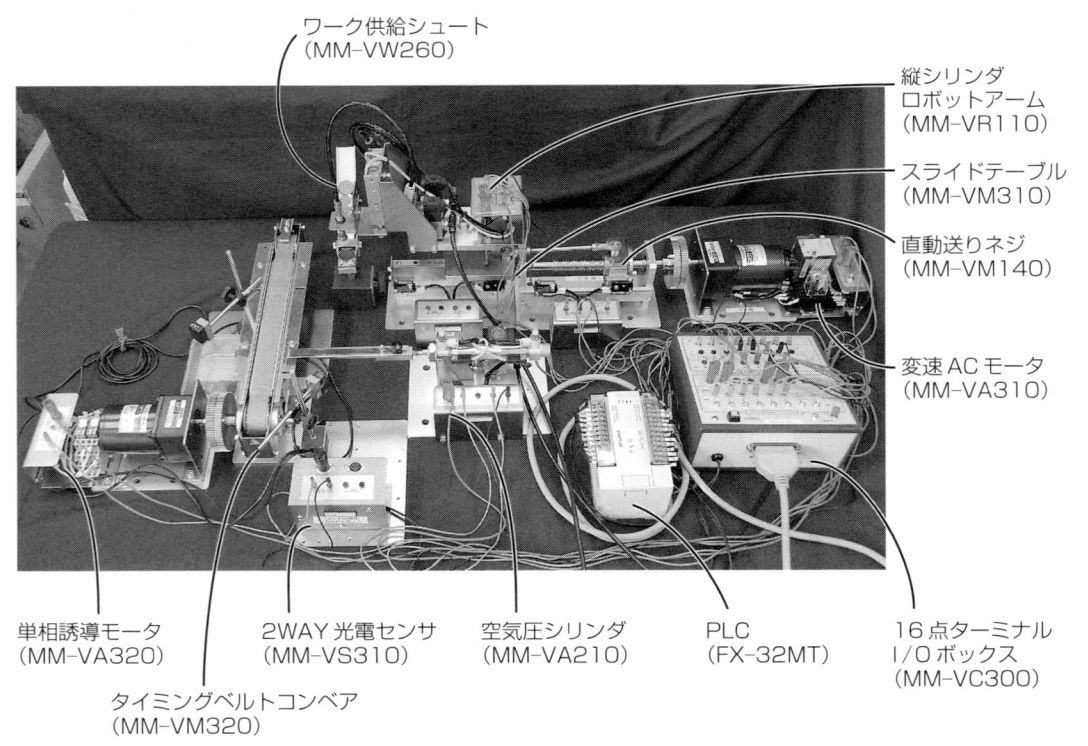

写真1　実験システム構成例

自動搬送と自動加工システム

シーケンスプログラム 実用構築例3

　コンベア上に流れてくるワークを加工治具に移動して加工を行い、加工が完了したらまた元のコンベアに戻す制御を行います。このシステムの構成例を**図1**に示します。加工中は安全のためシャッタを閉めておくようにします。実験に使ったシステムの構成例を**写真1**に示します。

1. 動作順序

（1） ワーク供給取出ユニットによるワークの供給

　コンベアに流れてくるワークを発見次第コンベアを停止して、ワーク供給・取出しユニットのワークチャックが下降してワークを真空吸引してコンベアから加工治具上に移動します。加工治具にワークを移動したワークチャックは、その後上昇して元のコンベア上空の位置まで戻ります。

　ワーク供給・取出しユニットは、クランクが回転することで前後に移動し、上下は空気圧シリンダで駆動しています。

　初期状態では、シャッタは開、加工ヘッドは供給動作に干渉しないように逃げている状態になっています。

（2） 加工準備

　（1）の供給動作が完了したらシャッタを閉めて加工準備をします。

（3） 加工ヘッドが加工位置に移動して加工動作

　シャッタが閉まったら、加工ヘッドが90°旋回して、加工ヘッドを加工位置上空に移動し、加工出力をONにしたままヘッドを下げて、加工治具上のワークに加工を施します。加工時間が経過したら加工ヘッドを上昇してから加工出力を切って、逆方向に90°旋回して元の位置に戻ります。

　その後シャッタを開けてワークが取出されるのを待ちます。

（4） 加工治具からのワーク取出し

　シャッタが開いたら、ワーク供給・取出しユニットのワークチャックが前進して、加工治具上のワークを吸引して、コンベア上に移動します。

　その後コンベアを送って次のワーク待ちになります。

（5） 自動運転中は（1）～（4）の動作を連続して繰り返す

　自動運転のスタートが入っている間は上記（1）～（4）の動作を連続して実行するようにします。

2章●シーケンスプログラム実用構築例

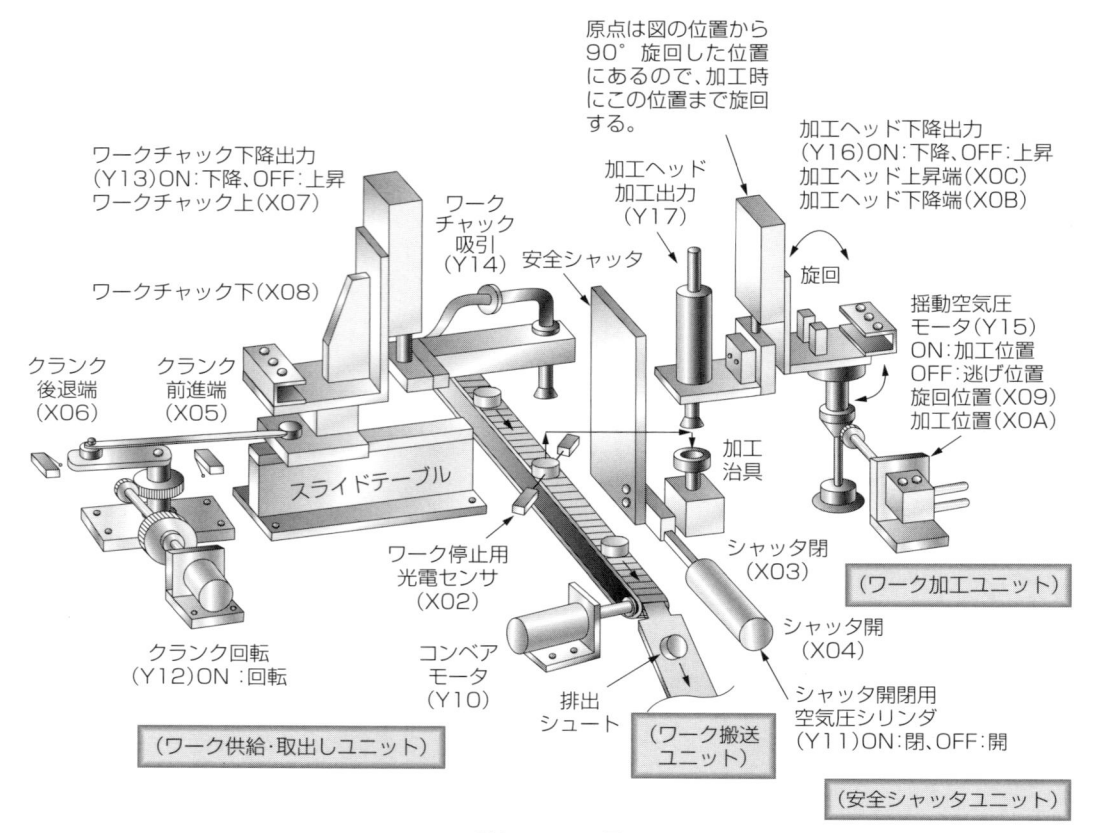

図1 システム図

ワークチャック下降出力
(Y13)ON:下降、OFF:上昇
ワークチャック上(X07)

ワークチャック下(X08)

クランク後退端(X06)
クランク前進端(X05)

ワークチャック吸引(Y14)

安全シャッタ

原点は図の位置から90°旋回した位置にあるので、加工時にこの位置まで旋回する。

加工ヘッド加工出力(Y17)

加工ヘッド下降出力
(Y16)ON:下降、OFF:上昇
加工ヘッド上昇端(X0C)
加工ヘッド下降端(X0B)

旋回

揺動空気圧モータ(Y15)
ON:加工位置
OFF:逃げ位置
旋回位置(X09)
加工位置(X0A)

スライドテーブル

ワーク停止用光電センサ(X02)

加工治具

シャッタ閉(X03)

（ワーク加工ユニット）

クランク回転(Y12)ON:回転

コンベアモータ(Y10)

排出シュート

シャッタ開(X04)

シャッタ開閉用空気圧シリンダ
(Y11)ON:閉、OFF:開

（ワーク供給・取出しユニット）

（ワーク搬送ユニット）

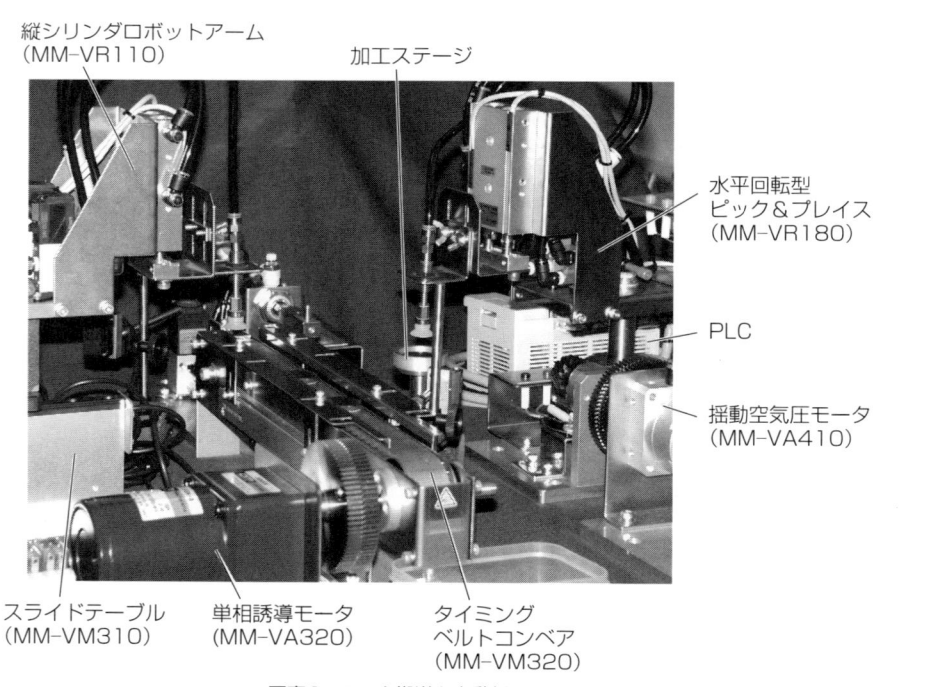

（安全シャッタユニット）

写真1 ワーク搬送と自動加工システム

縦シリンダロボットアーム(MM-VR110)
加工ステージ
水平回転型ピック&プレイス(MM-VR180)
PLC
揺動空気圧モータ(MM-VA410)
スライドテーブル(MM-VM310)
単相誘導モータ(MM-VA320)
タイミングベルトコンベア(MM-VM320)

実用構築例3

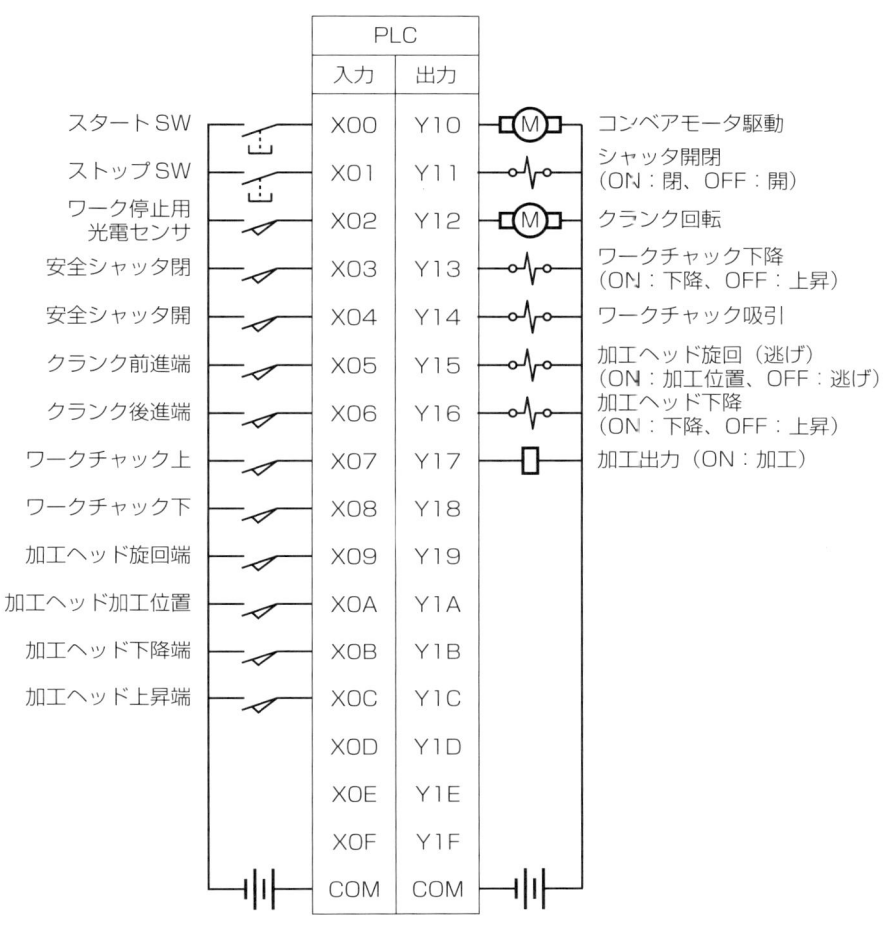

図2　PLC I/O 割付図

入力		出力	
スタートSW	X00	Y10	コンベアモータ駆動
ストップSW	X01	Y11	シャッタ開閉（ON：閉、OFF：開）
ワーク停止用光電センサ	X02	Y12	クランク回転
安全シャッタ閉	X03	Y13	ワークチャック下降（ON：下降、OFF：上昇）
安全シャッタ開	X04	Y14	ワークチャック吸引
クランク前進端	X05	Y15	加工ヘッド旋回（逃げ）（ON：加工位置、OFF：逃げ）
クランク後進端	X06	Y16	加工ヘッド下降（ON：下降、OFF：上昇）
ワークチャック上	X07	Y17	加工出力（ON：加工）
ワークチャック下	X08	Y18	
加工ヘッド旋回端	X09	Y19	
加工ヘッド加工位置	X0A	Y1A	
加工ヘッド下降端	X0B	Y1B	
加工ヘッド上昇端	X0C	Y1C	
	X0D	Y1D	
	X0E	Y1E	
	X0F	Y1F	

2．プログラムの作り方

動作順序に従ったシーケンスプログラム例を紹介します。

（1）連続運転制御部

スタートSWが押されたら連続運転信号用リレーM000を自己保持にします。

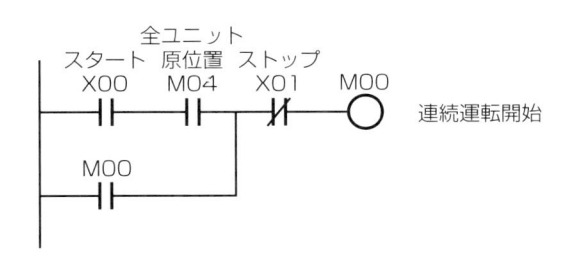

```
     全ユニット
スタート 原位置 ストップ
 X00    M04    X01       M00
──┤├───┤├───┤/├────( )──── 連続運転開始
 M00
──┤├──
```

（2） 原位置信号

システムを起動するときや、ユニットの1サイクルの動作が完了したことを知るために原位置信号を使うことがよくあります。ここでは、M01～M03を各ユニットの原位置信号にしています。全ユニットが原位置にあるときにM04のリレーコイルがONするようにプログラムされています。

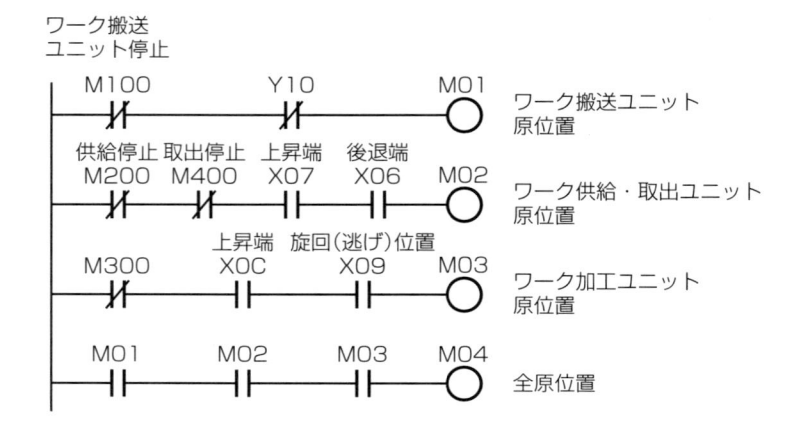

```
ワーク搬送
ユニット停止
   M100      Y10              M01    ワーク搬送ユニット
   ─┤/├──────┤/├──────────────( )    原位置

   供給停止 取出停止  上昇端   後退端
   M200    M400     X07      X06     M02   ワーク供給・取出ユニット
   ─┤/├───┤/├──────┤├───────┤├─────( )   原位置

                   上昇端  旋回(逃げ)位置
   M300             X0C      X09     M03   ワーク加工ユニット
   ─┤/├────────────┤├───────┤├─────( )    原位置

   M01     M02     M03              M04
   ─┤├────┤├──────┤├───────────────( )    全原位置
```

（3） ワーク搬送ユニット

連続運転記号M00がONしたらまずコンベアを回転して、ワークがセンサのところに来たら停止します。コンベアを停止したときに、コンベア上にワークをセット完了したフラグとしてM103をセット命令でONにします。

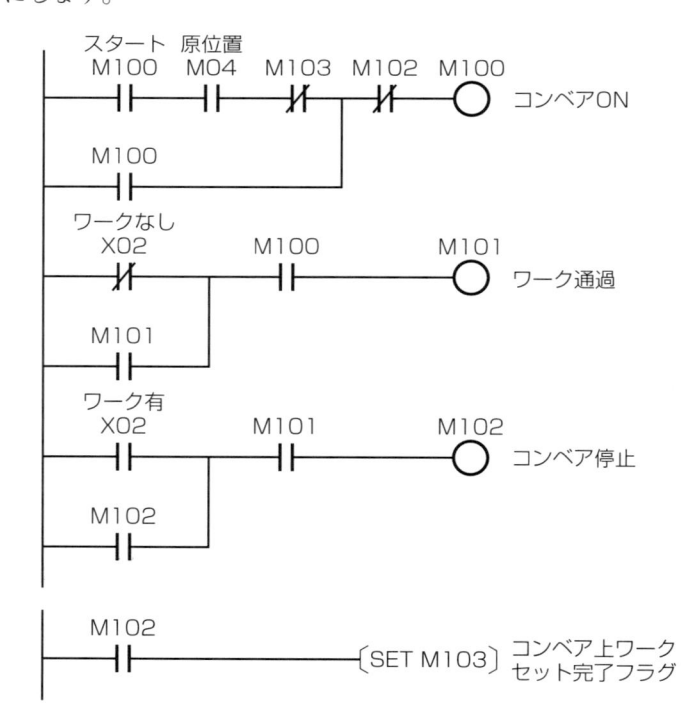

```
   スタート 原位置
   M100   M04   M103  M102         M100
   ─┤├────┤├────┤/├───┤/├──────────( )    コンベアON
    │
    M100
   ─┤├─

   ワークなし
   X02           M100              M101
   ─┤/├─────────┤├─────────────────( )    ワーク通過
    │
    M101
   ─┤├─

   ワーク有
   X02           M101              M102
   ─┤├──────────┤├─────────────────( )    コンベア停止
    │
    M102
   ─┤├─

   M102
   ─┤├──────────────────[SET M103]        コンベア上ワーク
                                           セット完了フラグ
```

（4） ワーク供給動作

コンベア上にワークがセットされたら（M103がONになったら）、コンベア上のワークを加工治具上に移動するワーク供給動作を開始します。ワーク供給動作を完了したら、加工位置ワークセット完了フラグM206をセットします。

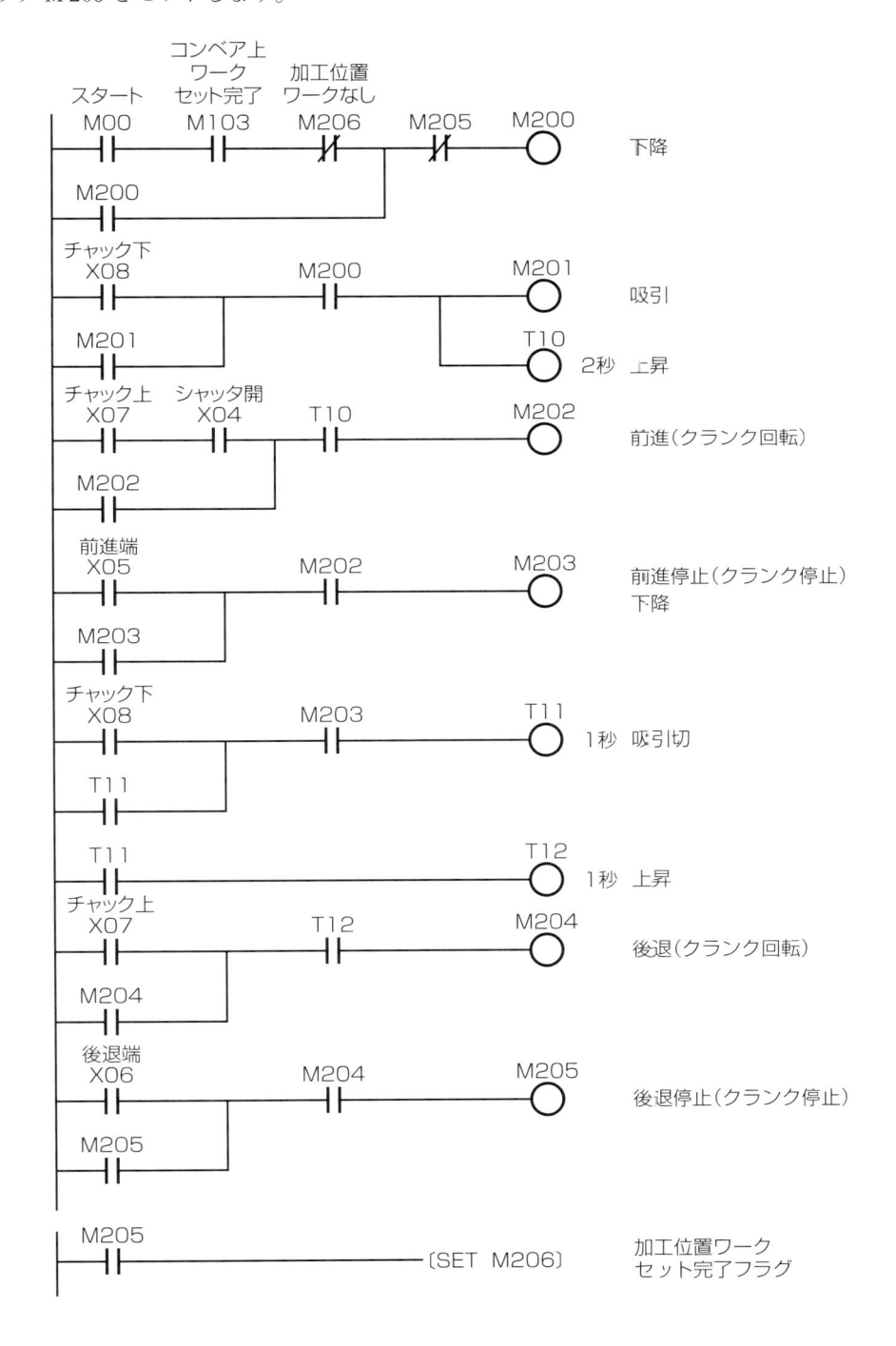

```
         スタート   コンベア上    加工位置
                  ワーク       ワークなし
                  セット完了
         M00     M103        M206    M205     M200
         ─┤├────┤├────────┤/├────┤/├────( )──    下降
         M200
         ─┤├─

         チャック下
         X08                M200            M201
         ─┤├────────────────┤├──────────( )──    吸引
         M201                              T10
         ─┤├──────────────────────────( )──    2秒 上昇

         チャック上  シャッタ開
         X07      X04        T10           M202
         ─┤├────┤├────────┤├──────────( )──    前進(クランク回転)
         M202
         ─┤├─

         前進端
         X05                M202            M203
         ─┤├────────────────┤├──────────( )──    前進停止(クランク停止)
                                                下降
         M203
         ─┤├─

         チャック下
         X08                M203            T11
         ─┤├────────────────┤├──────────( )──   1秒 吸引切
         T11
         ─┤├─

         T11                              T12
         ─┤├──────────────────────────( )──    1秒 上昇
         チャック上
         X07                T12            M204
         ─┤├────────────────┤├──────────( )──    後退(クランク回転)
         M204
         ─┤├─

         後退端
         X06                M204            M205
         ─┤├────────────────┤├──────────( )──    後退停止(クランク停止)
         M205
         ─┤├─

         M205
         ─┤├──────────────────────[SET M206]   加工位置ワーク
                                                セット完了フラグ
```

（5） ワーク加工動作

加工位置ワークセット完了フラグ（M206）がONになったら、シャッタを閉めてワークに加工する動作を開始します。加工が終ってシャッタを開けたら加工完了ワーク有フラブM305をセットします。

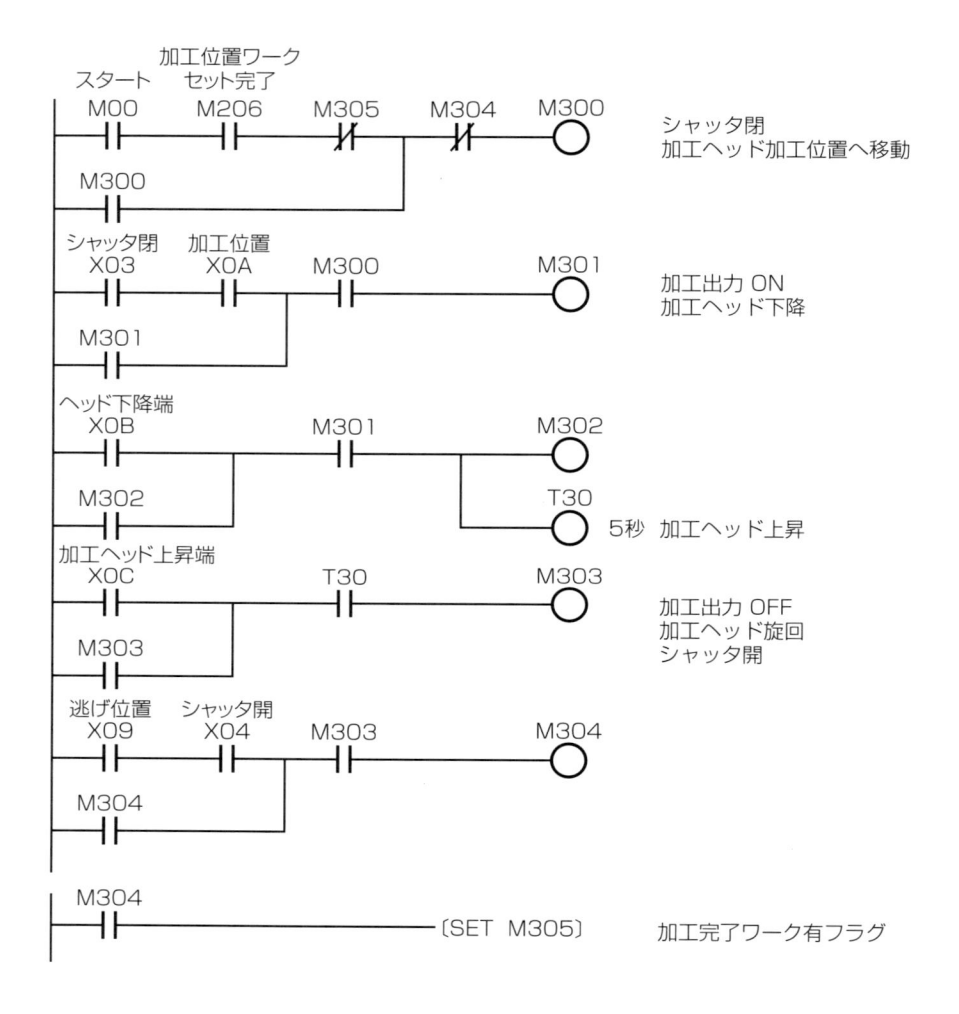

```
       スタート   加工位置ワーク
              セット完了
        M00    M206    M305    M304              M300        シャッタ閉
        ─┤├────┤├────┤/├────┤/├──────────────────( )         加工ヘッド加工位置へ移動
        M300
        ─┤├─

       シャッタ閉  加工位置
        X03     X0A    M300                       M301       加工出力 ON
        ─┤├────┤├────┤├──────────────────────────( )         加工ヘッド下降
        M301
        ─┤├─

       ヘッド下降端
        X0B            M301                       M302
        ─┤├───────────┤├──────────────────────────( )
        M302                                       T30
        ─┤├─                                      ( )  5秒  加工ヘッド上昇

       加工ヘッド上昇端
        X0C            T30                        M303       加工出力 OFF
        ─┤├───────────┤├──────────────────────────( )         加工ヘッド旋回
        M303                                                 シャッタ開
        ─┤├─

       逃げ位置  シャッタ開
        X09     X04    M303                       M304
        ─┤├────┤├────┤├──────────────────────────( )
        M304
        ─┤├─

        M304
        ─┤├───────────────────────────[SET M305]             加工完了ワーク有フラグ
```

（6） ワーク取出し動作

　加工完了ワーク有フラグ（M305）がONしたら、ワーク取出し動作を開始して、加工治具上のワークをコンベア上に移動します。

　この取出し動作が完了したら、M103、M206、M305の完了信号フラグ用のリレーをリセットして初期状態に戻しておきます。

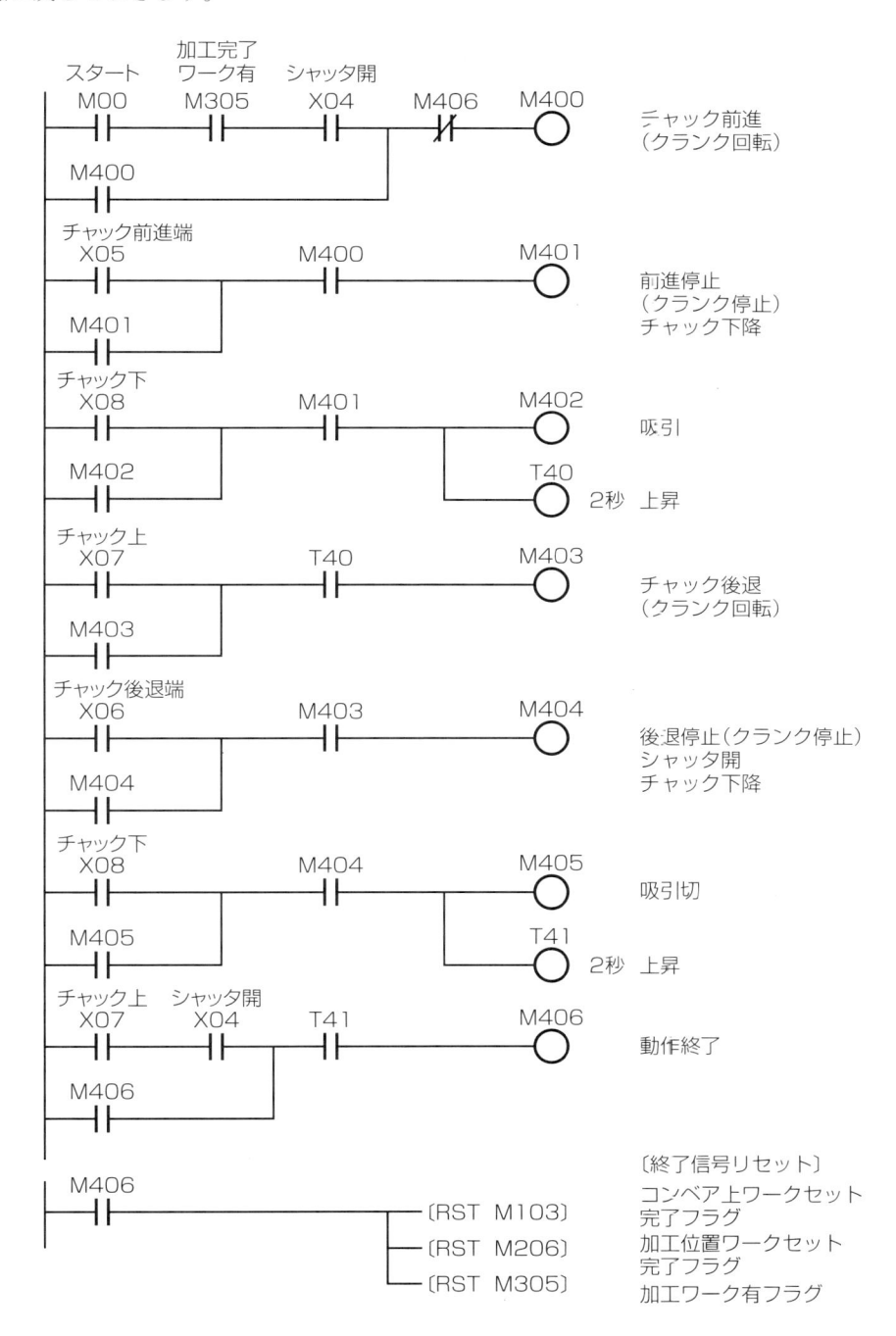

```
          スタート  加工完了
                  ワーク有  シャッタ開
          M00     M305     X04      M406      M400
      ├───┤├──────┤├───────┤├───────┤/├───────( )───    チャック前進
      │                                                （クランク回転）
      │   M400
      ├───┤├──
      │
      │   チャック前進端
      │   X05              M400              M401
      ├───┤├───────────────┤├────────────────( )───    前進停止
      │                                                （クランク停止）
      │   M401                                          チャック下降
      ├───┤├──
      │
      │   チャック下
      │   X08              M401              M402
      ├───┤├───────────────┤├────────────────( )───    吸引
      │                                        │
      │   M402                                T40
      ├───┤├────────────────────────────────( )───    2秒 上昇
      │
      │   チャック上
      │   X07              T40               M403
      ├───┤├───────────────┤├────────────────( )───    チャック後退
      │                                                （クランク回転）
      │   M403
      ├───┤├──
      │
      │   チャック後退端
      │   X06              M403              M404
      ├───┤├───────────────┤├────────────────( )───    後退停止（クランク停止）
      │                                                シャッタ開
      │   M404                                          チャック下降
      ├───┤├──
      │
      │   チャック下
      │   X08              M404              M405
      ├───┤├───────────────┤├────────────────( )───    吸引切
      │                                        │
      │   M405                                T41
      ├───┤├────────────────────────────────( )───    2秒 上昇
      │
      │   チャック上  シャッタ開
      │   X07      X04     T41               M406
      ├───┤├──────┤├───────┤├────────────────( )───    動作終了
      │
      │   M406
      └───┤├──

          M406                            ─[RST M103]   〔終了信号リセット〕
      ────┤├──────────────────────────────────         コンベア上ワークセット
                                          ─[RST M206]   完了フラグ
                                                        加工位置ワークセット
                                          ─[RST M305]   完了フラグ
                                                        加工ワーク有フラグ
```

（7） 出力部

（1）～（6）までの制御部で指定された出力をまとめて記述します。

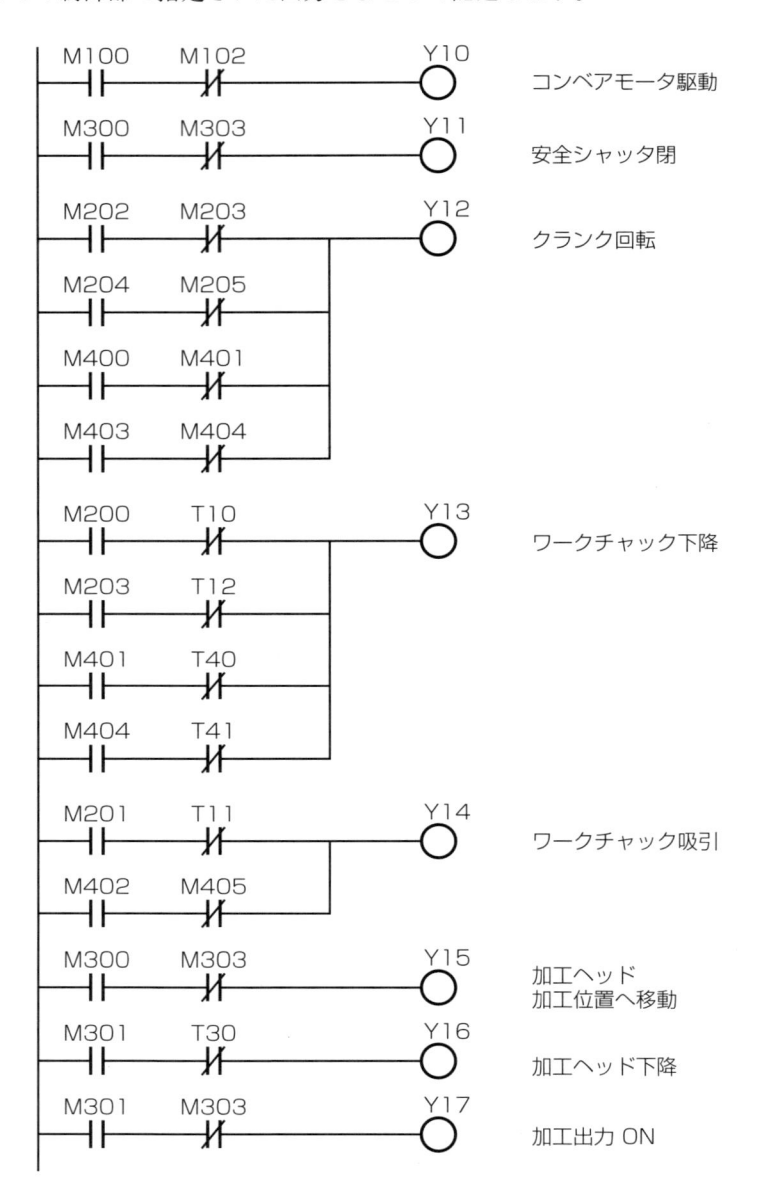

```
   M100    M102                Y10
   ─┤├─────┤/├─────────────────( )      コンベアモータ駆動

   M300    M303                Y11
   ─┤├─────┤/├─────────────────( )      安全シャッタ閉

   M202    M203                Y12
   ─┤├─────┤/├──────┬──────────( )      クランク回転
   M204    M205    │
   ─┤├─────┤/├─────┤
   M400    M401    │
   ─┤├─────┤/├─────┤
   M403    M404    │
   ─┤├─────┤/├─────┘

   M200    T10                 Y13
   ─┤├─────┤/├──────┬──────────( )      ワークチャック下降
   M203    T12     │
   ─┤├─────┤/├─────┤
   M401    T40     │
   ─┤├─────┤/├─────┤
   M404    T41     │
   ─┤├─────┤/├─────┘

   M201    T11                 Y14
   ─┤├─────┤/├──────┬──────────( )      ワークチャック吸引
   M402    M405    │
   ─┤├─────┤/├─────┘

   M300    M303                Y15
   ─┤├─────┤/├─────────────────( )      加工ヘッド
                                         加工位置へ移動
   M301    T30                 Y16
   ─┤├─────┤/├─────────────────( )      加工ヘッド下降

   M301    M303                Y17
   ─┤├─────┤/├─────────────────( )      加工出力 ON
```

シーケンスプログラム 実用構築例4｜インデックステーブル型自動生産システム

　図1のシステムでは、ワーク供給シュートの中のワークを1つづつ順番にインデックス用回転テーブル上に載せてインデックス搬送して、加工や検査を行うインデックス型自動加工装置のモデルです。

　インデックステーブルは、ダブルピンゼネバで毎回等角度づつ回転し、ワークを次の作業ステーションに送ります。

　インデックスが1回終了するたびに、インデックスまわりの全ユニットが1サイクル動作を開始して、全ユニットの動作が完了するとまたインデックステーブルが回転するというように連続して運転します。

　ここでは、スタートSWで連続運転が開始して、まず回転テーブルが回転し、インデックスが1回終了した信号でインデックスまわりのユニットの1サイクル動作をスタートするようにプログラムします。

　写真1に実際のシステム構成例を示します。

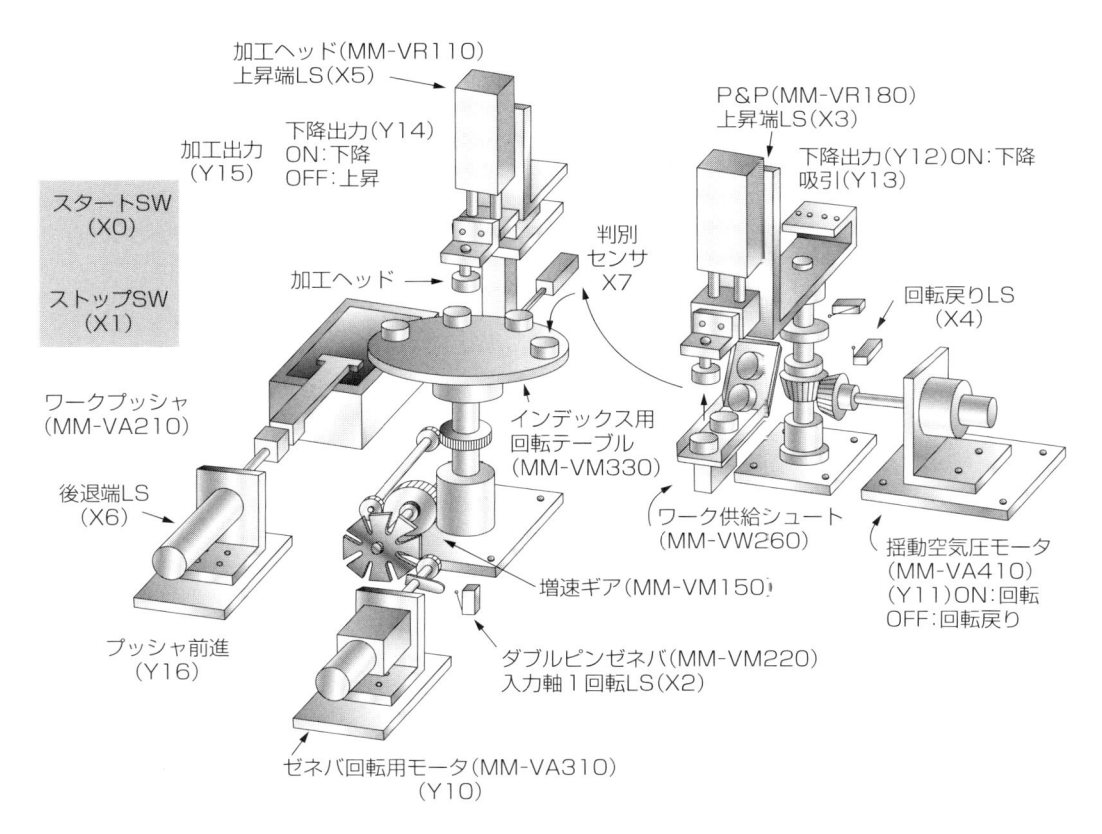

加工ヘッド(MM-VR110)
上昇端LS(X5)
下降出力(Y14)
ON:下降
OFF:上昇
加工出力(Y15)
スタートSW(X0)
ストップSW(X1)
加工ヘッド
ワークプッシャ(MM-VA210)
後退端LS(X6)
プッシャ前進(Y16)
ダブルピンゼネバ(MM-VM220)
入力軸1回転LS(X2)
ゼネバ回転用モータ(MM-VA310)(Y10)
増速ギア(MM-VM150)
インデックス用回転テーブル(MM-VM330)
判別センサ X7
P&P(MM-VR180)
上昇端LS(X3)
下降出力(Y12)ON:下降
吸引(Y13)
回転戻りLS(X4)
ワーク供給シュート(MM-VW260)
揺動空気圧モータ(MM-VA410)
(Y11)ON:回転
OFF:回転戻り

図1　システム図

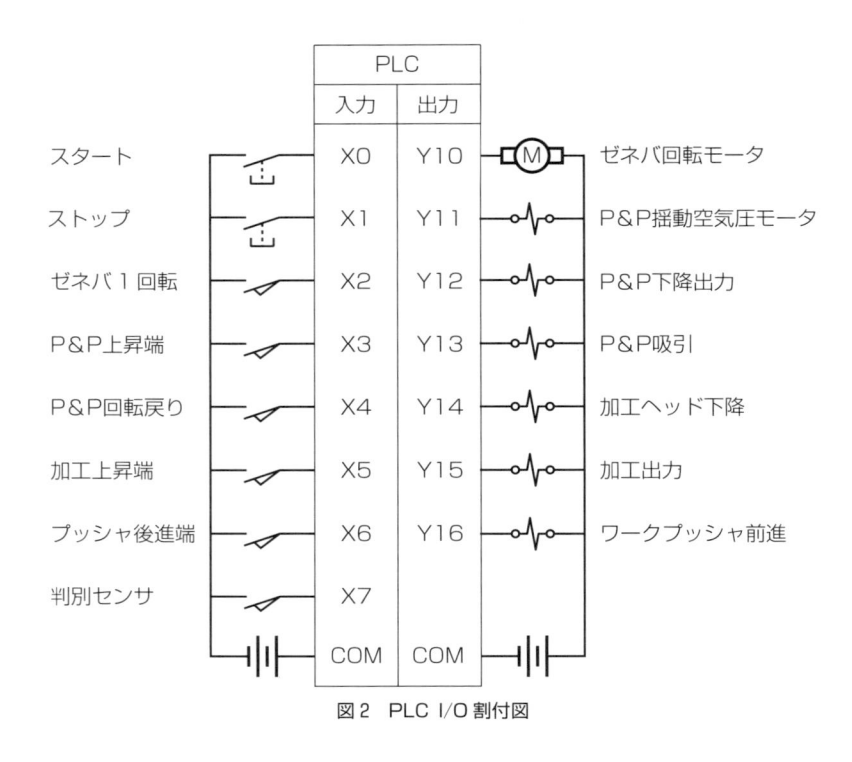

2章● シーケンスプログラム実用構築例

```
                  ┌─ PLC ─┐
                  │入力 出力│
スタート ──/── │ X0   Y10 │──Ⓜ── ゼネバ回転モータ
ストップ ──/── │ X1   Y11 │──⌇── P&P揺動空気圧モータ
ゼネバ1回転 ──/── │ X2   Y12 │──⌇── P&P下降出力
P&P上昇端 ──/── │ X3   Y13 │──⌇── P&P吸引
P&P回転戻り ──/── │ X4   Y14 │──⌇── 加工ヘッド下降
加工上昇端 ──/── │ X5   Y15 │──⌇── 加工出力
プッシャ後進端 ──/── │ X6   Y16 │──⌇── ワークプッシャ前進
判別センサ ──/── │ X7       │
                  │COM  COM│
```

図2　PLC I/O 割付図

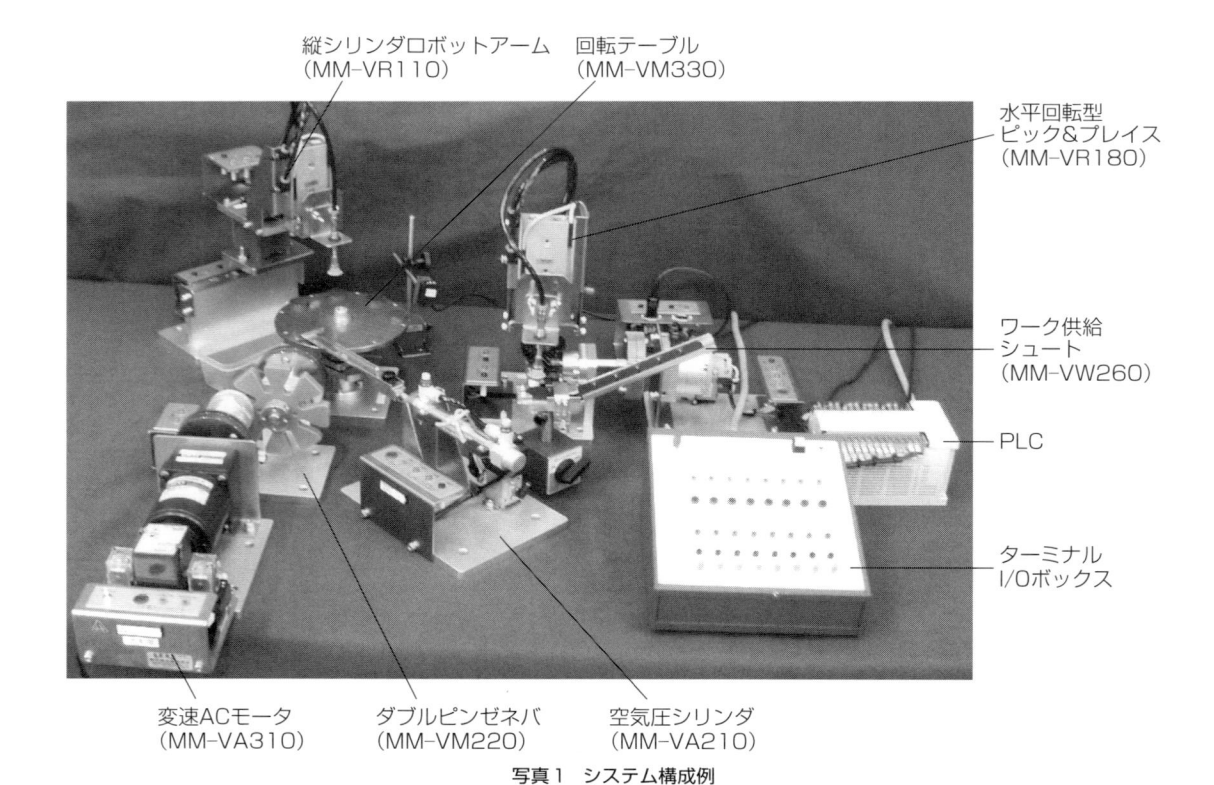

縦シリンダロボットアーム（MM-VR110）
回転テーブル（MM-VM330）
水平回転型ピック&プレイス（MM-VR180）
ワーク供給シュート（MM-VW260）
PLC
ターミナルI/Oボックス
変速ACモータ（MM-VA310）
ダブルピンゼネバ（MM-VM220）
空気圧シリンダ（MM-VA210）

写真1　システム構成例

1. プログラムの作り方

（1） 連続運転制御部

連続運転は、スタート SW（X0）とストップ SW（X1）で作ります。
このとき、全ユニットが停止していて原点位置にあるときにスタートできるようにします（図3）。

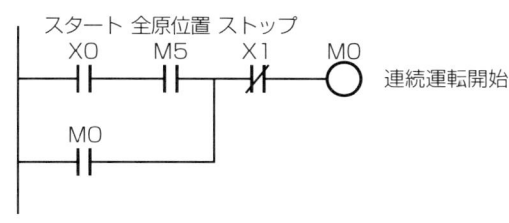

```
        スタート 全原位置 ストップ
          X0    M5    X1         M0
         ─┤├───┤├───┤/├────────( )─── 連続運転開始
          M0
         ─┤├─
```

図3　連続運転制御

（2） 原位置信号

全ユニットの原位置信号を作ります。ここでいう原位置とは、各ユニットが機械的原点にあり、かつ各ユニットがサイクル運転動作をしていない停止状態にあることを言います。

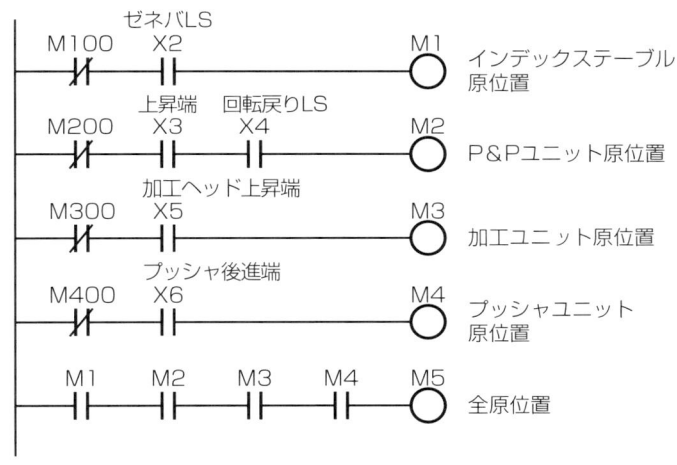

```
            ゼネバLS
      M100   X2                M1
     ─┤/├──┤├──────────────( )─── インデックステーブル
                                    原位置
            上昇端  回転戻りLS
      M200   X3    X4          M2
     ─┤/├──┤├──┤├────────( )─── P&Pユニット原位置
            加工ヘッド上昇端
      M300   X5                M3
     ─┤/├──┤├──────────────( )─── 加工ユニット原位置
            プッシャ後進端
      M400   X6                M4
     ─┤/├──┤├──────────────( )─── プッシャユニット
                                    原位置
       M1    M2    M3    M4    M5
     ─┤├──┤├──┤├──┤├────( )─── 全原位置
```

図4　全ユニットの原位置信号

（2） インデックステーブルの動作が完了したらユニットをスタートする

インデックステーブルの回転は、ダブルピンゼネバの入力軸が1回転する毎に一定角度づつピッチ送りされていきます。1ピッチ送られるごとにワークは次のステーションに送られます。

ダブルピンゼネバの入力軸を1回転して止めるには、モータを回転して1回転 LS が OFF→ON に変化したときにモータを止めればよいようになっています。図5にこのシーケンスプログラムを示し

ます。このプログラムの元になっている順序制御ブロック図は図9（後掲）のようになっています。

(a) インデックステーブル順序制御部

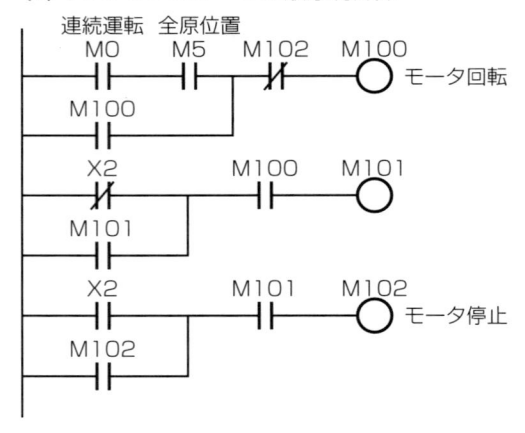

```
    連続運転 全原位置
     M0   M5   M102   M100
    ─┤├─┤├──┤/├──○ モータ回転
     M100
    ─┤├─
          X2        M100   M101
         ─┤/├──┬──┤├──○
          M101  │
         ─┤├───┘
          X2        M101   M102
         ─┤├───┬──┤├──○ モータ停止
          M102  │
         ─┤├───┘
```

(b) ユニットスタート信号部

```
     M102
    ─┤├──────────[PLS M103] ユニットスタート信号
```

(c) ゼネバ回転出力部

```
     M100   M102
    ─┤├───┤/├──○ ゼネバ回転 Y10
```

図5　インデックステーブル制御部

（3）P&Pユニットの動作プログラム

インデックステーブル制御部からのユニットスタート信号M103を起動条件にしてP&Pユニットの1サイクル動作を開始します。

P&Pユニットの1サイクルとは、シュートの取出し位置にチャックが下降してワークを吸引し、テーブル上にワークを供給して、ユニットが原点位置に戻るまでの一連の動作のことを指しています。

図6にこの制御プログラムを示します。図10（後掲）はP&Pユニットの1サイクルの順序制御ブロック図です。

(a) P&Pユニット順序制御部

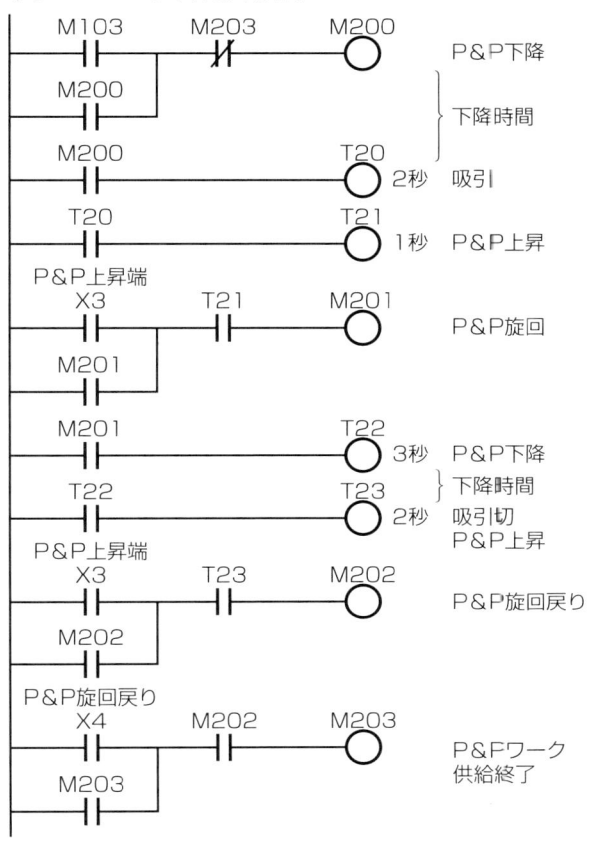

```
    M103   M203         M200
  ───┤├────┤/├──────────( )────   P&P下降
    M200                           ┐
  ───┤├──                          │ 下降時間
                                   ┘
    M200                   T20
  ───┤├──────────────────( )────   2秒 吸引
    T20                    T21
  ───┤├──────────────────( )────   1秒 P&P上昇
  P&P上昇端
    X3     T21           M201
  ───┤├────┤├───────────( )────   P&P旋回
    M201
  ───┤├──
    M201                   T22
  ───┤├──────────────────( )────   3秒 P&P下降
    T22                    T23     ┐下降時間
  ───┤├──────────────────( )────   2秒 吸引切
                                   ┘ P&P上昇
  P&P上昇端
    X3     T23           M202
  ───┤├────┤├───────────( )────   P&P旋回戻り
    M202
  ───┤├──
  P&P旋回戻り
    X4     M202          M203
  ───┤├────┤├───────────( )────   P&Pワーク
    M203                            供給終了
  ───┤├──
```

(b) P&Pユニット出力部

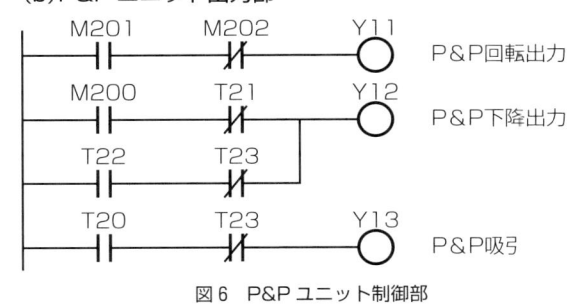

```
    M201   M202          Y11
  ───┤├────┤/├──────────( )────   P&P回転出力
    M200   T21           Y12
  ───┤├────┤/├──────────( )────   P&P下降出力
    T22    T23
  ───┤├────┤/├──
    T20    T23           Y13
  ───┤├────┤/├──────────( )────   P&P吸引
```

図6　P&Pユニット制御部

（4） 加工ユニットの動作プログラム

　加工ユニットを起動するのも、P&Pユニットと同様に、インデックステーブルからのユニットスタート信号（M 103）を使います。

　加工ユニットは、加工出力をON（Y 15：ON）したままで加工ヘッドを下降（Y 14：ON）してから加工時間待ちして加工出力をOFF（Y 15：OFF）して上昇（Y 14：OFF）するというように動作するものとします。

　このシーケンスプログラムを図7に示します。加工ユニットの順序制御ブロック図は図11（後掲）の通りです。

(a) 加工ユニット順序制御部

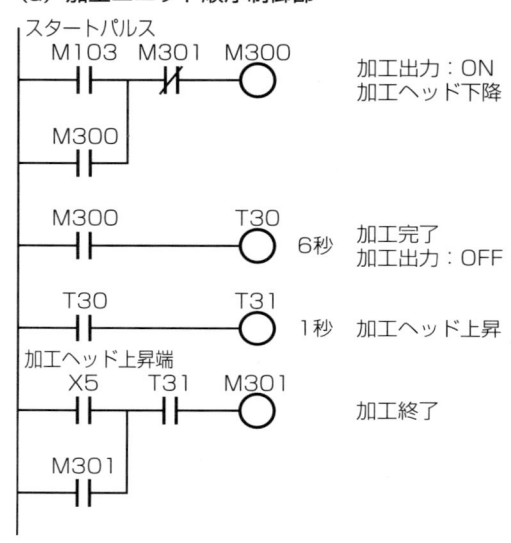

```
スタートパルス
  M103   M301        M300
───┤├────┤/├─────────( )───     加工出力：ON
                                 加工ヘッド下降
  M300
───┤├───

  M300                 T30
───┤├─────────────────( )───  6秒  加工完了
                                   加工出力：OFF

  T30                  T31
───┤├─────────────────( )───  1秒  加工ヘッド上昇

加工ヘッド上昇端
  X5     T31          M301
───┤├────┤├──────────( )───      加工終了
  M301
───┤├───
```

(b) 加工ユニット出力部

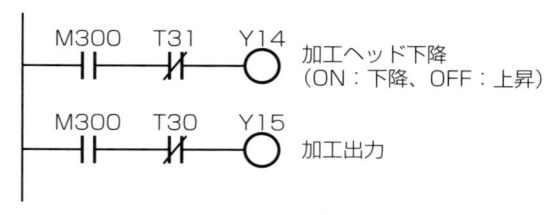

```
  M300   T31          Y14
───┤├────┤/├─────────( )───     加工ヘッド下降
                                 （ON：下降、OFF：上昇）
  M300   T30          Y15
───┤├────┤/├─────────( )───     加工出力
```

図7　加工ユニット制御部

（5） プッシャによるワーク排出部

インデックステーブルからのユニットスタート信号（M 103）でワーク排出ユニットの 1 サイクル動作を開始します。

(a) プッシャ順序制御部

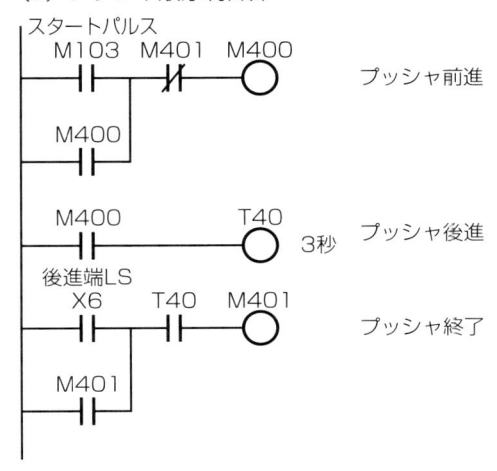

```
スタートパルス
  M103  M401       M400
───┤├────┤/├───────( )──── プッシャ前進
  M400
───┤├───

  M400              T40
───┤├──────────────( )──── プッシャ後進  3秒

 後進端LS
   X6    T40       M401
───┤├────┤├───────( )──── プッシャ終了
  M401
───┤├───
```

(b) プッシャ出力部

```
  M400   T40       Y16
───┤├────┤/├───────( )──── プッシャ前進出力
```

図8　ワーク排出ユニット制御部

2．順序制御ブロック図

各部のシーケンスプログラムを作成するための元になっている順序制御ブロック図を図9〜図12に示します。

（1） インデックステーブル

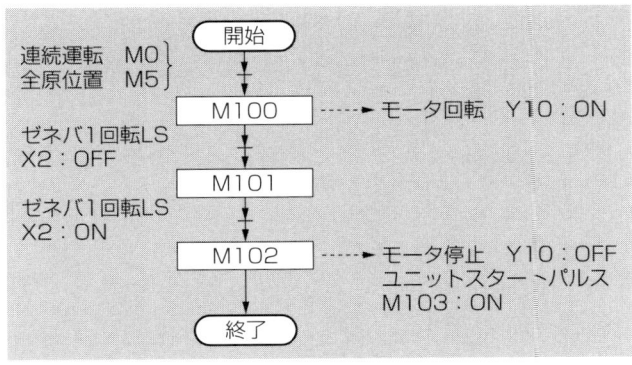

```
連続運転  M0 ┐   ┌開始┐
全原位置  M5 ┘     ↓
              ┌─────┐
              │M100 │······→ モータ回転  Y10：ON
              └─────┘
ゼネバ1回転LS    ↓
X2：OFF       ┌─────┐
              │M101 │
              └─────┘
ゼネバ1回転LS    ↓
X2：ON        ┌─────┐
              │M102 │······→ モータ停止  Y10：OFF
              └─────┘        ユニットスタートパルス
                ↓              M103：ON
              ┌終了┐
```

図9　インデックステーブルの順序制御ブロック図

（2） P&Pユニット

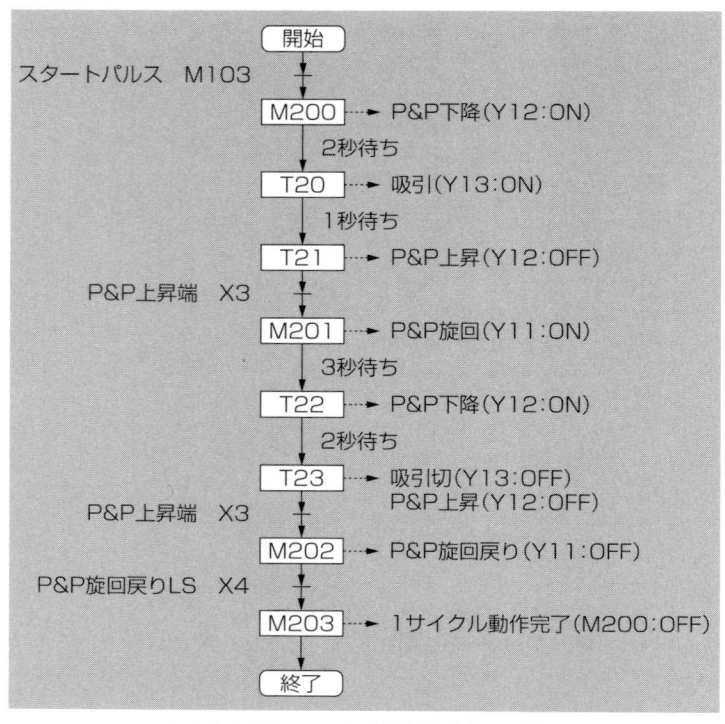

```
                            ┌─開始─┐
                              ↓
  スタートパルス M103 →┤
                          ┌─M200─┐→ P&P下降(Y12:ON)
                              ↓ 2秒待ち
                          ┌─T20─┐→ 吸引(Y13:ON)
                              ↓ 1秒待ち
                          ┌─T21─┐→ P&P上昇(Y12:OFF)
                              ↓
  P&P上昇端 X3 →┤
                          ┌─M201─┐→ P&P旋回(Y11:ON)
                              ↓ 3秒待ち
                          ┌─T22─┐→ P&P下降(Y12:ON)
                              ↓ 2秒待ち
                          ┌─T23─┐→ 吸引切(Y13:OFF)
                                    P&P上昇(Y12:OFF)
  P&P上昇端 X3 →┤
                          ┌─M202─┐→ P&P旋回戻り(Y11:OFF)
  P&P旋回戻りLS X4 →┤
                          ┌─M203─┐→ 1サイクル動作完了(M200:OFF)
                              ↓
                           ─終了─
```

図10　P&Pユニットの順序制御ブロック図

（3） 加工ユニット

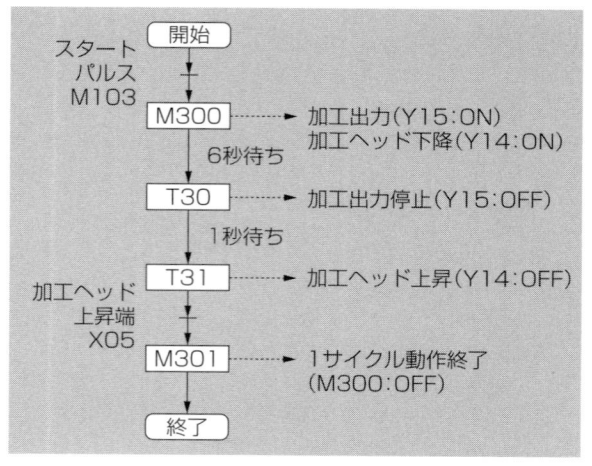

```
                  ┌─開始─┐
                      ↓
 スタート
 パルス
 M103 →┤
                  ┌─M300─┐→ 加工出力(Y15:ON)
                              加工ヘッド下降(Y14:ON)
                      ↓ 6秒待ち
                  ┌─T30─┐→ 加工出力停止(Y15:OFF)
                      ↓ 1秒待ち
                  ┌─T31─┐→ 加工ヘッド上昇(Y14:OFF)
 加工ヘッド
 上昇端
 X05 →┤
                  ┌─M301─┐→ 1サイクル動作終了
                                  (M300:OFF)
                      ↓
                   ─終了─
```

図11　加工ユニットの順序制御ブロック図

（4） ワーク排出部

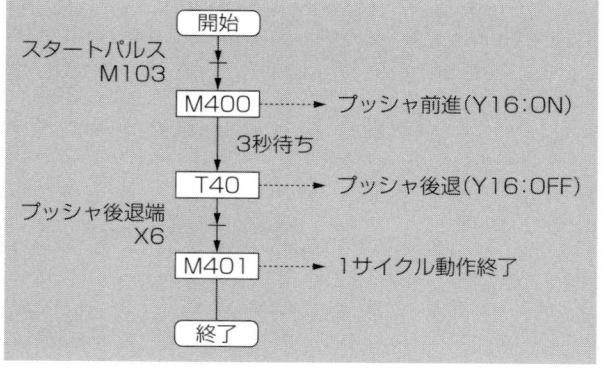

```
                  ┌─開始─┐
                      ↓
 スタートパルス
 M103 →┤
                  ┌─M400─┐……→ プッシャ前進(Y16:ON)
                      ↓ 3秒待ち
                  ┌─T40─┐……→ プッシャ後退(Y16:OFF)
 プッシャ後退端
 X6 →┤
                  ┌─M401─┐→ 1サイクル動作終了
                      ↓
                   ─終了─
```

図12　ワーク排出部の順序制御ブロック図

索　引
(五十音順)

あ 行

- 安全シャッタ　162
- インターロック　74
- インデックステーブル　169
- 演算速度　27
- 送りネジ　156
- 押ボタンスイッチ　6
- オンディレイタイマ　81
- オンライン接続　42

か 行

- 解除条件優先の自己保持回路　66
- 解除条件　63
- カウンタ　16, 89
- 加工ヘッド　162
- 強制OFF　50
- 強制ON　50
- 強制セット　50
- 強制リセット　50
- 空気圧シリンダ　156, 162
- クランク　162
- クロック　107
- 光電センサ　108, 151, 156
- コンベア　85
- コンベアの満杯センサ　87

さ 行

- サイクルタイム　18, 27
- 自己保持回路　61
- 自己保持回路の動作順序　73
- 自己保持の開始条件　63
- 自己保持の生存条件　63
- 終端抵抗　137
- 出力端子　8
- 出力の配線をチェック　49
- 出力リレー　8
- 順序制御　75, 144
- 順序制御のプログラム　147
- 順序制御のブロック図　147
- シリアルコミュニケーションユニット　124
- シリアル通信　122
- 人感センサ　86
- スキャン時間　18
- 接続先指定　37
- 設定できる通信速度とパラメータ　132
- センサ　84
- 増速ギア　169

た 行

- タイマ　16, 81
- タイマとカウンタのプログラミング　35
- 縦シリンダロボットアーム　156
- ダブルコイル　56

索 引

ダブルピンゼネバ ……………………… 151, 169
単相誘導モータ ………………………… 151, 156
チャタリング ……………………………………… 27
チャネル番号 ……………………………………… 10
通信設定 …………………………………………… 36
停電保持リレー …………………………………… 14
データメモリ …………………………………… 114
デバイスネット ………………………………… 141
電磁リレー ………………………………………… 2
特殊リレー ……………………………………… 105
トランジェット ………………………………… 147

な 行

内部リレー ………………………………………… 12
ニーモニク言語 …………………………… 21, 26
入力端子 …………………………………………… 6
入力リレー ………………………………………… 6
ノイズ …………………………………………… 86

は 行

排出シュート …………………………………… 162
配線をチェック ………………………………… 47
パルス …………………………………………… 93
ピック&プレイス ……………………………… 151
プレース ………………………………………… 147
プログラミングコンソール …………………… 29
プログラミングソフトウェア ………………… 29
プログラムチェック …………………………… 44
プログラムのデバッグ ………………………… 44
プロコン ………………………………………… 29
ベルトコンベア …………………………… 108, 156
補助リレー ……………………………………… 12
母線 ……………………………………………… 55

ま 行

無手順通信 ……………………………………… 122
メモリマップ …………………………………… 10

や 行

揺動空気圧モータ ……………………… 151, 169

ら 行

ラダー図 …………………………………………… 3
ラッチリレー …………………………………… 14
リフレッシュパラメータ ……………………… 135
リレーコイル ……………………………………… 5
リレーの要素 ……………………………………… 2
リンクリレー …………………………………… 134
リンクレジスタ ………………………………… 134
論理回路 ………………………………………… 25

わ 行

ワーク供給シュート …………………………… 156
ワード単位 ……………………………………… 112

記号, 数字, 欧文

2進化10進数 …………………………………… 113
1サイクル ………………………………………… 18
*B ………………………………………………… 121
@ ………………………………………………… 114
& ………………………………………………… 114
# …………………………………………… 17, 114
＞＝ ……………………………………………… 118
＋ ………………………………………………… 118
＋B ……………………………………………… 121

●索　引

±符号付き整数 ………………………………… 112	K ……………………………………………… 16, 114
－B ……………………………………………… 121	M ………………………………………………… 5, 12
a 接点 …………………………………………… 2	Melsec …………………………………………… 10
B＊ ……………………………………………… 120	Melsec NET …………………………………… 134
BCD ……………………………………… 113, 120	MOV ……………………………………… 114, 115
BIN ……………………………………………… 120	P ………………………………………………… 114
B／ ………………………………………… 120, 121	PC パラメータ ………………………………… 32
b 接点 …………………………………………… 2	PLC システム設定 …………………………… 40
B＋ ……………………………………………… 120	PLC リンク …………………………………… 134
B－ ……………………………………………… 120	PLF ……………………………………………… 95
CC リンク ……………………………………… 137	PLS ……………………………………………… 93
CJ 1 W-DRM 21 ……………………………… 141	QJ 61 BT 11 …………………………………… 138
CMP …………………………………………… 119	QJ 71 LP ……………………………………… 135
CX-Programmer ……………………………… 38	QJ 71 UC 24 N-R 2 …………………………… 122
DIFD …………………………………………… 95	RST 命令 ……………………………………… 89
DIFU …………………………………………… 93	RS 232 C 通信ケーブル ……………………… 124
GX-Developer ………………………………… 32	RXD …………………………………………… 133
G. INPUT ……………………………………… 128	Sysmac C ……………………………………… 11
G. OUTPUT …………………………………… 126	TXD …………………………………………… 132
H ………………………………………………… 114	W ………………………………………………… 5, 12
I/O テーブル …………………………………… 40	X ………………………………………………… 5, 10
I/O 割付設定 …………………………………… 32	Y ………………………………………………… 5, 11

著者略歴

熊谷　英樹（くまがい　ひでき）

昭和34年	東京都に生まれる
昭和56年	慶応義塾大学工学部　電気工学科卒業
昭和58年	慶応義塾大学大学院　電気工学専攻修了
昭和58年	住友商事㈱入社
昭和63年	㈱新興技術研究所入社
平成6年	商品開発部部長代理
平成8年	新興テクノ㈱監査役兼務
平成21年	㈱新興技術研究所取締役　日本教育企画㈱代表取締役　現在に至る

神奈川大学非常勤講師，職業能力開発総合大学校外部講師，県立技術短期大学校外部講師など

〈著書〉
"実践　自動化機構図解集"（共著）日刊工業新聞社
"続・実践　自動化機構図解集"日刊工業新聞社
"ゼロからはじめるシーケンス制御"日刊工業新聞社
"すぐに役立つVisual Basicを活用した機械制御入門"日刊工業新聞社
"すぐに役立つVisual Basicを活用した計測制御入門"日刊工業新聞社
"必携シーケンス制御プログラム定石集"日刊工業新聞社
"Visual Basic .NETではじめる計測制御入門"日刊工業新聞社
"間違いやすい油圧回路設計とその対策"「機械設計」2005年1月号　日刊工業新聞社
"Visual Basic .NETではじめるシーケンス制御入門"日刊工業新聞社
"PLC制御システム構築ガイド"「機械設計」2005年12月号　日刊工業新聞社

ゼロからはじめるシーケンスプログラム　　NDC 531

2006年5月30日　初版1刷発行
2023年5月24日　初版24刷発行

（定価はカバーに表示してあります）

Ⓒ著　者　熊　谷　英　樹
発行者　井　水　治　博
発行所　日　刊　工　業　新　聞　社
東京都中央区日本橋小網町14-1
（郵便番号 103-8548）
電話　書籍編集部　03(5644)7490
　　　販売・管理部　03(5644)7410
FAX　　　　　　　03(5644)7400
振替口座　00190-2-186076
URL　https://pub.nikkan.co.jp/
e-mail　info@media.nikkan.co.jp

印　刷　美研プリンティング㈱

落丁・乱丁本はお取り替えいたします. 　　2006 Printed in Japan
ISBN 978-4-526-05676-5　C 3053

本書の無断複写は，著作権法上での例外を除き，禁じられています．